配电线路带电作业技术与管理

浙江省电力公司配网带电作业培训基地　组　编
史兴华　主　编
张　劲　张文杰　副主编

中国电力出版社
CHINA ELECTRIC POWER PRESS

内 容 提 要

配电线路带电作业技术在提高供电可靠性方面具有重要的意义，在我国得到广泛的应用，总体水平也不断提高。

本书从知识够用、强调技能的角度，结合配电带电作业基础理论，阐述和分析了操作技能和管理制度。本书共分为两个部分：第一部分共7章，介绍配电线路带电作业基础，主要讲述了配电线路带电作业的基本方法、原理和管理制度等；第二部分共18章，介绍10kV配电线路带电作业操作技能，讲解带电作业原理和案例。

本书可以作为配电线路带电作业工的入门教材和配电线路工的辅助教材。

图书在版编目（CIP）数据

配电线路带电作业技术与管理/史兴华主编；浙江省电力公司配网带电作业培训基地组编．—北京：中国电力出版社，2010.7（2024.11重印）

ISBN 978-7-5123-0579-3

Ⅰ.①配…　Ⅱ.①史…②浙…　Ⅲ.①配电线路—带电作业　Ⅳ.①TM726

中国版本图书馆CIP数据核字（2010）第118028号

中国电力出版社出版、发行

（北京市东城区北京站西街19号　100005　http：//www.cepp.sgcc.com.cn）

北京雁林吉兆印刷有限公司印刷

各地新华书店经售

*

2010年7月第一版　　2024年11月北京第十二次印刷

787毫米×1092毫米　16开本　21.5印张　527千字

印数14501—15500册　定价 **65.00** 元

编　委　会

组　编　浙江省电力公司配网带电作业培训基地

主　编　史兴华

副主编　张　劲　张文杰

编　委　钟　晖　张　鹰　杨晓翔　应伟国

姚志伟　陈　伟　周　兴　赵鲁冰

金　涛

前言

配电线路带电作业技术在提高供电可靠性方面具有重要的意义，在我国得到广泛的应用，总体水平也不断提高。本书从知识够用、强调技能的角度，结合配电线路带电作业基础理论，阐述和分析了操作技能和管理制度。本书共分为两个部分：第一部分共 7 章，介绍配电线路带电作业基础，主要讲述了配电线路带电作业的基本方法、原理和管理制度等；第二部分共 18 章，介绍 10kV 配电线路带电作业操作技能，讲解带电作业原理和案例。本书可以作为配电线路带电作业工的入门教材和配电线路工的辅助教材。

本书由浙江省电力公司配网带电作业培训基地组织编写，湖州电力局史兴华担任主编，浙江省电力公司生产技术部张劲、湖州电力局张文杰担任副主编。参与编写的同志都具有丰富的现场经验和教学经验。其中第一部分的第一章由金华电力局应伟国、浙江省电力公司生产技术部钟晖编写，第二、三、六章由浙江湖州电力技术培训中心杨晓翔编写，第四、五章由浙江湖州电力技术培训中心陈伟、周兴、赵鲁冰编写，第七章由浙江省电力公司生产技术部钟晖、杭州市电力局金涛、浙江湖州电力技术培训中心杨晓翔编写。第二部分的第一～三章由浙江湖州电力技术培训中心赵鲁冰编写，第四～六章由浙江湖州电力技术培训中心周兴编写，第七、八、十三章由浙江湖州电力技术培训中心杨晓翔编写，第九～十一章由杭州市电力局金涛编写，第十二、十四章和第十五章由浙江湖州电力技术培训中心陈伟编写，第十六、十七章由浙江湖州电力技术培训中心杨晓翔编写，第十八章由湖州电力局张文杰、浙江湖州电力技术培训中心杨晓翔编写。湖州电力局张鹰、金华电力局应伟国、湖州电力局姚志伟等对本书进行了审核，全书由史兴华、张劲、张鹰、杨晓翔统稿。

在编写本书的过程中，得到了国网电力科学研究院带电作业研究所和其他有关部门诸多专家的指导，在此表示向他们衷心的感谢。本书引用或参考了相关文献，部分图片和文字摘自互联网，在此向其作者一并表示衷心感谢！

由于编者水平有限，本书难免存在不足之处，敬请批评指正！

编　者

2010 年 6 月

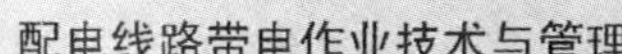

目录

第二部分　10kV配电线路带电作业操作技能

第一部分　配电线路带电作业基础

第一章 配电线路带电作业技术与管理

概　　论

配电网络是直接面向用户的电力基础设施，具有网络复杂、覆盖面大的特点。由于配电网络绝缘水平低，在大气过电压、污秽或其他外界因素作用下易发生故障，检修工作量大，难以满足可靠供电的要求。带电作业是电力设备测试、检修、改造的重要手段，而且有待发展成为预知维修和状态检修的主要手段，它为减少停电损失、降低线损、提高可靠性指标、开展在线监测和状态检修发挥重要作用。

带电作业（live working）是指工作人员接触带电部分的作业或工作人员用操作工具、设备或装置在带电作业区域的作业。采用的方法有绝缘杆作业（indirect working 或 hard pole working）、绝缘手套作业（insulating glove working）和等电位作业（equal potential working）。

带电作业的工作内容主要包括：在输电设备上采用等电位作业方式进行的工作；在输、配电线路设备近旁采用操作杆、测量杆进行的作业；在配电设备近旁，将带电部分绝缘隔离，使用高架绝缘斗臂车、绝缘平台等与地电位隔离，采用绝缘手套进行的直接作业；对线路绝缘子串、变电站绝缘子串、变电设备瓷套、瓷柱进行的带电水冲洗。不包括运行人员验电、变电人员使用核相仪器核相序、对带电变压器的风扇进行水冲洗等作业。此外，设备脱离了高电位、置于地电位进行的检修作业不属于带电作业。

一、我国带电作业技术发展历程

我国的带电作业起步于20世纪50年代初，当时的电力工业基础薄弱、网架单薄、设备陈旧，经常需要停电检修和处理缺陷。1952年5月，鞍山钢铁公司恢复和扩建，随着钢铁产量的大幅度增加，鞍钢的用电量从1949年的0.8201亿kWh猛增到1952年底的2.7395亿kWh。为减少停电检修对鞍钢建设和生产的影响，鞍山电业局从1952年5月起，革新并开展了配电（3.3～6.6kV）油开关套管的带电清扫、带电检测（22～44kV）线路绝缘子串，带电测量导线接头电阻等带电作业工作，避免了多次事故。

1954年5月12日，鞍山电业局号召职工开展技术革新，提出6个课题，其中第5个课题为“创造各种带电作业绝缘工具”。当时营口市电业局的工人们提出合理化建议和技术革新方案81件，当年研制出带电作业工具13件。“5月12日”作为鞍山电业局带电作业创始日进入局史，同样这天也成为“中国带电作业日”。

1955年，电力工业部派人赴苏联学习带电作业技术。同年鞍山电业局成功研制出3.3kV更换电杆、木横担和针式绝缘子的全套带电作业工具。

1957年，东北电业管理局首次在154～220kV高压线路上进行不停电检修。1958年，又进一步研究等电位作业的技术问题，并成功在220kV线路上首次进行等电位带电检修线夹的工作。

1958～1985 年，由于电网结构比较脆弱，基本是一线带多个变压器或单一供电，对带电作业项目的研发比较紧迫。全国的带电作业项目有多次革新，比如带电换电杆、带电换横担、带电复（换）导线、带电水冲洗、带电跨越架线、带电换开关立柱、带电测试避雷器或互感器、带电短接阻波器、沿绝缘子串自由进入电场、带电爆压导线、缺相（短接）检修等，上海开展了高架绝缘斗臂车带电检修、消缺等作业。

1969 年，在广州进行“10kV 人体接地试验”，证明身穿均压服（屏蔽服，Ⅰ型屏蔽服通流容量 5A，Ⅱ型通流容量 30A）在 10kV 单相触电时能保护人身安全。随后，在 10kV 配电线路上开展的带电作业多采用穿屏蔽服等电位作业的方法。后经大量的带电作业事故证明，由于屏蔽服通流能力和系统中性点运行方式等因素，此种方法是危险的。现在配电线路上开展带电作业均使用采用绝缘遮蔽隔离和个人绝缘安全防护措施的中间电位作业方法。

20 世纪 70 年代法国等西方国家来访，我国电业工人展示了带电作业项目。期间电力工业部（水利电力部）还派出多批人员赴阿尔巴尼亚等国家培训带电作业技术。

二、我国带电作业安全规程的演变

1956 年 6 月 14 日，鞍山电业局成立了中国第一个带电作业专业组，制定《不停电检修工作规程》等规程。规程要求带电作业人员应具有 4 级以上的工人技术等级和 3 级以上的安全技术等级；工作负责人应具有 7 级以上的工人技术等级或技师和 5 级以上的安全技术等级，文化水平小学 4～6 年级以上。

1958 年 1 月，鞍山电业局制定《3.3～66kV 送电线路带电检修暂行安全工作规程（木杆、水泥杆、铁塔）》，3 月又制定了《3.3～66kV 送配电线路带电检修现场操作规程》。

1960 年 5 月，辽吉电业管理局指定《高压架空线路不停电检修安全工作规程》，主要讲述在不停电线路上检修的安全组织措施和技术措施等。此规程指导全国带电作业 10 余年。

1973 年 8 月 12 日，水利电力部在北京召开全国带电作业现场表演会。大会技术组提交的《带电作业安全技术专题讨论稿》，为统一制定全国性带电作业安全工作规程奠定了技术基础。1977 年 12 月 21 日，水利电力部以［77］水电生字第 113 号文件颁发《电业安全工作规程》发电厂和变电站部分及电力线路部分两本规程（即 1977 版规程），正式将带电作业纳入部颁安全规程。

1978 年，水电部生产司委托山东、四川、山西省编写《电业安全规程（电力线路部分）》的条文说明，其中带电作业一章由东北电管局编写。由此有了 1982 年版带条文说明的《电业安全规程》，主要内容等同于 1977 年版。

1984 年，水电部生产司又组织编写了 1978 年版《电业安全规程（带电作业部分）》的条文说明。

1990 年，能源部颁布 DL 409—1991《电业安全工作规程（电力线路部分）》（行业标准，目前仍然有效）。

2003 年，国家电网公司发布了《国家电网公司电力安全工作规程—带电作业部分（试行）》（电网安监［2005］83 号）。

随后，带电作业在全国得到了广泛的推广应用，从 10kV 配电线路到 500kV 输电线路，从检测、更换绝缘子、线夹、间隔棒等常规项目到带电升高、移位杆塔等复杂项目均有开展。近年来，开展了紧凑型线路、同塔多回线路、750kV 线路和特高压交/直流输电线路带电作业的研究及应用。

三、配电线路带电作业前瞻

人工带电作业是一项艰苦繁重又具有一定危险性的工作，需要引入先进可靠的新技术和新方法来降低劳动强度，保证作业的安全性。配电带电作业机器人的问世提供了十分理想的解决方案。

“十五”期间，国家863计划连续用两个项目“配电带电作业机器人”（2002AA4200110-5）和“10kV电力线路带电作业机器人”（2005AA420062）支持了带电作业机器人的研究。高压带电作业机器人是1999年国家电力公司第二批重点科技攻关项目。

高压带电作业机器人是一个复杂的系统，主要由机器人升降系统、作业机器人本体、机器人控制系统、机器人专用工具、高压绝缘防护系统等几个部分组成。该机器人可以完成10kV及以下电压等级高压线路的带电断线、带电T接线、带电更换绝缘子、带电短接（更换）跌落式熔断器、带电修补导线等带电检修工作。

多级空间避障算法和双臂自主协调防碰理论的应用，使机器人可以在复杂的工作环境中灵活作业；创新地采用多级绝缘技术、安全防护措施，成功地解决了10kV高压绝缘问题；主手采取与从手异型同构的结构，使从手运动控制直观、简单。

（1）机器人的作业机械手结构精巧，它所具有的冗余自由度能够躲避相邻相线及线路设备形成的障碍，适合我国最常见的三角形布置的架空线路，更能适用于平行布置的三相线路。双机械手能够协调作业。

（2）机器人采用了多重绝缘的复合式绝缘，绝缘斗舱平台作为主绝缘、电绝缘式作业机械手作为辅助绝缘，实现了操作员中间电位和机器人中间电位的带电作业方式，绝缘斗舱中的操作员不再接触高压线。

（3）研制的一套专用作业工具能够满足带电更换跌落开关作业的需要。要满足更多作业项目的要求，还需要更多的专用工具。机械手上的标准化的快装工具接口为研制新的工具提供了良好的基础。

（4）主绝缘交流耐压达到95kV，辅助绝缘交流耐压达到50kV。机器人的耐压和绝缘距离均达到了人工带电作业的国家标准。

机器人带电作业如图1-1-1～图1-1-3所示。

图1-1-1 机器人带电作业（一）

图 1-1-2　机器人带电作业（二）

图 1-1-3　机器人带电作业（三）

第二章

带电作业基础知识

带电作业过程中不仅要保证人身没有触电受伤的危险，而且要保证作业人员没有不舒服的感觉。保证带电作业安全的技术条件：

（1）流过人体的稳态电流不超过人体的感知水平（1mA）、暂态电击不超过人体的感知水平（0.1mJ）；

（2）人体体表局部场强不超过人体的感知水平（2.4kV/cm）；

（3）保证可能导致对人体放电的空气距离（安全距离）足够大。

第一节　电流的防护

一、人体电阻和导电情况

人体各种组织的电阻各不相同。血液的电阻值最小（约500Ω），肌肉、神经、骨骼、脂肪、皮肤电阻值依次增大，表皮角层的电阻最大，其电阻系数为292Ω·cm^2/mm。角质层虽然只有0.05～0.1mm厚，却占人体总电阻的很大比例。皮肤潮湿和出汗会使人体电阻降低，人体通过电流时电阻也会发生变化；接触的电压越高，通过的电流越大，通电的时间越长，人体电阻也会降低。总之，人体电阻在不同的情况下其数值是变化的。所以在工作中若出现皮肤损伤或大量出汗的情况，人体电阻值会大大降低，导电性能大大增加，这时触电是很危险的。因此国家劳动保护一般按人体出汗状况取人体电阻1500Ω。在分析带电作业原理时，通常把人体看成良导体。

【例1-2-1】　如人体在220V设备上触电，通过人体的电流为多少？

解　已知R_b=1500Ω，U=220V，则

$$I=\frac{U}{R_b}=\frac{220}{1.5\times10^3}\approx146(\text{mA})$$

答：通过人体的电流为146mA。

二、人体触电方式

一般带电作业中人体触电的方式有单相触电、两相触电、跨步电压和接触电压触电。带电作业作业人员的位置和带电作业事故统计表明，单相触电的机会最多，所占比例最大。而触电电流的大小和系统中性点运行方式密切相关，我国10kV配电网络中性点的运行方式为：

（1）不接地。电网的单相接地电流小于等于30A时，中性点采用不接地运行方式。

（2）经消弧线圈接地。如不满足第一个条件，则采用中性点经消弧线圈接地运行，且将单相接地电流限制在10A以内。

(3) 经低阻抗接地。以电缆为主的城市电网，系统中性点采用经低阻抗接地的运行方式属于中性点有效接地系统，发生单相接地时电流为 600～1000A。

前两种方式属于中性点非有效接地系统，在发生单相接地时，三相系统仍旧保持对称，变电站开关不会跳闸，系统可继续运行 2h。而当发生最后一种单相接地时，变电站开关瞬时跳闸。

（一）单相触电

1. 中性点不接地系统

中性点不接地系统中，不能误认为单相触电时没有明显的导电体形成通电回路，对人体威胁不大而产生疏忽大意的思想。此时电路原理如图 1-2-1 所示。

W 相通过空气对地绝缘的部分与人体并联，等值电路如图 1-2-2 所示。

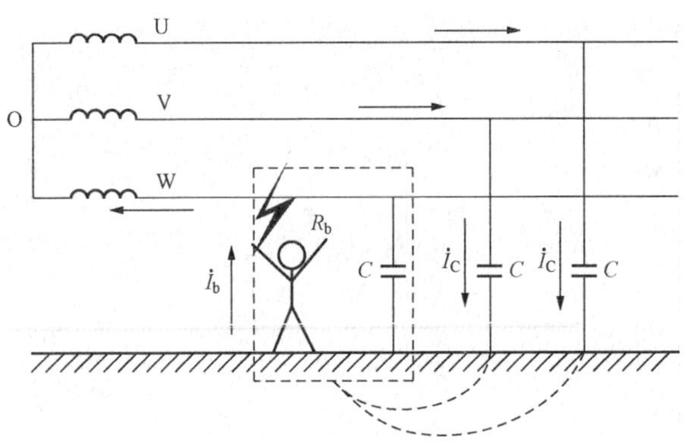

图 1-2-1　中性点不接地系统发生单相触电原理图

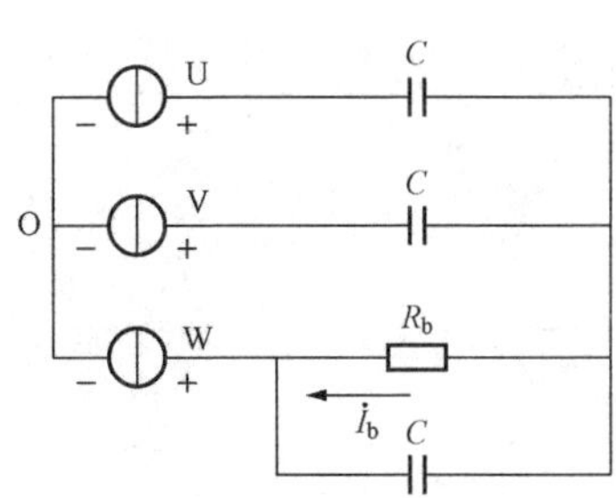

图 1-2-2　中性点不接地系统发生单相触电等值电路

根据节点电压法，可得

$$\dot{U}_O = \frac{-\dfrac{\dot{U}_U}{Z_C} - \dfrac{\dot{U}_V}{Z_C} - \dfrac{\dot{U}_W}{R_b \mathbin{/\!/} Z_C}}{\dfrac{1}{Z_C} + \dfrac{1}{Z_C} + \dfrac{1}{R_b \mathbin{/\!/} Z_C}} = -\dot{U}_W \cdot \frac{Z_C}{Z_C + 3R_b}$$

所以人体触电电流

$$\dot{I}_b = \frac{-\dot{U}_W - \dot{U}_O}{R_b} = -3\,\frac{\dot{U}_W}{Z_C + 3R_b}$$

有效值为

$$I_b = \frac{3U_{ph}}{|Z_C + 3R_b|} = \frac{3U_{ph}}{\sqrt{Z_C^2 + 9R_b^2}}$$

式中　U_{ph}——电源相电压；

Z_C——线路对地容抗，$Z_C = X_C = \dfrac{1}{\omega C_0 L}$，$C_0$ 为导线对地的分布电容，L 为线路长度；

R_b——人体电阻。

可见，当人体电阻一定时（1500Ω），触电电流值决定于电源相电压和线路对地容抗的大小，线路越长，容抗越小，触电电流就越大。

如以一个单相接地电流为 $I_c = 30A$ 的 10kV 系统来估算，则 $Z_C = \dfrac{3U_{ph}}{I_c} = \dfrac{3 \times 10 \times 10^3 / \sqrt{3}}{30} \approx$

577（Ω），在这样的10kV电网中经人体发生单相接地短路，流过人体的电流为

$$I_b=\frac{3U_{ph}}{|Z_C+3R_b|}=\frac{3\times10\times10^3/\sqrt{3}}{\sqrt{577^2+9\times1500^2}}\approx3.82(A)$$

如果不是经人体发生接地短路，而是发生金属性接地短路，则相当于人体电阻 $R_b=0$，那么限制回路电流的阻抗就是导线对地电容的容抗，所以 $I_b\approx3\omega C_0LU_{ph}$，这就是单相金属性接地时接地电流（容性）的计算公式。

2. 中性点经消弧线圈接地系统

电路原理如图1-2-3所示。

L 为消弧线圈，其特性呈感性。等值电路如图1-2-4所示。

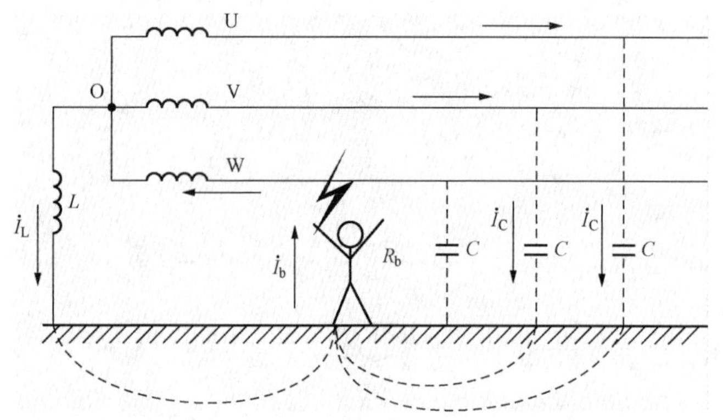

图1-2-3 中性点经消弧线圈接地系统发生单相触电原理图

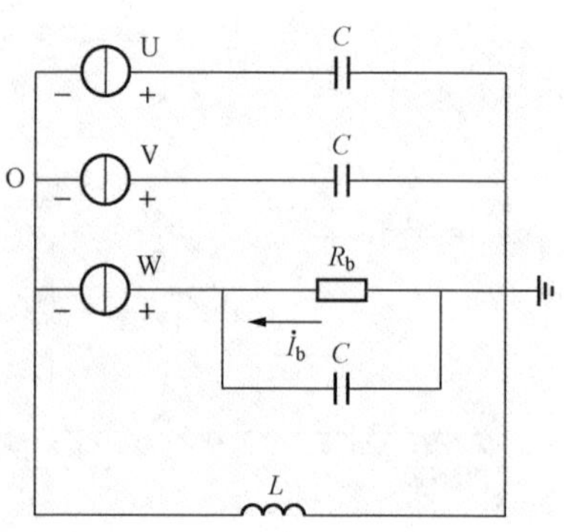

图1-2-4 中性点经消弧线圈接地系统发生单相触电等值电路图

根据节点电压法，可得

$$\dot{U}_O=\frac{-\dfrac{\dot{U}_U}{Z_C}-\dfrac{\dot{U}_V}{Z_C}-\dfrac{\dot{U}_W}{R_b /\!/ Z_C}}{\dfrac{1}{Z_C}+\dfrac{1}{Z_C}+\dfrac{1}{R_b /\!/ Z_C}+\dfrac{1}{Z_L}}=\frac{\dot{U}_W\cdot Z_L(R_b /\!/ Z_C-Z_C)}{(R_b /\!/ Z_C)(2Z_L+Z_C)+Z_CZ_L}$$

所以人体触电电流为

$$\dot{I}_b=\frac{-\dot{U}_W-\dot{U}_O}{R_b}=-\frac{\dot{U}_W}{R_b}\left[\frac{1-3\omega^2LC+j\dfrac{\omega L}{R_b}(R_b^2-1)}{1-3\omega^2LC+j\omega LR_b}\right]$$

当消弧线圈的 $X_L=\frac{1}{3}X_C$ 即 $L=\frac{1}{3\omega^2C}$ 时（消弧线圈采用全补偿方式，系统处于谐振状态，不采用），通过人体的触电电流等于0。但由于中性点经消弧线圈接地系统，消弧线圈的补偿方式通常采用过补偿方式，且在发生单相金属性接地时其补偿后的接地点处电流要求小于10A，所以发生人身单相触电经过人体电阻后，触电电流比10A小。

3. 中性点经低阻抗接地系统

此种系统的中性点接地经过的低阻抗元件阻抗很小，与人体电阻相比可以忽略，当发生单相触电时，可以当作中性点直接接地系统来处理，流过人体的电流为

$$I_b=\frac{U_{Nph}}{R_b}=\frac{10\,000/\sqrt{3}}{1500}\approx3.85(A)$$

（二）两相触电

人体同时与两相导线接触时，电流就由一相导线通过人体流至另一相导线。两相触电不论电网是否中性点接地，也不论人体与大地是否绝缘，触电的情形都一样。

两相触电时，通过人体的电流为

$$I_b = \frac{U_N}{R_b}$$

例如：在 10kV 线路上发生两相触电，人体电阻为 1500Ω，流过人体的电流为

$$I_b = \frac{U_N}{R_b} = \frac{10\ 000}{1500} = 6.67(\mathrm{A})$$

三、人体的安全电流

触电时，人体受害程度决定于通过人体的电流即电击。电击一般分为稳态电击和暂态电击（暂态电击的内容可参见本章第二节的相关内容）。稳态电击电流的持续时间较长，频率与电网频率基本一致。表 1-2-1 列出了稳态电击下人体表现的特征。

表 1-2-1　　稳态电击下人体表现的特征

电流范围（mA）	50～60Hz 交流电	直　流　电
0.6～1.5	手指开始感觉麻	没有感觉
2～3	手指感觉强烈麻	没有感觉
5～7	手指感觉肌肉痉挛	感到灼伤和刺痛
8～10	手指关节和手掌感觉痛，手已难于脱离电源，但仍能摆脱	灼热增加
20～25	手指感觉剧痛，迅速麻痹，不能摆脱电源，呼吸困难	灼热更增，手的肌肉开始痉挛
50～80	呼吸麻痹，心房开始震颤	强烈灼痛，手的肌肉痉挛，呼吸困难
90～100	呼吸麻痹，持续 3s 或更长时间后心脏麻痹或心房停止跳动	呼吸麻痹

当不同数值电流作用到人体的神经系统时，由于神经系统对电流的敏感性很强，人体将表现出不同的反应特征，并且交流电流比直流电流对人体的危害更严重。触电伤害的程度跟以下几个因素有关。

1. 电流大小

电流是触电伤害的直接因素，电流越大，伤害越严重。一般通过人体的交流电流（50Hz）超过 10mA（男性约 13.7mA、女性约 10.6mA），直流电流超过 50mA 时，触电人就不容易自己脱离电源了。

2. 电压高低

因为作用于人体的电压越高，可能造成人体皮肤的首先击穿，人体电阻会急剧下降，使通过人体的电流大为增加，所以电压越高越危险。

3. 人体电阻

人体电阻主要决定于皮肤的角质层。皮肤完好、干燥时电阻大，如果皮肤破损或大量出汗或受到电击，人体电阻会显著降低，使通过人体的电流急剧增大。

4. 电流通过人体的途径

电流通过人体的路径不同，使人体出现的生理反应及对人体的伤害程度是不同的。电流路径与流经心脏的电流的比例关系见表1-2-2。左手至脚的电流途径，由于其流经心脏的电流与通过人体总电流的比例最大，因而是最危险的；右手至脚的电流路径的危险性相对较小。电流从左脚至右脚这一电流路径危险性最小，但人体可能因痉挛而摔倒，导致电流通过全身或发生二次触电而产生严重后果。

表1-2-2　　电流路径与流经心脏的电流的比例关系

电　流　途　径	左手至脚	右手至脚	左手至右手	左脚至右脚
流经心脏的电流与通过人体总电流的比例（%）	6.4	3.7	3.3	0.4

5. 触电的时间长短

触电时间越长越危险。有时虽然触电的电流只有20～30mA，但由于触电时间长，电流通过心脏，造成心脏颤动，直至心脏停止跳动。一般认为触电电流的毫安数乘以触电时间的秒数超过50mA·s，人就有生命危险，所以触电时迅速脱离电源最为重要。

6. 人的精神状态

人的生理和精神状态好坏对触电后果也有影响。心脏病、内分泌失调病、肺病等患者触电比较危险；酒醉、疲劳过度、出汗过多等，也往往会促成触电事故的发生和增加触电伤害程度。

根据表1-2-1，电流很小时（如在0.6mA以下），人体都感觉不到。50Hz交流电流10mA以下，直流电流50mA以下，虽然使人有麻电、热、痛的感觉，但是对人还没有别的伤害，并且有可能自己脱离电源。但大于上述数值的电流就很危险了。所以一般安全技术规定50Hz交流电流10mA和直流电流50mA为人体的安全电流。

电流对人体的伤害不仅与电流的大小有关，还与电流流经人体的时间有关，时间越长，伤害越大。如家庭剩余电流动作保护装置的动作电流为30mA，动作时间小于等于0.1s。但带电作业是高危作业，作业中作业人员长时间接触带电体，人体安全电流的取值比一般规定要小得多，为1mA。另外，1mA也是衡量带电作业绝缘工具好坏的物理量。

四、防止人身触电的原理

触电时通过人体的电流与加在人体上的电压成正比，与回路阻抗成反比。如果在触电回路中，作用于人体的电压极小或回路阻抗极大，那么流过人体的电流就会很小。当通过人体的电流小于带电作业安全电流时，就能保证带电作业人员不会遭到触电伤害。因此，可以从以下两方面降低带电作业时通过作业人员的电流。

1. 减少作用于人体的电压

带电作业时退出线路重合闸，以及禁止在有雷电情况下进行带电作业等措施，均是为了避免带电作业中过电压（前者为开关连续开断、合闸而产生的操作过电压，后者为大气过电压）对带电作业的安全造成影响。

2. 增大触电回路的阻抗

在10kV中性点不接地系统中，运行人员穿戴绝缘手套并使用绝缘性能良好的绝缘操作杆，站在地面或电杆上操作高压跌落式熔断器熔丝时，由于绝缘手套和绝缘操作杆的绝缘电阻增大了“带电体—人体—大地”这个触电回路的阻抗，有效限制了触电电流。假设操作杆和绝缘手套的绝缘电阻达到 1000MΩ（绝缘杆的电阻一般可达到 $10\times10^{13}\Omega$），那么通过人体的电流为

$$I_b=\frac{3U_{ph}}{|Z_C+3R_b|}=\frac{3\times10\times10^3/\sqrt{3}}{\sqrt{Z_C^2+9\times(10^9)^2}}\leqslant5.774\times10^{-15}(A)$$

可见，增大触电回路阻抗可使通过人体的电流远小于带电作业安全电流（1mA）的数值。

第二节　电场、静电感应的防护

一、人体对电场的感知水平

带电作业时人体可看作良导体，工作人员作业时的位置与带电体或杆塔构件构成各种各样的电极结构。其中主要的电极结构有导线—人与构架、导线—人与横担、导线与人—构架、导线与人—横担、导线与人—导线等。这些电极结构在电压的作用下，电极间产生空间电场，并且都是极不均匀电场。在空间电场场强达到一定的强度时，即使人体距离带电体符合安全距离的要求，但常有针刺感、微风感、蛛网感、异声感等。

（1）针刺感。针刺感是由于在电场中，人体上的感应电荷对接地体放电引起的。冬天皮肤干燥，穿着羊毛衫等易发生摩擦静电，当手碰到接地的金属物件时会有强烈的刺痛感，还可以看到明显的小电火花。

（2）微风感。微风感是电场引起气体游离和电荷移动的一种现象。

（3）蛛网感。在强电场作用下，当静电感应使电荷在人体汗毛上聚集，使汗毛竖起牵动皮肤时，会使人有沾上蜘蛛网的感觉。

（4）异声感。在电场强度较大且电场极其不均匀的带电体附近，作业人员手握金属工具快速移动的过程中，会听到一种类似运行变压器所发出的“嗡嗡”声。据有关专家总结，可能是铁磁物质在周期性的交流电场中产生的振动与人体耳膜发生共振所致。

因此，在强电场下，保证带电作业人员舒适、并安全地工作，必须考虑电场的影响，必要时采取防护措施。场强限制的选择依据为：①防止暂态电击引起的不愉快效应；②限制由于电场长期作用引起的生理效应。

二、带电作业时人体的安全场强

均匀电场场强的计算公式为

$$E=\frac{U}{d}$$

式中　U——两电极上的电压，V；

d——两电极之间的距离，m。

但在不同类型的带电作业时，作业人员均处于极不均匀的工频交变电场中。该工频交变电场变化的速度对于电子运动的速度而言相对缓慢，并且电极间的距离也远小于相应的电磁波长，因此对于任何一个瞬间的工频电场，可以近似地按静电场考虑。

导线与地面之间，电场强度按对数函数分布。导线表面的电场强度最高，其场强为

$$E_{max}=\frac{U_{ph\cdot max}}{10r\ln\frac{r+n}{r^2}}$$

式中　E_{max}——导线表面的电场强度，kV/cm；

$U_{ph \cdot max}$——导线对地最高电压（有效值），kV；

r——导线半径，cm；

n——导线分裂数。

表 1-2-3 为根据公式计算出的配电线路各电压等级导线表面最高场强。

表 1-2-3　　配电线路各电压等级导线表面最高场强

电压等级（kV）	导线对地最高电压（有效值 kV）	导线半径（cm）	导线表面最高场强 E_{max}（kV/cm）有效值/峰值	导线型号及分裂距 D(cm)
10	1.15×10=11.5①	0.785②	1.38/1.95	LGJ-185×1③
20J④	$1.15\times\frac{20}{\sqrt{3}}=13.28$	0.865	1.68/2.38	JKLYJ-20/185×1⑤
20	1.15×20=23		2.91/4.12	
35	1.15×35=40.25⑥	0.82⑦	4.93/6.97	LGJ-185×1⑧

注　1. 20kV 电压等级架空线路一般采用绝缘架空导线，表中导线半径为扣除绝缘层厚度后的铝导体半径，表面最高场强也没有考虑绝缘层的影响。实际情况下，导线绝缘层表面的场强应小于表中数据。

2. 导线越粗，其表面场强相对较小。

① 考虑带单相接地故障运行。

② 根据 $S=\pi r^2$ 近似计算所得。

③ 10kV 线路 LGJ-185 导线，铝（根数/直径为 18/3.60），计算截面 183.22mm²；钢（根数、直径）：1/3.60，计算截面 10.18mm²。总计算截面为 193.40mm²。

④ 中性点经低阻抗接地。

⑤ 20kV 线路 JKLYJ-20/185，铝（根数/直径为 37/2.9），计算截面积 193.43mm²，外径 28.3mm，绝缘厚度 5.5mm。

⑥ 考虑带单相接地故障运行。

⑦ 根据 $S=\pi r^2$ 近似计算所得。

⑧ 35kV 线路 LGJ-185 导线，铝（根数/直径为 26/2.98），计算截面 181.34mm²；钢（根数/直径）为 7/2.32，计算截面 29.59mm²。总计算截面为 210.93mm²。

当人体体表场强约为 240kV/m 时，人体即有微风感，此时人体表面充电电流密度为 0.08μA/cm²。这一人体对电场感知的临界值，被公认为人体皮肤对表面局部场强的电场感知水平。据试验研究，人站在地面时头顶部的局部最高场强为周围场强的 13.5 倍。一个中等身材的人站在地面场强为 10kV/m 的均匀电场中，头顶部最高处体表场强为 135kV/m，小于人体皮肤的电场感知水平。所以，国际大电网会议认为在高压输电线路下地面场强为 10kV/m 时是安全的。但由于带电作业是电力系统的一个特殊工种，且作业人员的工作时间较短，GB 6568—2000《带电作业用屏蔽服装及试验方法》中规定，带电作业时人体体表场强的允许值为 240kV/m。

需要注意的是，带电作业时的人体体表场强允许值不同于国家环境保护部在 HJ/T 24—1998《500kV 超高压送变电工程电磁辐射环境影响评价技术规范》中的规定："推荐暂以 4kV/m 作为居民区工频电场评价标准，推荐应用国际辐射防护协会关于对公众全天辐射的工频限值 0.1mT 作为磁感应强度的评价标准"。这是因为居民是长期居住在工频电场中，必须低于高压输电线路下地面场强。

某些区域或国家组织对工频电场、工频磁场曝露的限值规定见表 1-2-4。

表 1-2-4　　　　工频电场、工频磁场曝露的限值

标　准　名　称		电场强度（kV/m）		磁感应强度（μT）	
		职业暴露	公众暴露	职业暴露	公众暴露
IEEE　C95.6　50Hz		20	5	2710（头部和躯体） 75 800μT（四肢）	904（头部和躯体） 75 800μT（四肢）
欧洲共同体法规（1999/519/EC）50Hz			5		100
欧洲标准化委员会（CENELEC 1995）60Hz		25	8.333	1333	533
英国国家辐射防护委员会（1993）	50Hz	12	12	1600	1600
	60Hz	10	10	1333	1333
美国政府工业卫生联合会（ACCIH 1998）60Hz		25		1000	
前苏联（1975）50Hz		5.0		1760	
日本产业卫生学会标准（2002）50Hz		10		1000	
德国（1989）50Hz		20.6	20.6	500	500
澳大利亚（ARPANSA）标准（2006）0～3kHz		10	5	500	100
国际非电离辐射防护委员会（ICNIRP，1998）导则	50Hz	10	5	500	100
	60Hz	8.33	4.16	416.6	83.3
英国国家辐射防护委员会（2004.3） 世界卫生组织（WHO）《制定以健康为基础的电磁场标准框架》（2006）		10	5	500	100

注　1. 国际非电离辐射防护委员会（ICNIRP，1998）导则在确定有害的基础上，对职业曝露者给予 10 倍、公众曝露给予 50 倍的安全裕度。

2. 英国国家辐射防护委员会于 2004 年 3 月发布了正式意见，考虑科学的不确定性及政府对预防性的特别要求，决定采纳国际非电离辐射防护委员会（ICNIRP）导则的曝露限值。认为：①超过 15kV/m 时需使用绝缘防护工具；②对公众的"受控行为"，电场、磁场限值分别为 10kV/m 和 300μT；对职业"受控行为"，电场、磁场限值分别为 20kV/m 和 1500（头部）、1800（身体）μT。

3. 我国推荐采用的输变电设施电磁环境标准是《500kV 超高压送变电工程电磁辐射环境影响评价技术规范》，电场强度 4kV/m，磁感应强度 0.1mT。

国内有关单位针对带电作业环境下的人体表面电场强度与人体感应电流进行了大量研究，在研究过程中发现对 10、20kV 电压等级配电网络的带电作业来说，工频电场对人体的安全不构成威胁，所以研究数据相对较少。

三、配电线路带电作业静电感应的防护

1. 静电感应引起的电击

在静电感应情况下，使人体和异电位物体上积累大量的异种电荷，在人体接触异电位物体的瞬间以火花放电的形式的突然放电，这种现象称为暂态电击。暂态电击电流的频率很高，变化复杂，通常以火花放电的能量来衡量对人体的危害程度。表 1-2-5 为暂态电击使人体对产生生理反应的能量阈值。

表 1-2-5　　　　暂态电击使人体对产生生理反应的能量阈值

生理反应	感　知	烦　恼	损伤或死亡
能量阈值（mJ）	0.1	0.5～1.5	25 000

暂态电击分为两种情况。

(1) 人体对地绝缘。当作业人体对地绝缘时，因静电感应使人体处于某一电位，此时，如果人体的暴露部位（例如人手）触及接地体，人体上的感应电荷通过接触点对接地体放电。

(2) 人体处于地电位。对地绝缘的金属物体在电场中，由于静电感应在表面感应出异性电荷。感应电荷总是分布在导体表面，且其分布与导体便面的曲率半径有关，平滑处电荷稀少，电位较低；尖端、棱角、弯曲度大的部位电荷较为密集，电位较高。当处于地电位的作业人员用手触摸金属物体时，金属物体上的感应电荷通过人体对地放电。

2. 配电线路带电作业静电感应的防护

(1) 退出运行的电气设备，只要附近有强电场，所有绝缘体上的金属部件，无论其体积大小，在没有接地前，处于地电位的人员禁止裸手直接或通过金属工器具间接与其接触。

(2) 使用高架绝缘斗臂车进行带电作业时，车体由于静电感应现象或车辆绝缘不合格泄漏电流过大导致与大地存在电位差，车体周围的人员接触车体可能由于接触电压触电造成伤害，同时静电感应现象可能对绝缘车油路系统造成影响。车体的良好接地可以对静电感应现象起到防护作用，特别应注意的是当高架绝缘斗臂车使用枕木作为支腿垫板以及高架绝缘斗臂车停放在沥青路面进行工作时，由于枕木和沥青路面都有一定的绝缘性能，车体更应良好接地。

【案例 1-2-1】 某带电作业班组在一 10kV 线路上进行带电作业，由于停放高架绝缘斗臂车的道路地基为软土，所以在车辆支腿下方使用了垫板。在作业中，地面人员在接触车辆底盘、车身上部金属部件（该部位油漆有脱落）时均发现有轻微麻电的感觉。后经查看发现车体没有接地，且使用的支腿垫板为双层式垫板，上层的环氧树脂绝缘板将车体完全与大地绝缘隔离。此时运行线路、空气（绝缘臂、绝缘斗、工作人员个人绝缘防护用具）、车辆底盘、垫板、大地构成电容元件的串联回路，感应电荷使车辆底盘对地呈现一定的电位。该回路的等值电路如图 1-2-5 所示。

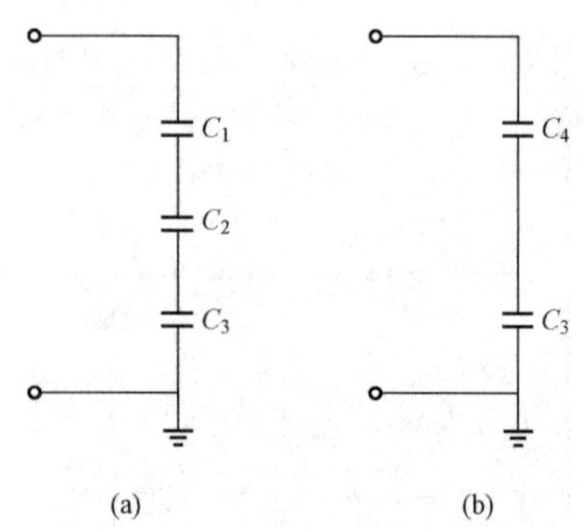

图 1-2-5 绝缘斗臂车对地绝缘时感应电压等值电路

(a) 作业相导线对地之间的等值电路；
(b) 邻相导线对地之间的等值电路

C_1—作业相导线与作业人员之间构成的电容，电介质为绝缘手套；C_2—作业人员与高架绝缘斗臂车车身之间构成的电容，电介质为绝缘靴、高架绝缘斗臂车的绝缘斗、绝缘臂；C_3—高架绝缘斗臂车与大地之间构成的电容，电介质为绝缘垫板；C_4—邻相导线与高架绝缘斗臂车车身构成果的电容，电介质为空气

(3) 已经断开或未接通电源的空载相线，无论其长短，在邻近导线（包括同回路与电源未断开或已接通的导线、附近平行架设的运行的高压输电线路）有电时，空载相线有感应电压。处于地电位的人员不准直接用手碰触，并应保持足够的距离，只有使用绝缘工具将其良好接地后，才能触及；中间电位作业人员不准在没有防护的情况下串入其与地电位杆塔构件的电路中。

(4) 为避免配电线路带电作业中感应电压的危害，带电作业人员必须使用个人绝缘防护用具以阻断感应电压引起的暂态电击放电回路。

第三节　带电作业安全距离、绝缘有效长度及良好绝缘子片数

在带电作业中，当遇到过电压时，可能通过以下三种途径对人身或设备放电：

(1) 通过击穿空气对人身或设备进行放电；

(2) 通过绝缘工具如绝缘操作杆、绝缘承力工具和绝缘绝缘绳索等进行放电；

(3) 当良好绝缘子片数不足时，通过绝缘子串放电。

因此在各种电压等级下，应保证最小安全距离、绝缘有效长度和最少的良好绝缘子片数来保证人员和设备的安全。

一、过电压

运行中的电力设备除承受工作电压外，还得承受时常出现的各种过电压。电力设备设计、制造和运行都必须充分考虑这些过电压，进行合理的绝缘配合，才能保证电力系统的安全运行。同样，在带电作业过程中，无论是空气间隙或绝缘工具也必须按照各种过电压水平进行绝缘配合，才能保证安全。

（一）正常运行时的工频电压

任一电压等级的线路在正常运行时，其实其电压都不是一个定值，而是在一定的范围内变化的。这是因为系统容量、负荷变化等原因造成的，甚至其他线路的故障都会影响到正常运行线路的电压产生波动。设备都有其最高工作电压，所谓最高工作电压是指制造厂根据该设备的绝缘条件，保证它可以长期稳定运行的线电压（或相电压）的有效值，一般比而额定电压高出10%～15%

$$U_{w\cdot max}=KU_N$$

式中　$U_{w\cdot max}$——最高工作电压；

K——电压升高系数；

U_N——额定电压。

不同电压等级，电压升高系数也不相同，一般220kV及以下电压等级 K 取1.15（66kV例外，为1.1）。

带电作业时，工频电压即正常运行电压长时间作用在电气设备和带电作业工具上，所以设计带电作业工具时，必须充分考虑工频电压对绝缘工具热效应的影响。

（二）内部过电压

内部过电压是由系统内部断路器操作、系统故障或其他原因引起的电网电压升高。根据它们的特点可以分为短时过电压和操作过电压两大类。短时过电压又可分为工频过电压和谐振过电压。

内部过电压的能量来源于电网本身，所以它的形成与系统的接线方式、设备参数、故障性质及操作过程等因素有关，是在电力系统额定电压的基础上发展的，其幅值大体随着电力系统额定电压的升高而按比例增大，通常用电力系统最高运行相电压幅值的倍数来表示。内部过电压的范围通常为最高运行相电压幅值的2.2～4倍。

1. 短时过电压

(1) 工频过电压。电力系统在正常或故障时可能出现幅值超过最大工作相电压，频率为

工频或接近工频的电压升高，统称为工频过电压。出现工频过电压的原因为不对称接地故障、发电机突然甩负荷、空载长线路的容升效应等。它直接或间接地决定了电力系统的绝缘水平，如决定线路绝缘子串中的绝缘子个数、决定避雷器灭弧电压等。不对称接地故障是线路常见的故障形式，其中以单相接地故障最多，引起的工频电压升高一般也最严重。在中性点不接地系统中，单相接地时非接地相的对地工频电压可升高到 1.9 倍相电压，甚至更高；在中性点接地系统中可升高 1.4 倍。通常工频过电压是不衰减的，它一直持续到故障消除为止。工频过电压的幅值不大，所以对电气设备的绝缘和带电作业绝缘工具没有很大威胁。但因其持续时间较长、能量较大，所以通常作为带电作业绝缘工具泄漏距离的依据。

(2) 谐振过电压。是由于电力系统中电感与电容参数在特定配合下发生谐振引起的，称为谐振过电压，例如线性谐振过电压、非线性（铁磁）谐振过电压、参数谐振过电压等。这种过电压幅值较高，持续的时间较长。

2. 操作过电压

操作过电压产生的原因是断路器对线路或其他电器进行各种正常或故障分、合闸操作引起的电压振荡以及间歇性电弧短路、系统解列、中性点不接地系统的弧光接地等。例如，切、合空载长线路过电压，切空载变压器过电压、工频过电压、电弧接地过电压等。操作过电压的特点是幅值较高、持续时间短、衰减快。

(1) 空载线路合闸过电压。空载线路的合闸有两种情况，即计划性的正常合闸操作和故障情况下的自动重合闸。由于初始条件的差别，特别是长线路故障下的重合闸过电压是合闸过电压中较为严重的。正常合闸时，空载线路不存在接地，三相接线是对称的，线路上起始电压为零。断路器闭合时，线路等值电感和电容组成的回路发生高频振荡的过渡过程，振荡频率为 $\omega_0=\frac{1}{\sqrt{LC}}$。线路上的电压最大值接近 $2E_m$，E_m 为电源相电势最大值。自动重合闸是指线路运行中发生短路故障，如中性点有效接地系统发生单相故障，继电保护系统控制跳闸后，经短促时间再合闸。再合闸前，健全相空载线路上有残余电荷，且电荷没有泄漏、衰减，如在电源电动势极性改变并达到最大值时重合闸，非故障相上产生的振荡电压较高，残余电压叠加的结果使线电压最大幅值可达 3 倍工频稳态值。

(2) 切空载长线过电压。在切除空载线路过程中，如断路器开断，电弧熄灭后电流为零，线路上的残留电压达到最大值且维持不变，而断路器电源侧的电压仍按余弦规律变化，此时如果断路器触头间去游离能力很强，介质耐电强度恢复很快，则电弧不会重燃，线路被切除，无论在电源侧或线路侧都不会产生任何过电压；但是如果断路器灭弧性能较差，断口间电弧重燃，将会产生过电压。假如每隔半个工频周期断路器触头间电弧就重燃和熄灭一次，则过电压将按 3、5、7…倍相电压级升。实际情况下，由于受到诸多因素的影响，比如电弧燃烧、熄灭的偶然性与不稳定性，以及重燃相角、重燃次数、电网接线形式、电晕损耗和电阻损耗的阻尼作用等，这种过电压是有一定限度的，一般中性点不接地或直接接地系统中可达 3～3.5 倍的最高运行相电压。在中性点不接地或经消弧线圈接地系统中，由于断路器三相分闸的不同期性引起中性点对地电位发生偏移，切除长空载线路时的过电压比中性点直接接地电网高 20%左右。

(3) 投、切电感性负载的过电压。电力系统中常有断开感性负载的操作，例如投切空载变压器、电抗器及电动机等。一般情况下，合空载变压器比切空载变压器产生的过电压要高。合空载变压器过电压的大小与断路器性能与变压器参数有关，变压器励磁电感越大，过电压幅值越高。产生切空载变压器过电压的原因在于断路器分闸时的截流现象，造成电感元件（变压器绕组）电流突变感应电压升高。220kV 及以下系统一般不考虑。

（4）电弧接地过电压。电弧接地过电压只发生在中性点不直接接地的电网中。在中性点绝缘的电网中，如果单相通过不稳定的电弧接地，即接地点的电弧间歇性地熄灭和重燃，则在电网健全相和故障相上都会产生过电压，称为电弧接地过电压。其值一般不超过最高运行相电压的 3 倍，个别的可达 3.5 倍。消弧线圈可有效减小接地电流，从而抑制接地点电弧的间歇性熄灭和重燃。

由于各种因素的存在，过电压产生时可能有几种过电压发生叠加，根据实测结果统计，各电压等级的最高工作电压、工频过电压、操作过电压的最大倍数见表 1-2-6。

表 1-2-6　　各电压等级最高工作电压、工频过电压、操作过电压的最大倍数

额定电压（kV）	10	20	35
最高工作电压（kV）	11.5	23	40.25
工频过电压倍数 K	1.4～1.9		
操作过电压倍数 K	4	4	4

10kV 系统的相间操作过电压习惯用 44kV（有效值）计算。

（三）大气过电压

大气过电压又称雷电过电压，产生雷电过电压的原因有设备遭到直接雷击、附近受到雷击而在设备上形成感应雷过电压或反击对设备放电造成过电压。

雷电波在传输过程中会发生变化和衰减，雷电波的衰减可用浮士德—孟善经验公式进行计算

$$U=\frac{U_0}{KXU_0+1}$$

式中　U——距雷击点 X（千米）处的雷电压幅值，kV；

U_0——起始雷电波幅值，kV；

X——雷电波传播的距离，km；

K——衰减系数，一般取 $(0.16\sim1.2)\times10^{-3}$。

计算可知，当雷电波行进到 5km 左右时，雷电波的波幅衰减到 50%左右，衰减速度很快。

二、安全距离

为了保证人身安全，作业人员与不同电位物体之间所应保持的各种最小空气间隙距离的总称，称为安全距离。安全距离包含最小安全距离、最小对地安全距离、最小相间安全距离、最小安全作业距离和最小组合间隙。通常，最小安全距离是按电网正常运行时可能出现的最高运行电压下，作业人员在活动范围内，空气间隙在操作过电压条件下，出现间隙放电的危险率水平小于 1.0×10^{-5} 而确定的。在配电系统中，大气过电压的幅值大于操作过电压，大气过电压在配电系统设计和安装时对空气间隙和设备的绝缘水平起决定性的作用。但规程规定如遇雷电不得进行带电作业，所以配电线路带电作业的安全距离是根据系统最大操

作过电压按绝缘配合惯用法计算和推荐的。

1. 空气间隙的电气绝缘特性

空气是一种优良的气体绝缘材料，在电网的高压架空线路上，不同相的导线间以及导线与杆塔、大地间都是依靠空气绝缘的。空气的击穿放电特性与电极形状、电极间距、电压类型（直流、交流、冲击电压）等密切相关。在不同的电压和电极布置下，空气间隙的击穿放电特性是不同的，但是击穿放电电压都是随着间隙的增大而显著增大。空气的击穿电压具有较大的分散性，故用50%放电电压来表示某一空气间隙耐受操作电压的平均绝缘性能。50%放电电压的含义为选定某一固定幅值的标准冲击电压，施加到一个空气间隙上，如果施加电压的次数足够多，且间隙被击穿的概率为50%时（即有50%的次数间隙被击穿），则所选定的电压即为50%放电电压，用U_{50}来表示。此外，温度、气压、海拔高度等对空气间隙的放电电压也有一定的影响。

2. 带电作业的安全距离

（1）最小安全距离。最小安全距离是为了保证人身安全，地电位作业人员与带电体之间应保持的最小空气距离。在这个安全距离下，带电作业时，在操作过电压下不发生放电，并有足够的安全裕度。

（2）最小对地安全距离。最小对地安全距离是为了保证人身安全，等电位作业人员与周围接地体之间应保持的最小距离。等电位作业人员对地的安全距离等于地电位作业人员对带电体的最小安全距离。

（3）最小相间安全距离。最小相间安全距离是为了保证人身安全，等电位作业人员与邻相带电体之间应保持的最小距离。

（4）最小安全作业距离。最小安全作业距离是在带电线路杆塔上进行的不（直接或间接）接触带电体的（如使用第二种工作票的）工作时，为了保证人身安全，考虑到工作中必要的活动，作业人员在作业过程中与带电体之间应保持的最小距离。作业时能维持的作业距离取决于作业人员的姿态、作业时间的长短、作业人员的自控能力和身体某些关键部位的活动范围。除了这些主观因素外，客观上还取决于监护人的不断观察和提醒、隔离措施的有效性等。确定最小安全作业距离的原则是：在最小安全距离的基础上增加一个合理的人体活动增量。一般而言，增量可取0.5m。

（5）最小组合间隙。最小组合间隙是为了保证人身安全，在组合间隙中的作业人员处于最低的50%操作冲击放电电压位置时，人体对接地体与对带电体两者应保持的距离之和，配电系统中还应包括人体对带电体与对邻相带电体两者之间应保持的距离之和。10、20kV配电系统中，工作人员如穿屏蔽服进行带电作业，特别是在绝缘子串旁和处于两相带电体之间时很难保证足够的最小组合间隙，所以应穿绝缘防护用具。另外需要强调的是，采取绝缘手套作业法时，工作人员站在高架绝缘斗臂车的绝缘斗内或绝缘平台上直接接触带电体，此时人体处在一悬浮电位即“中间电位”，带电体对地之间的电压由绝缘材料和人体对带电体（手套厚度）与人体对大地或接地体的组合间隙共同承受，但人体与带电体间的距离非常小，同时还必须考虑手套在作业中可能被刺穿，为保证作业的安全，“人体对地的安全距离”和“人体与邻相带电体的安全距离”等均参照等电位作业人员的安全距离。

配电线路带电作业的安全距离见表1-2-7。

表 1-2-7　配电线路带电作业的安全距离

电压等级（kV）	最小安全距离（m）	最小对地安全距离（m）	最小相间安全距离（m）	最小安全作业距离（m）
10	0.4	0.4	0.6	0.7
20	0.5	0.5	0.7	1.0
35	0.6	0.6	0.8	1.0

注　此表数据均在海拔高度 1000m 以下适用，如海拔高度超过 1000m，则应进行校正。

带电作业时，安全距离的控制与作业人员的习惯、技术动作、站位、作业路径、个人安全意识等有关。所以一般认为带电作业人员不宜从事停电检修的工作。另外由于作业方式、方法不同，人身防护的内容和重点不同，输电和配电带电作业理论和实际操作培训有原则区别等因素，从事配电线路带电作业的人员不宜从事输电线路带电作业，同样从事输电线路带电作业的人员也不宜从事配电线路带电作业。

三、绝缘工具有效绝缘长度

有效绝缘长度是指绝缘工具在使用过程中遇到各类最大过电压不发生闪络、击穿，并有足够安全裕度的绝缘尺寸，是在带电作业工具设计和使用时的一项重要技术指标。有效绝缘长度按绝缘工具使用中的电场纵向计算，并扣除金属部件的长度。有效绝缘长度的绝缘水平由固体绝缘的性能和周围空气的绝缘性能决定。

配电线路带电作业用的绝缘操作杆、绝缘承力工具和绝缘绳索的绝缘有效长度不得小于表 1-2-8 所列数据。

表 1-2-8　绝缘工具有效绝缘长度

电压等级（kV）	有效绝缘长度（m）	
	绝缘操作杆	绝缘承力工具、绝缘绳索
10	0.7	0.4
20	0.8	0.5
35	0.9	0.6

在同一长度的空气间隙和绝缘工具上进行电性能试验，前者的放电电压较后者高 6%～10%。因此，在维持相同绝缘水平的原则下，带电绝缘工具的最短有效长度应比安全距离大一些。但是，220kV 及以下设备，由于受到绝缘子串长度的限制，绝缘承力工具和绝缘绳索无法达到上述要求。另根据试验，当绝缘工具的长度在 3.5m 以下时，其沿绝缘体表面放电电压基本等于空气间隙的击穿电压，说明绝缘工具在一定距离下能承受较高的电压（但要注意不能使绝缘工具受潮），所以规程规定支、拉吊杆等承力工具和绝缘绳索的最短有效绝缘长度等于空气的最小安全距离。而由于绝缘操作杆是一种手持操作工具，绝缘工具顶部在操作过程中往往会越过带电设备一段距离而使这段距离失效，故规定：各级电压等级的操作杆的有效绝缘长度为杆件的全长减去握手部分及金属连接部分长度后的长度，较绝缘承力工具的长度增加 0.3m，以弥补上述失效的绝缘段。

四、良好绝缘子片数

在绝缘子串附近进行带电作业，绝缘子串本身的绝缘水平也影响着人身的安全。各电压等级设备使用的绝缘子串在干燥的气候条件下，其整串绝缘的干闪电压有较大的裕度，即使有部分绝缘子失效，还可以维持安全运行的最低水平。因此，对于某一电压等级的绝缘子串在最大过电压下不发生干闪，并有足够安全裕度的绝缘子个数时，作业人员在绝缘子串两端（接地端或导线端）工作才是安全的。配电系统各电压等级在带电更换绝缘子或在绝缘子串上作业的良好绝缘子片数见表1-2-9。

表1-2-9　配电系统各电压等级在带电更换绝缘子或在绝缘子串上作业的良好绝缘子片数

电压等级（kV）	35	63（66）	110
良好绝缘子片数	2	3	5

对于10、20kV电压等级，表中没有列出有关数据。10、20kV配电线路上直线杆、直线转角杆一般采用瓷棒式绝缘子，其常用的绝缘子高度见表1-2-10。

表1-2-10　配电架空线路瓷棒式绝缘子高度

电压等级（kV）	型　　号	绝缘子本体高度（mm）
10	PS-15	320
20J	PSL-170/12.5ZS PS-170/12.5ZS	370
20	PSNL-170/12.5ZS PSN-170/12.5ZS	

而耐张绝缘子串采用盘形悬式玻璃（瓷）绝缘子（也有采用瓷拉棒式绝缘子），其绝缘子串长度见表1-2-11。

表1-2-11　盘形悬式玻璃（瓷）绝缘子串高度

电压等级（kV）	型　号	机构高度（mm）	绝缘子串绝缘子片数	整串绝缘子长度（mm）
10	XP40	140	2	280
	BC-80P	145	2	290
20J	XP-70	146	2	292
20	XP-70		3	438

由表2-10、表2-11可以看出，无论是10kV还是20kV电压等级的架空配电线路上，绝缘子高度或绝缘串长度在空间上均小于带电作业时的最小安全距离（10kV为0.4m、20kV为0.5m）。所以在10、20kV电压等级线路绝缘子上进行带电作业必须要注意的是：

（1）必须对横担等地电位构件以及导线端金属导体进行良好的绝缘遮蔽、隔离。遮蔽顺序应为先带电体、再接地体。绝缘毯或遮蔽罩之间应有足够的重叠长度。

（2）更换耐张绝缘子时，工作人员必须对带电部位进行严密的绝缘遮蔽，另外必须注意人员的站位、更换时对绝缘子的接触部位（如横担侧绝缘子损坏，应先将绝缘子串脱离横担；导线侧绝缘子损坏，应先将绝缘子串脱离导线）、动作幅度及绝缘手套外部防刺穿手套（如羊皮手套）的清洁、干燥状况等（必要时应摘除），以防人体短接良好绝缘子引起人身安全事故。

五、安全距离修正

确定安全距离的方法有惯用法（又称确定值法）和统计法两种。惯用法是使电气设备绝缘（如带电作业中的空气间隙）的最低耐受电压高于作用在电气设备绝缘上的最大过电压，并留有一定安全裕度来确定安全距离。对于220kV及以下的自恢复绝缘（如气体绝缘介质）采用惯用法。统计法是将绝缘设备（带电作业空气间隙）在过电压下放电的可能性，按数理统计规律进行定量描绘，把发生放电的概率定义为危险率，用危险率10^{-5}来判断带电作业安全水平。统计法具有严格的数学精确性和可信性，是作绝缘配合既不冒险、又不保守的好办法，克服了惯用法使一系列极端情况同时发生的做法，避免了绝对安全的不合理倾向。对于330kV及以上的自恢复绝缘和固体绝缘应采用统计法。

必须注意的是这里所列安全距离、绝缘工具有效绝缘长度等数据适用于海拔高度1000m及以下，当海拔高度在1000m以上时，由于空气温度、压强的影响，应根据作业区不同海拔高度修正各类空气与固体绝缘的安全距离和长度、绝缘子片数。

1. 安全距离的修正

海拔高度每提高100m，空气间隙的放电电压降低约1%。海拔1000m高度以上每增加300m，推荐间隙值增加3%。

2. 绝缘工具有效绝缘长度修正公式

绝缘工具有效绝缘长度的修正公式为

$$L=\frac{L_0}{1.1-0.1H}$$

式中 L——修正后最小有效绝缘长度，m；

L_0——修正前最小有效绝缘长度，m；

H——安装地点的海拔，km。

第四节　带电作业气象条件

带电作业应在良好天气下进行，如遇雷电（听见雷声、看见闪电）、雪雹、雨雾不得进行带电作业。风力大于5级时，一般不宜进行带电作业。也就是说限制带电作业的气象条件主要有空气湿度、雷电（大气过电压）和风力。除以上三个方面外，温度也是影响带电作业安全的气象条件之一。

在恶劣气候条件下，由于设备需带电抢修或需临时处理某些重大缺陷，则必须使用试验合格的专用工具（如雨天工具），并应组织有关人员充分讨论并采取必要的安全措施，在确保作业安全的前提下，由厂（局）总工程师批准方可进行。

1. 空气湿度

空气湿度大于80%时，不宜进行带电作业。因为空气湿度会影响到绝缘工器具的沿面闪络电压、性能和空气间隙的击穿强度。

如绝缘绳，在干燥、清洁条件下，蚕丝、锦纶（丙纶）绳电气性能基本等同，但在淋雨后，其击穿电压会大大下降。受潮后的绝缘绳泄漏电流值比干燥时的泄漏电流增大10～14倍，对蚕丝绳和锦纶绳而言，湿闪电压分别下降到其原有击穿电压的26%和33.5%。受潮的绝缘绳因泄漏电流增大，会导致绝缘绳发热，甚至产生明火，易使人造纤维合成的锦纶、锦纶绳熔断。

【案例1-2-2】 某电业局在所属110kV××线进行综合检修。工作负责人带领工作班成员前往65号直线杆塔更换双串绝缘子中的一串。更换方法为采用绝缘滑轮承受导线荷重，用绝缘操作杆拔出弹簧销子，杆塔上、下人员相互配合将绝缘子换下。当杆上人员挂好绝缘滑轮组，拔出弹簧销子，拟将绝缘子串脱离球头准备更换时，突然下起小雨。工作负责人在作业班成员的坚持下，没有果断间断作业，在将新绝缘子串吊至杆上准备组装时，雨下大了。在杆上人员有麻电感觉下杆后不久，由于绝缘保险绳和绝缘滑轮组绝缘绳受潮，导致泄露电流过大引起弧光接地，线路跳闸。经事故分析，事故原因有：①工器具选择不合理。当天气象预报“有时有雨”，工作负责人没有足够重视，没有选用防潮型和防雨型的绝缘工具。②违章指挥。工作负责人违反安规对带电作业气象条件的有关规定，下雨后继续工作。③工作间断的处理措施不正确。110kV线路双串绝缘子中的单串具有足够的机械强度可以承受导线张力，下雨后工作负责人应命令杆上人员立即拆除绝缘保险绳和绝缘滑轮组后下杆。

2. 雷电

雷电对带电作业的影响在第一章第三节已有详细的阐述。带电作业最小安全距离和绝缘工具最低耐压水平是按浮士德—孟善经验公式设定5km外雷电落在线路上后沿导线传播的电压波最大值计算的。也就是说即使远方（5km外）雷电击中导线，由于导线电阻、线间或对地间电容、导线集肤效应、空气介质极化、电晕等影响，雷电波在导线传播中发生变形和衰减，当传输到工作地点，已衰减到安全值以下，但现场作业时是无法判断落雷点到作业点的距离的，所以为防止雷电对带电作业的安全造成影响，规定“听见雷声、看见闪电”不得进行带电作业。

3. 风力

5级风属于清劲风，风速为8～10.7m/s，风压为4～7kg/m^2，现象为小树摇动，内陆水面有小波。当风力达到6级，风速为10.8～13.8m/s，属于强风，现象为大树枝摇动，电线呼呼有声、晃动加大。此时进行带电作业上下指挥呼叫、绝缘绳索吊装传递困难。故规定当风力大于5级一般不宜进行带电作业。

4. 温度

高温天气时，绝缘工具和绝缘隔离、遮蔽用具、个人绝缘防护用具的闪络强度会下降，如绝缘工具的闪络强度比同等长度的空气间隙降低20%～30%，当绝缘工具上有干态带状物污染的情况下，温度升高，其操作波强度可能降低50%。另高温作业易使作业人员疲劳，出汗影响绝缘工器具性能。但考虑到我国幅员辽阔，温差太大，不可能用一个温度满足全国不同地区，故以往的规程均未作统一规定，各地可根据当地实际情况确定进行带电作业的具体温度范围。一般规定温度高于35℃时不宜开展带电作业。

第三章

配电线路带电作业方法

第一节　带电作业基本方法简介

一、按作业时人体所处电位来划分

从作业时人体所处的电位来看，有地电位作业法、中间电位作业法、等电位作业法等。

1. 地电位作业法

这种作业法是指作业人员始终处在地电位状态，通过绝缘工具对带电体进行作业。这时，人体与带电体的关系是：大地（杆塔）⟶作业人员⟶绝缘工具⟶带电体。地电位作业也叫零电位作业，国外称为距离作业。

2. 中间电位作业法

这种作业法是指利用绝缘工具（高架绝缘斗臂车、绝缘平台）将作业人员置于带电体及接地体之间，使作业人员在低于带电体电位而高于接地体电位下，用绝缘工具对带电体进行作业。它要求作业人员既要保持对带电体有一定的距离，又要保持对地有一定距离。这时，人体与带电体的关系是：大地⟶绝缘体⟶人体⟶绝缘体⟶带电体。因此在采用中间电位作业法时，需要考虑两个间隙的组合距离，一般不小于单一间隙距离的20%。

在10kV配电线路带电作业中，作业人员借助绝缘斗臂车或其他绝缘设施与大地绝缘并直接接近带电体，作业人员穿戴全套绝缘防护用具，与周围物体保持绝缘隔离，通过绝缘手套直接进行操作。此时，作业人员也处于带电体接地体的电位中间。

3. 等电位作业法

这种作业法是指作业人员作业时与带电体处于同一电位的带电作业方式。这时，人体与带电体的关系是：大地（杆塔）⟶绝缘体⟶作业人员⟶带电体。等电位电工在作业时使带电部位变大，并使电场严重畸变，会使设备的放电电压降低，通常运用于110kV及以上电压等级的带电作业中，带电作业人员穿戴屏蔽服进行防护。

目前，带电作方法都是按照上述三种方法来分类。在实际工作中，我们应根据具体情况来选择其中一种方式或者多种方式同时使用。不过在选择作业方式时，必须以人身安全和设备安全为前提，从设备实际情况出发，周密细致，灵活选用，以确保安全。

二、按作业人员与带电体的位置划分

如若按照作业人员与带电体的位置来划分，则可分为直接作业法和间接作业法。

1. 直接作业法

直接作业法是指作业人员直接与带电体接触而进行各种作业。它的优点是极大简化作业工具和操作程序，能够完成许多细致、复杂的检修工作，取得理想的工作效果和效率；缺点是人体必须占据带电设备固有净空，使得带电设备的净空尺寸变小，应用范围因而受到限

制。除了上面所说的等电位作业法外，还包括分相作业和全绝缘作业。

分相作业，即将中性点不直接接地的35kV及以下电力系统的电气设备的一相人为接地，另两相升高$\sqrt{3}$倍相电压运行，作业人员对接地相进行检修的作业。

全绝缘作业，即对作业相的邻近带电体或接地部分进行妥善的绝缘遮盖或将作业人员自身进行全绝缘，然后对带电体进行检修的作业。配网带电作业中常用到这种方法。

2. 间接作业法

间接作业法是指作业人员不直接接触导体．而是相隔一定距离，用各种绝缘工器具对带电设备进行检修作业。

间接作业人员以绝缘工具替代双手工作，难以完成远距离、复杂、细致的检修工作，这是其突出缺点；间接作业人员无需占据带电设备固有净空，使其应用范围不会受到电压等级和净空的限制，任何等电位作业工作都离不开间接作业的协助，这是间接作业法的突出优点。

第二节 配电线路带电作业方法及其原理

在超高压输电线路的带电作业中，空间电场强度高，作业间隙大，作业人员穿屏蔽服进入高电位并采用等电位作业法进行检修和维护是一种安全、便利的作业方式。早期不少单位在配电线路带电作业中也应用等电位作业法，虽然没有出现什么事故，但严格地，不论采用等电位方式还是采用作业人员直接短接（人为接地成两线一地制）方式检修，均存在着安全隐患，这是由于相间短路和相对地短路所致。

1. 相间短路

配电网络导线间、导线对装置构件间的空间距离小，配电设施密集，使带电作业的作业范围狭小。采用等电位方式身穿屏蔽服的作业人员在相间作业（如修补导线）时，当带电体遮蔽不全和作业人员动作幅度大时，就可能同时接触两相带电体，屏蔽服的金属网会导致相间短路，较大的相间短路电流将通过屏蔽服，不仅造成设备短路，而且会因短路电流超过屏蔽服通流容量，直接造成人员伤亡事故。

2. 相对地短路

作业人员穿着屏蔽服在线路杆塔上采用等电位作业方式进行更换绝缘子、横担等作业时，身体的不同部位有可能同时接触带电体和接地体，形成单相接地。尽管10kV配电系统大多采用中性点不接地或经消弧线圈接地的运行方式，但若线路较长或接有一定长度的电缆，三相电容电流也会超过屏蔽服的通流容量，造成人员伤亡事故。

配电线路由于电压低，虽然同样存在电场，但其电场强度远低于人体体表允许场强，没有必要进行电场防护，所以规程规定不允许穿屏蔽服进行配电线路的带电作业，而采用主、辅绝缘相结合、多层后备绝缘防护的安全作业方式。在作业中，利用绝缘材料阻断触电回路来保护作业人员的安全。

在配电线路的带电作业中，采用的作业方法主要有绝缘杆作业法和绝缘手套作业法。以上两种作业法中，均需对作业人员触及范围内的带电体和接地体进行绝缘遮蔽。在作业范围窄小、电气设备密集处，为保证作业人员对相邻带电体和接地体等非作业对象的有效隔离，在适当位置还应装设绝缘隔板等限制作业者的活动范围。这两类作业法就人体电位而言，既不是等电位作业，也不是地电位作业，而是一个中间悬浮电位，按人体电位来划分应属于中间电位作业法。

绝缘手套作业法和绝缘杆作业法是相辅相成的，在带电作业中很难区分其高低与优劣。在复杂的、特殊的项目中，往往要配合使用绝缘杆作业法和绝缘手套作业法才能完成。

【案例 1-3-1】 某供电公司带电班在××10kV××线路×号杆更换耐张绝缘子，使用绝缘平台等电位进行。穿屏蔽服的等电位电工韩×在穿越三相四线的低压线时，一手抓住拉线，而屏蔽裤衩不慎误碰一相低压线，造成低压线接地。由于屏蔽服通流能力较小，屏蔽服很快烧穿一个洞，接地电流全部经人体流通，导致韩×死亡。此事故主要原因是作业方法和个人安全防护措施不正确。

一、绝缘杆作业法

1. 原理

绝缘杆作业法也称为间接作业法（见图 1-3-1），是采用以绝缘工具为主绝缘，个人绝缘防护用具（如绝缘服、绝缘手套、绝缘裤、绝缘靴[1]等）为辅助绝缘的作业方法。

作业人员通常使用脚扣、升降板登杆至适当位置，系上安全带，保持与带电体电压相适应的安全距离，作业人员应用端部装配有不同工具附件的绝缘操作杆进行作业。这种作业法中，杆上作业人员虽然穿着一般意义上的绝缘鞋，但身体其他部位还是会和电杆碰触，所以忽略其绝缘防护的作用。杆上作业人员可看作始终处在地电位状态。作业人员也可以在高架绝缘斗臂车绝缘斗（绝缘槽）中或绝缘平台上应用绝缘操作杆进行绝缘杆作业法。这种作业方式，人与大地（杆塔）及带电导体的电位均不同，属于中间电位。本书中的绝缘杆作业法的登高方式采取脚扣和升降板，主要是针对乡村道路不利于高架绝缘斗臂车进入、停放时采取的带电作业方式的一种有效补充措施，也是带电作业发展初始阶段或县级及以下供电部门提高供电可靠性的重要手段，机动性、便利性及空中作业范围不及高架绝缘斗臂车绝缘手套作业。现场监护管理人员主要应监护人体与带电体的安全距离、绝缘工具的最小有效长度，作业前应严格检查所用工具的电气绝缘强度和机械强度。

图 1-3-1　绝缘杆间接作业

在作业范围窄小或线路多回架设，作业人员有可能触及不同电位的电力设施时，作业人员应穿戴个人绝缘防护用具，并使用绝缘遮蔽用具对带电体进行绝缘遮蔽。绝缘防护用具一般最少应戴绝缘帽和绝缘手套。作业中，杆上作业人员与带电体的关系是：大地（杆塔）⟶作业人员⟶（绝缘手套）绝缘杆⟶带电体。这时通过人体的电流有两个回路：①带电体⟶绝缘

---

[1] 应与平时所说的穿绝缘胶靴区分开。

杆（绝缘手套）⟶人体⟶大地，构成泄漏电流回路，其中绝缘杆为主绝缘，绝缘手套为辅助绝缘；②带电体⟶空气（绝缘体）⟶人体⟶大地，构成电容电流回路，其中空气为主绝缘。这两个回路电流都经过人体流入大地。必须说明，不仅在工作相导线有电容电流回路，其他两相导线对人体也有，但距离较远，电容电流很小，可忽略不计，使问题得到简化。绝缘杆作业法等值电路如图 1-3-2 所示。

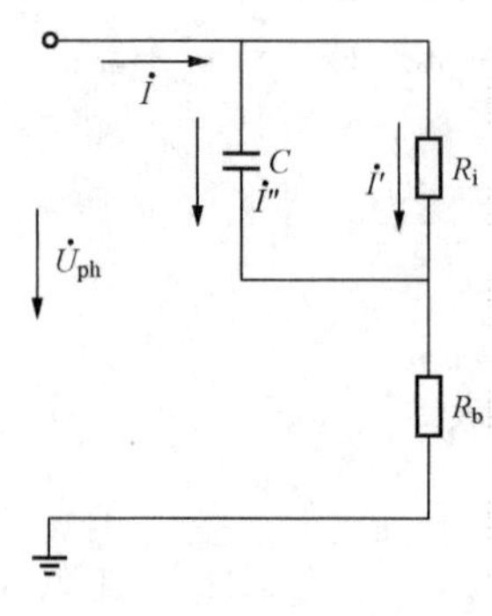

图 1-3-2　绝缘杆作业法等值电路

由于杆上作业人员人体电阻（R_b）比绝缘杆和绝缘手套（主绝缘和辅助绝缘）的绝缘电阻（R_i）和人体与导线间的容抗（X_C）都要小得多，人体电阻可以忽略不计。从图 1-3-2 可知，流过人体的电流为绝缘杆、绝缘手套的泄漏电流和导体对人体的电容电流的相量和，即 $\dot{I}=\dot{I}'+\dot{I}''$。

带电作业所利用的环氧树脂类绝缘材料的电阻率都很高，如 3240 环氧酚醛层压玻璃布板的体积电阻率达到 $10^{18}\Omega\cdot cm$，常态下表面电阻率达到 $10^{13}\Omega\cdot cm$。用其制作成的工具，绝缘电阻以 Ω 为单位的数量级可达到 10^{12} 以上。对于 10kV 配电线路，泄漏电流 I' 为

$$I'=\frac{10\times10^3}{\sqrt{3}}\Big/10^{12}\approx0.005(\mu A)$$

所以绝缘操作杆等绝缘工具的泄漏电流，在正常的情况下，以 A 为单位的数量级在 10^{-6} 及以下，这比带电作业时人体安全电流（1mA）的要求小得多了，所以使用合格的绝缘工具泄漏电流对间接作业人员而言毫无感觉。

根据欧姆定律公式计算，电容电流 I''

$$I''=\frac{U_{ph}}{X_C}=\omega CU_{ph}=2\pi fCU_{ph}$$

式中　U_{ph}——相电压，V；

ω——交流电角频率，$\omega=2\pi f$；

C——人体与带电体之间构成电容的电容量，据有关资料，间接作业时，$C=2.2\sim4.4\times10^{-12}$F；

X_C——人体电容电抗根据上述 ω 和 C，$X_C=0.72\sim1.44\times10^{11}\Omega$，Ω。

则电容电流为

$$I''=\frac{10\times10^3}{1.44\times10^9}\approx4(\mu A)$$

可见人体电容电流也只不过是微安级的数量，远远地小于人体的安全电流。总的来看，绝缘杆间接法带电作业时只要人体与带电体保持足够的安全距离，又是用绝缘性能良好的绝缘工具进行作业，通过人体的泄漏电流和电容电流都非常小（微安级电流），它们的相量相加也非常小。这样小的电流人体是感觉不到的，对人毫无影响，从理论上说是十分安全的。但是必须指出，绝缘工具的绝缘状态是直接关系到操作人员的生命安全的，如果表面脏污了，有汗水、盐分存在，或绝缘严重受潮，那么泄漏电流将大大增加，就可能由于人为的疏忽造成麻电甚至触电事故。因此，在绝缘工具制作时要注意表面绝缘处理，使用时要保持表面干燥洁净，并注意妥善保管、防污防潮。

此外，绝缘杆作业法也可应用在高架绝缘斗臂车或绝缘平台上，用于以下工作场合：

（1）多回路装置或复杂装置上作为人手的延长部分，对难以直接到达的部位进行操作；

（2）在断、接引线时，当空载线路具有较大电容电流但还不需要使用专用消弧设备时，使引线接入或脱离带电设备；

（3）更换绝缘已破坏（具有较大的泄漏电流，但还未造成明显的短路）的设备时，使设备脱离带电线路等。

2. 注意事项

保证绝缘杆作业法安全的基本条件：①工具的可靠绝缘性能；②满足最小的空气间隙，即安全距离。一般来说，空气是绝缘体，它在间接作业中起天然屏障的作用，失去它的保护是危险的。

人身与带电导体的安全距离以及操作杆的最短有效绝缘长度应满足要求。

二、绝缘手套作业法

1. 原理

绝缘手套作业法又称为直接作业法，作业人员站在高架绝缘斗臂车绝缘斗中或绝缘平台上，戴上绝缘手套直接接触带电体进行作业。采用直接作业法作业时，作业人员必须使用全套个人绝缘防护用具（绝缘帽、绝缘手套、绝缘衣和绝缘靴）及绝缘安全带。此时，高架绝缘斗臂车或绝缘平台作为带电导体与大地间的主绝缘，绝缘手套、绝缘衣和绝缘靴等个人绝缘防护用具以及其他绝缘遮蔽用具作为辅助绝缘。作业人员的电位低于导电体的电位，高于地电位，属于中间电位。

作业人员在作业时，忽略另两相带电导体对人体的影响，计算经过人体的电流的等值电路如图 1-3-3 所示。

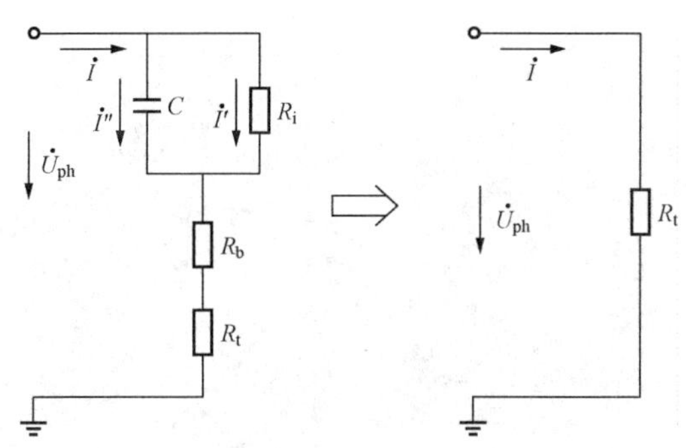

图 1-3-3 高架绝缘斗臂车或绝缘平台绝缘手套直接作业法等值电路

图 1-3-3 中，C 为带电体对人体经空气间隙构成的电容量，R_i 为绝缘手套的绝缘电阻，R_b 为人体电阻，R_t 为高架绝缘斗臂车或绝缘平台的绝缘电阻。由于 X_C 及 R_b 远小于 R_t，所以为简化分析，可忽略不计。可以看到，通过人体的电流的大小主要取决于绝缘车或绝缘平台的绝缘性能。

必须注意的是，作业人员在装置近旁作业的时候，应注意其他的触电回路，如横担→人体→带电导体、带电导体→人体→邻相带电导体等。在这些触电回路中，除了对地电位物件（横担等）和带电导体进行绝缘遮蔽隔离外，人体对非接触的导体或构件间还应保持一定的空气间隙。此时，绝缘斗臂车已起不到主绝缘保护的作用，空气间隙才是主绝缘保护。由于作业中空气间隙也不一定能保持固定，个人绝缘防护用具的使用显得尤为重要。对于已设置的绝缘遮蔽措施，作业中禁止人员长期接触，只能允许偶然性的“擦过接触”，并且禁止接触绝缘遮蔽措施保护区以外的部分，如边沿部分。

2. 绝缘平台

绝缘平台通常以绝缘人字梯、独脚梯、绝缘斗、绝缘支架等构成。安装在电杆上，能够在一定范围内左右水平旋转和上下升降以得到较为灵活、机动的作业范围。图1-3-4和图1-3-5所示为常见的两种绝缘平台。

图1-3-4 绝缘平台1

图1-3-5 绝缘平台2

作业时，绝缘平台起着相对地之间的主绝缘作用。在被检修相或设备上作业之前，必须采用绝缘遮蔽用具对相邻相带电体及邻近地电位物体进行遮蔽或隔离。同时，作业人员必须穿戴全套绝缘防护用具，绝缘手套外应再套上防磨或防刺穿的防护手套（如较软的羊皮手套）。绝缘平台作业如图1-3-6和图1-3-7所示。

图1-3-6 绝缘平台作业1❶

图1-3-7 绝缘平台作业2

3. 高架绝缘斗臂车

高架绝缘斗臂车是带电作业的一种专用车辆（见图1-3-8）。载人绝缘斗安装于一根能伸缩的绝缘臂上，绝缘臂又装在一个可以旋转的水平台上。悬臂由单根或双根液压缸支持，可以在铅垂面内改变角度，可平行电线或电杆作水平或垂直移动。因此，绝缘斗能在一定高度下到达一定半径内所选择的任意位置接近带电体。它具有升空便利、机动性强、作业范围大、机械强度高、电气绝缘性能高、劳动强度低等优点，很适合交通方便的城市和郊区的带

❶ 福建龙岩电业局开展绝缘平台绝缘手套作业法带电作业。

电作业。带电作业高架绝缘斗臂车自20世纪30年代在欧美国家开始研制，到50年代以后在送、配电线路带电作业中得到广泛应用。但高架绝缘斗臂车也有其局限性，如城市中的小街和小巷、农村、山区等，高架绝缘斗臂车开不进去，这就限制了其操作范围。

图1-3-8 高架绝缘斗臂车绝缘手套直接作业

高架绝缘斗臂车的绝缘臂具有质量轻、机械强度高、绝缘性能好、憎水性强等特点，在带电作业时为人体提供相对地之间的主绝缘防护。绝缘斗具有高电气绝缘强度，与绝缘臂一起组成相对地之间的纵向绝缘。同时，若绝缘斗同时触及两相导线，不会发生沿面闪络。

高架绝缘斗臂车的绝缘斗定位的方式基本有两种途径：①通过绝缘臂上部斗中的作业人员直接操作；②通过下部控制台上的人员控制。

4. 注意事项

(1) 绝缘手套直接作业人员处在高电位，因此对地（包括处于地电位的横担、拉线等构件）及邻相导线要有足够的安全距离。

(2) 绝缘手套直接作业人员与其他异电位的人员（包括地面作业人员）严禁直接传递金属工具和材料，即使是绝缘工具和材料也必须有一定的空气距离和绝缘有效长度。这是因为：①若直接接触或传递金属工具，由于二者之间的电位差，将可能出现静电电击现象；②若地面作业人员直接接触绝缘手套直接作业人员，相当于短接了绝缘平台或高架绝缘斗臂车，不仅可能使泄漏电流急剧增大，而且因组合间隙变为单间隙，有可能发生空气间隙击穿，导致作业人员伤亡。

(3) 直接作业人员应注意作业时的技术动作和动作幅度。

(4) 拆搭引线应注意下述安全问题：严禁带负荷拆搭引线；采用相应的消弧措施，操作人员还应戴护目镜；严禁用搭引线的方法并列两个电源；要确定相位才能搭引线；断、接空载线路时，已断开相或未接通相导线因感应而带电，为防止电击，应采取措施后才能触及。

(5) 严禁用棉纱、汽油、酒精等擦拭带电体及绝缘部分，防止起火。

(6) 选择合适的工作位置。作业人员要选择合适的工作位置，使带电体处在本人的视线范围内。并尽量避免在带电体同一水平面上工作，如必须处在这位置时，则应特别注意动作轻巧稳重，避免大动作及使用非绝缘工具。

(7) 特殊作业项目还应遵守特殊的有关安全规定。

(8) 要注意防止两相触电事故。需要特别强调的是，斗内（绝缘平台）作业人员作业时，带电导体相与相之间的主绝缘是空气，高架绝缘斗臂车或绝缘平台此时都不起保护作用。作业人员在空中接触带电体或地电位物体（如铁横担、电杆等）与邻近的异电位物体间的主绝缘是空气，高架绝缘斗臂车或绝缘平台此时都不起保护作用。

(9) 高架绝缘斗臂车作业前的试操作必须在下部控制台进行，作业中应由绝缘斗中人员控制。

三、作业基本方式

作业时，按工具受力形式和作用不同可以归纳为支、拉、紧、吊四种方式。

(1) 支。用绝缘工具支承带电体。常用各种具有一定抗压、抗弯强度的绝缘支杆，把带电体向上或斜、侧方向支开，用刚性支杆将其固定在某个位置。更换导线、杆塔、横担等需要采用这种形式。托瓶架也可看成“支”的形式。

(2) 拉。常用绝缘绳索、滑车组等软性工具，把带电体向侧面成其他方面拉开，以增大作业人员对带电体的安全距离。这类工具应当有好的抗拉强度。

(3) 紧。沿带电体原来受力的方向收紧。例如，要更换耐张绝缘子、带电调整导线弛度等都要采用这种作业形式。对这类工具要求抗拉强度特别好，如更换耐张绝缘子的绝缘拉杆设计时，各部分尺寸的机械强度（尤其有钻孔、车丝扣处）均应验算，并经过整组机械试验合格。收紧张力可使用丝杆、液压紧线器、扁带紧线器、绝缘滑车组等工具。

(4) 吊。原带电体是用悬吊的方式支承时，如直线杆悬垂绝缘子串支持导线的形式，带电作业时常采取绝缘绳索及挂钩将其吊住，使其保持在某个合适位置不下落。

第四章 配电线路带电作业工器具

为了保证带电作业时人员的安全，不但要求在制作带电作业绝缘工器具时选择合适的材料，如绝缘材料必须电气性能优异、机械性能高、理化性能好、防潮或吸水率低、耐老化、质量轻、易于加工，而且要求从事带电作业的人员必须了解和掌握有关绝缘材料电气绝缘特性的基本知识，有利于绝缘工器具在使用、运输、保管等环节的保养和维护，确保绝缘工器具的性能。

第一节 高压绝缘基本知识

电气绝缘材料又称电介质，它在直流电压或交流电压的作用下只有极微小的电流通过。绝缘材料的主要作用是用来隔离带电的或不同电位的导体。电气绝缘材料一般可分为气体绝缘材料、液体绝缘材料和固体绝缘材料。在配电线路带电作业中，应用最多的是空气和固体绝缘材料。对一定结构的绝缘材料和工具，可以大致分为绝缘材料内部的内绝缘和绝缘材料表面形成的外绝缘两部分。

在外电场作用下，绝缘材料会发生电导、极化、损耗、击穿等物理化学过程。绝缘材料的电气绝缘性能主要包括绝缘电阻、介质损耗、相对介电系数、击穿电压（或击穿场强）与闪络电压等。

1. 绝缘电阻和电阻率

绝缘材料并非是绝对不导电的材料，当对绝缘材料施加一定的直流电压后，绝缘材料中就会流过极其微弱的泄漏电流。根据欧姆定律，电压（U）与泄漏电流（I）之比即是绝缘材料的绝缘电阻（R_i），即

$$R_i = \frac{U}{I}$$

绝缘电阻 R_i 由体积电阻 R_v 和表面电阻 R_s 并联组成。体积电阻 R_v 是指外施直流电压与通过绝缘材料内部的泄漏电流 I_v 之比；表面电阻 R_s 是指外施直流电压与通过绝缘材料表面的泄漏电流 I_s 之比。等值电路如图 1-4-1 所示。

图 1-4-1 绝缘材料绝缘电阻等值电路

所以，绝缘电阻 R_i 为

$$R_i = \frac{R_v R_s}{R_v + R_s}$$

使用体积电阻率（ρ_v）和表面电阻率（ρ_s）可以更好地表征固体绝缘材料的绝缘特性

$$R_v = \rho_v \frac{L}{S}$$

$$R_s = \rho_s \frac{L}{l}$$

式中 L——绝缘体长度；

S——绝缘体截面积；

l——绝缘体截面周长。

良好的固体绝缘材料的 ρ_v 和 ρ_s 是很大的，如 3240 环氧酚醛层压玻璃布板的 ρ_v 可达 $10^{11}\Omega\cdot m$ 及 ρ_s 可达 $10^{13}\Omega\cdot m$。环境湿度、温度、脏污等对 ρ_v 和 ρ_s 有明显的不利影响，所以在绝缘材料和工具的生产、运输、保管、使用时应特别注意。

2. 介质损耗

在交流电压作用下，一部分电能在绝缘材料中转化为热能，这部分能量损失称作介质损耗。通常用介质损耗角的正切值来反映介质损耗的大小。所谓介质损耗角是作用在绝缘材料上的交流电压与电流之间的功率因数角的余角，记作 δ。测量介质损耗的等值电路如图 1-4-2 所示。

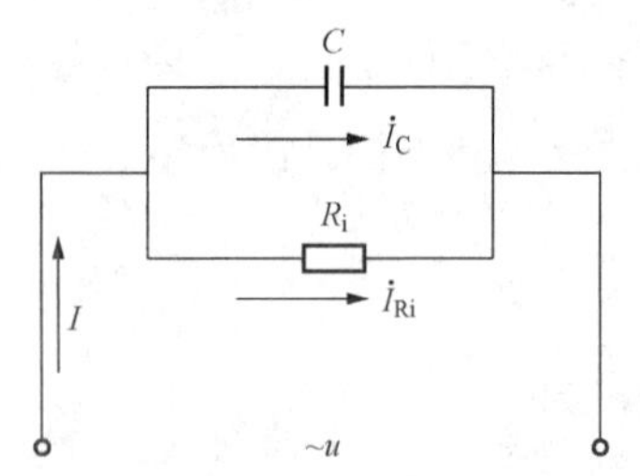

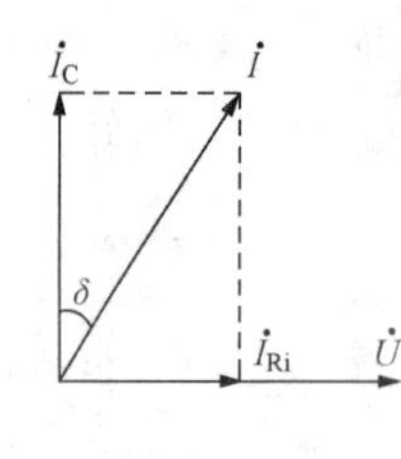

图 1-4-2 测量绝缘材料介质损耗的等值电路

质损耗角的正切值等于

$$\tan\delta(\%) = \frac{I_{Ri}}{I_C} \times 100\%$$

它反映了介质损耗的大小，$\tan\delta$ 越大，介质损耗越大，绝缘材料的性能越差。当绝缘材料整体受潮时，其介质损耗将大大增加，热量逐步积累使绝缘工具发热，击穿电压降低。

3. 相对介电系数

电介质的电容与真空电容的比值称作电介质的相对介电系数 ε_r，ε_r 总是大于 1，这是由于电介质极化造成的。ε_r 值大的绝缘材料一般容易吸潮，极性电介质的吸潮现象更为严重，这将大大影响绝缘材料的电气性能，所以一般要求绝缘材料有较小的 ε_r 值。

多层不同电介质构成的绝缘体，在交流电压的作用下，介质上的电场强度与介质的 ε_r 成反比。若固体绝缘材料内部有气泡或气隙时，气泡或气隙中的电场强度与固体绝缘材料内部的电场强度关系为

$$\varepsilon_{r1} E_1 = \varepsilon_{r2} E_2$$

式中 ε_{r1}——气泡或气隙中气体介质的相对介电系数；

ε_{r2}——固体绝缘材料的相对介电系数；

E_1——气泡或气隙中的电场强度；

E_2——固体绝缘材料内部的电场强度。

通常气体介质的 $\varepsilon_{r1} \approx 1$、固体介质的 $\varepsilon_{r2} > 1$，所以

$$E_1 \approx \varepsilon_{r2} E_2$$

即气泡或气隙中的场强 E_1 是固体介质中场强 E_2 的 ε_{r2} 倍。因气体的绝缘强度低于固体材料的绝缘强度，所以当气泡或气隙中的电场强度超过其电气强度时就会产生内部局部放电现

象，长期的内部局部放电造成固体绝缘材料内部局部绝缘老化，降低固体绝缘材料的绝缘强度，并影响其使用寿命。

在班组自己研制绝缘工器具时，应避免将相对介电系数相差较大的不同材料混合使用，并消除固体和液体绝缘材料内部局部放电危害。

4. 电气强度

绝缘材料发生击穿时的外施电压称为击穿电压 U_b，单位长度的绝缘材料的击穿电压即是该绝缘材料的电气强度 E_b，是表征绝缘材料电气性能的重要指标。

5. 沿面放电和闪络

当电压超过一定临界值时，在固体介质和空气的交界面上会出现沿绝缘表面放电的现象，称为沿面放电。当扩展到贯穿性的放电现象时称为沿面闪络，此时的外施电压称为闪络电压。等距离空气间隙和绝缘工具做电气试验，闪络电压比空气放电电压要低 6%～10%。所以绝缘杆的有效绝缘长度比（空气间隙）安全距离要大。另外，绝缘工器具表面脏污、受潮、开裂等会使沿面闪络电压大大降低，影响到带电作业的安全，所以工器具应保持清洁、干燥、表面完整，作业时要保持比安全距离更大的有效绝缘长度。

6. 泄漏电流

在外施电压作用下，流过绝缘材料的电流称为泄漏电流，泄漏电流越小，则绝缘材料的质量和性能越好。绝缘工器具表面脏污、受潮、开裂等会使泄漏电流增大，影响到带电作业的安全。

第二节　配电线路带电作业工器具

带电作业中用到的工器具有带电作业工具、防护用具和绝缘手工工具等。带电作业工具主要分为两类：一类为金属工具；另一类为绝缘工具。配电线路带电作业中金属工具类别较少，大量的还是绝缘工具。防护用具也可分为两类：一类为绝缘遮蔽用具；另一类为个人绝缘防护用具。配电线路带电作业的安全在很大程度上依赖于工器具的实用性、适用性及其绝缘性能和机械性能。

目前，20、35kV 配电电压等级的绝缘遮蔽用具、个人绝缘防护用具以及绝缘工具等尚不齐备，还有待于开发完善。

一、绝缘工具

带电作业绝缘工具分为硬质绝缘工具和软质绝缘工具，在带电作业时起主绝缘保护的作用。

1. 硬质绝缘工具

主要指以环氧树脂玻璃纤维增强型绝缘管、板、棒为主绝缘材料制成的配电作业工具，包括操作工具、运载工具、承力工具等（见图 1-4-3～图 1-4-5）。常见的有绝缘支、拉、吊杆和绝缘滑车、绝缘操作杆、绝缘（临时）横担、绝缘硬梯、绝缘平台等。

玻璃纤维、环氧树脂和偶联剂是构成硬质绝缘工具绝缘部分（绝缘杆）的主要成分。绝缘杆的制造方法较多，其中用于制造绝缘杆的主要工艺有湿卷法、干卷法、缠绕法和引拔法等。

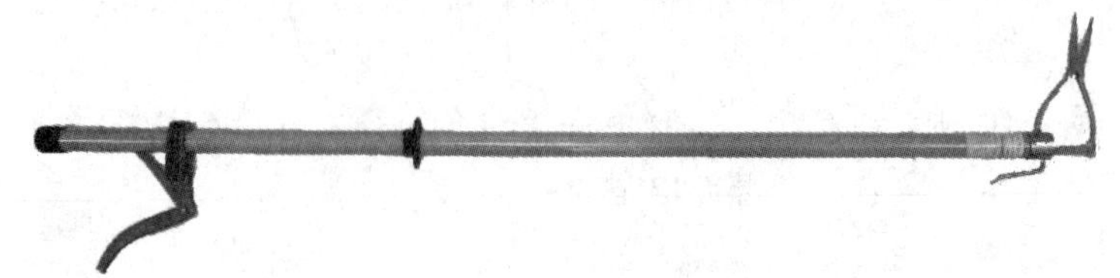

图 1-4-3 绝缘尖嘴钳

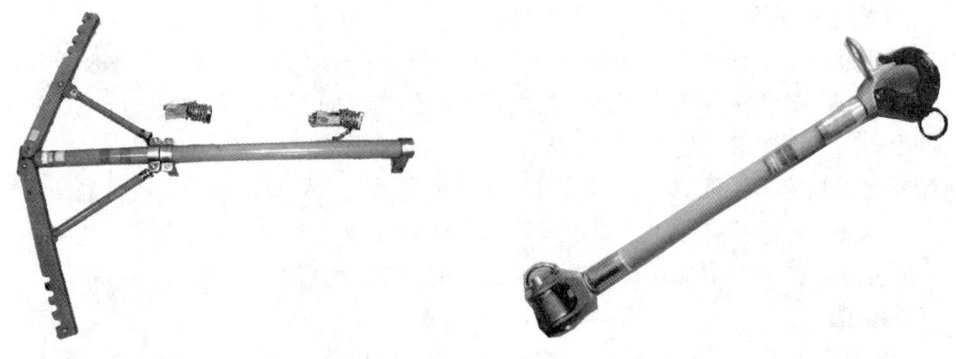

图 1-4-4 绝缘抱杆

图 1-4-5 绝缘拉杆

绝缘杆的老化有整体老化和部分老化两个方面：整体老化主要是指受潮、长时间的整体材质老化；部分老化主要是指绝缘杆顶端长期在强电场作用下，因局部滑闪、漏电、放电而引起的材质老化。尤其对于500kV带电作业用工具，强电场造成的部分材质老化使工具整体的绝缘距离减小，易于形成事故隐患，应采用定期监测的方式。验收试验中，试验电压过高会引起电晕或流柱放电，通过离子轰击侵蚀绝缘材料，电子则破坏绝缘的化学键，致使有机材料劣化，由此产生的导电沉积物在接近电极端部的高场强区起到延长电极的作用，从而导致材料的进一步劣化。因此，选择适当的试验电压也是很重要的。

操作杆表面的污秽状态对操作杆的闪络性能影响很大。据国外试验结果表明，表面污秽后，特别是沉积物受潮并导电时，耐闪络强度会严重降低。这是因为当绝缘杆表面有脏污而大气湿度又较高时，沿绝缘杆的电压分布更趋不均匀，高场强处将出现辉光放电，使沿绝缘杆表面的泄漏电流具有跃变的特点。国外对带电作业操作杆进行盐雾及人工污秽试验，测定盐雾、工业烟雾的凝聚、沉积物及意外污垢对操作杆的可能影响。试验结果表明，甚至在低电导率的雾里，泄漏电流也远大于可感知的1mA电流，操作杆表面材料的特性、纵向缺损及其他的不均匀性对受潮及污秽状态下的闪络性能影响较大。

几十年来，我国带电作业用绝缘杆的材料及制作工艺不断改进。引拔成型工艺增强了绝缘材料的致密性和成型杆的抗弯特性，使绝缘材料的渗水性大大降低，防潮性也得到了显著的提高。目前产品性能已达到国际先进水平，部分技术指标甚至优于国外同类产品。

不同电压等级、不同用途的绝缘工具其绝缘杆的尺寸有一定的要求，如配电线路带电作业用绝缘操作杆的尺寸要求见表 1-4-1。

表 1-4-1　　绝缘操作杆尺寸要求

额定电压（kV）	最小有效绝缘长度（m）	端部金属接头长度（不大于，m）	手持部分长度（不小于，m）
10	0.70	0.10	0.60
20	0.80	0.10	0.60
35	0.90	0.10	0.60

2. 软质绝缘工具

软质绝缘工具主要指以绝缘绳为主绝缘材料制成的工具，包括吊运工具、承力工具等。常见的有人身绝缘保险绳、导线绝缘保险绳、消弧绳、绝缘测距杆、千斤绳套、绝缘软梯等（见图1-4-6～图1-4-8）。带电作业不得使用非绝缘绳索（如棉纱绳、白棕绳、钢丝绳等）。

图 1-4-6　防潮型绝缘绳

绝缘绳索是广泛应用于带电作业的绝缘材料之一，可用作运载工具、攀登工具、吊拉绳、连接套及保安绳等。以绝缘绳为主绝缘部件制成的工具为软质绝缘工具。软质绝缘工具具有灵活、简便、便于携带、适于现场作业等特点，不少软质绝缘工具具有中国带电作业的独有特色。目前带电作业常用的绝缘绳主要有蚕丝绳、锦纶绳等，其中以蚕丝绳应用得最为普遍。

图 1-4-7　绝缘软梯

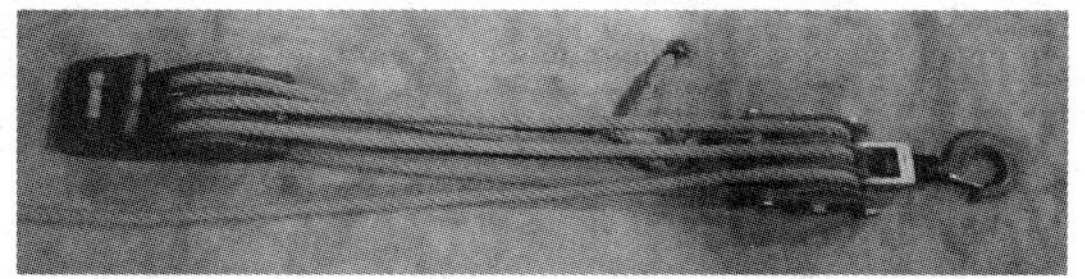

图 1-4-8　绝缘滑车组

蚕丝在干燥状态时是良好的电气绝缘材料，电阻率约为 $1.5\times10^{11}\sim5\times10^{11}\Omega\cdot cm$，但随着吸湿程度的增加，电阻率将明显下降。由于蚕丝的丝胶具有亲水性及丝纤维具有多孔性，因而蚕丝具有很强的吸湿性，当蚕丝作为绝缘材料使用时，应特别注意避免受潮。据调查，我国带电作业中已多次发生绝缘绳湿闪及烧断事故，试验表明，绝缘绳受潮后，泄漏电流急剧增加，闪络电压显著降低，绳索发热甚至燃烧起火。

在环境湿度较大情况下进行带电作业，必须使用防潮型绝缘绳，能够满足 168h 持续高湿度下工频泄漏电流试验、浸水后工频泄漏电流试验、淋雨工频闪络电压试验的要求。另外，为考核使用后的防潮性能，又增加了 50%断裂负荷、漂洗、磨损后 168h 高湿度下工频泄漏电流试验。从试验结果来看，与常规型绝缘绳相比较，高湿度下工频泄漏电流显著减小，淋雨闪络电压大幅度提高，在浸水后仍可保持良好的绝缘性能。但需要指出的是：防潮型绝缘绳索在浸水、淋雨状态下有较好的绝缘性能，但这并不意味着绝缘绳索可直接用于雨天作业。防潮型绝缘绳索主要是为了解决常规型遇潮状态下绝缘性能急速下降的缺点，增强绝缘绳索在现场作业时遇潮、突然降雨等状况下的绝缘能力，从而提高带电作业的安全性。无论哪一种绝缘绳索，应尽量在晴朗、干燥天气下使用。

二、防护用具

配电线路带电作业用防护用具包括绝缘遮蔽用具和个人绝缘防护用具，在带电作业时均为辅助绝缘保护。

（一）绝缘遮蔽用具

绝缘遮蔽用具包括各类硬质和软质遮蔽罩等。在配电线路带电作业安全距离不足时，由一组同一电压等级的不同类型遮蔽罩连接组合在一起，遮蔽或隔离带电导体或不带电导体，形成一个连续扩展的绝缘遮蔽保护区域。绝缘遮蔽与隔离是配电线路带电作业的一项重要安全防护措施，所以也有人将配电线路带电作业称为“绝缘隔离带电作业”，从而与使用“屏蔽服”的输电线路带电作业相区别。绝缘遮蔽用具不起主绝缘保护的作用，只适用于在带电作业人员发生意外短暂碰触时，即擦过接触时，起绝缘遮蔽或隔离的辅助绝缘保护作用。

1. 分类

根据遮蔽罩材料物理特性，可以分为硬质、软质遮蔽罩。硬质遮蔽罩一般采用环氧树脂、塑料、橡胶及聚合物等绝缘材料制成。为便于使用合适的工具来安装和拆卸，硬质遮蔽罩上都安装有操作定位装置，并且为保证遮蔽罩不会由于风吹、导线移动等原因从其遮蔽对象上脱落下来，硬质遮蔽罩上安装有一个或几个锁定装置。在同一遮蔽组合绝缘系统中，各个硬质绝缘遮蔽罩相互连接的端部具有通用性。软质遮蔽罩一般采用橡胶类和软质塑料类绝缘材料制成。根据遮蔽对象的不同，在结构上可以做成硬壳型、软型或变形型，也可以为定型的或平展型的。

根据遮蔽罩的不同用途，可以将其分为不同的类型（见图 1-4-9），主要有：

（1）导线遮蔽罩（又称导线的绝缘软管）。用于对裸导体进行绝缘遮蔽的套管式护罩。一般为直管式、带接头的直管式、下边缘延裙式、带接头的下边缘延裙式、自锁式等 5 种类型，也可以专门设计以满足特殊用途需要的其他类型。

（2）耐张装置遮蔽罩。用于对耐张绝缘子、线夹、拉板金具等进行绝缘遮蔽的护罩。

（3）针式绝缘子遮蔽罩。用于对针式绝缘子进行绝缘遮蔽的护罩，该遮蔽罩同样适用于棒式支持绝缘子。

（4）棒形绝缘子遮蔽罩。用于对绝缘横担进行绝缘遮蔽的护罩。

（5）横担遮蔽罩。用于对铁、木横担进行绝缘遮蔽的护罩。

（6）电杆遮蔽罩。用于对电杆或其头部进行绝缘遮蔽的护罩。

（7）套管遮蔽罩。用于对开关设备的套管进行绝缘遮蔽的护罩。

（8）跌落式熔断器遮蔽罩。用于对跌落式熔断器（包括其接线端子）进行绝缘遮蔽的护罩。

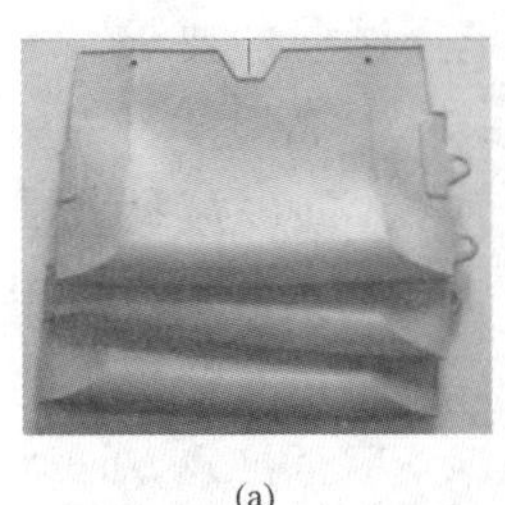
(a)

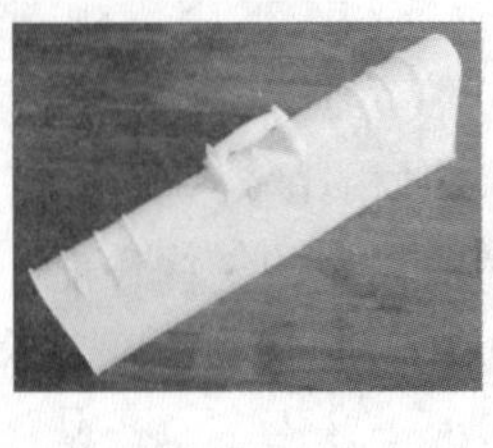
(b)

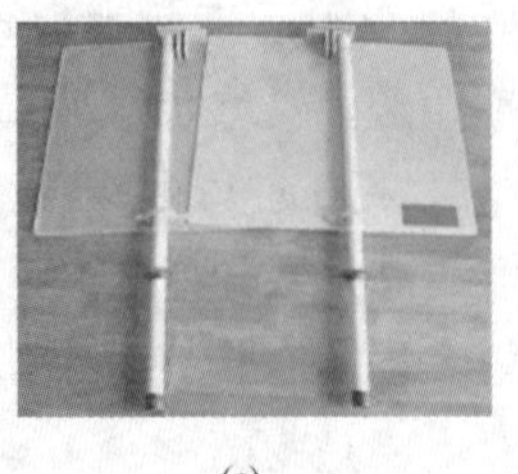
(c)

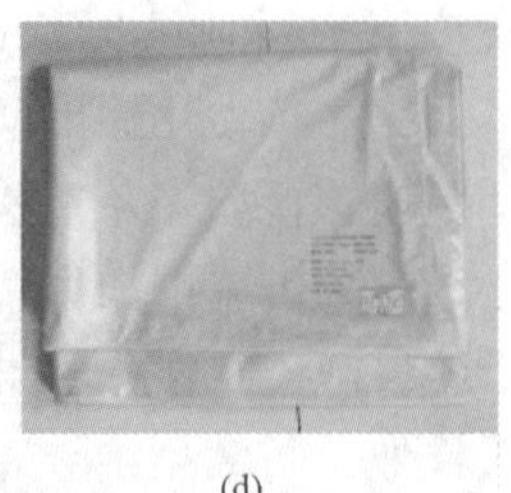
(d)

图 1-4-9　常见遮蔽罩

（a）跌落式熔断器绝缘遮蔽罩；（b）导线绝缘遮蔽罩；（c）绝缘挡板；（d）绝缘毯

(9) 隔板（又称挡板）。用于隔离带电部件、限制带电作业人员活动范围的硬质绝缘平板护罩。

(10) 绝缘布（又称绝缘毯）。用于包缠各类带电或不带电导体部件的软形绝缘护罩。

(11) 特殊遮蔽罩。用于某些特殊绝缘遮蔽用途而设计制作的护罩。

2. 绝缘遮蔽用具的适用范围

在配电线路上进行带电作业时，安全距离即空气间隙小是主要的制约因素，在人体和带电体或带电体与地电位物体间安装一层绝缘遮蔽罩或挡板，可以弥补空气间隙的不足。因为遮蔽罩或挡板与空气组合形成组合绝缘，延伸了气体的放电路径，因此可提高放电电压值。

这种措施虽然可以提高放电电压，但提高的幅度是有限的。应注意：

(1) 作业前应选择相应电压等级的遮蔽罩。目前常见的遮蔽罩按电气性能分为 0、1、2、3 四级，4 级的产品很不齐备，适用于不同的电压等级（见表 1-4-2）。

表 1-4-2　　　　适用于不同电压等级的遮蔽罩

级　别	交流电压（V）	级　别	交流电压（V）
0	380	3	20 000
1	3000	4①	35 000
2	10 000(6000)		

① 4 级的数据可参见 DL/T 976—2005《带电作业工具、装置和设备预防性试验规程》。

用于 10kV 电压等级的绝缘隔板厚度不应小于 3mm，用于 35kV 电压等级不应小于 4mm。暂未见 20kV 电压等级遮蔽罩厚度的具体数据（DL/T 803—2002《带电作业用绝缘毯》中规定了 3 级橡胶类材料绝缘毯的最大厚度为 4.0mm，但没有规定最小厚度）。

(2) 它不起主绝缘注意，但允许擦过接触，主要还是限制人体活动范围。

(3) 应与个人绝缘防护用具并用。

绝缘遮蔽罩本身有其自身的保护有效区，即在模拟使用状态下，施加一定的试验电压时，既不产生闪络、也不发生击穿的那部分外表面。在带电作业时，如作业人员接触与带电体直接接触的遮蔽罩的边沿部分是有可能发生沿面闪络的，所以不可以接触遮蔽罩的非保护有效区，即使是擦过接触。遮蔽罩的保护有效区应有明晰的标志。

作业中各遮蔽罩起的主要作用可能有所区别，例如：设置在导线上的导线遮蔽罩，起到弥补带电作业时空气间隙不足的作用；而在运行线路的杆塔上工作，如安装 10kV 分支横担（分支横担安装的部位一般是在运行线路横担下方 0.8m 处）时最小安全作业距离可能小于 0.7m，安装分支横担前在上横担下方 0.4m 左右设置绝缘隔板起到限制人体活动范围的作用。

（二）个人绝缘防护用具

进行直接接触 20kV 及以下电压等级带电设备的作业时，应穿着合格的绝缘防护用具；使用的安全带、安全帽应有良好的绝缘性能，必要时戴护目镜。作业中禁止摘下绝缘防护用具。个人绝缘防护用具包括绝缘帽、绝缘服或披肩或袖套、绝缘裤、绝缘靴、绝缘手套等。

(1) 绝缘安全帽。采用高强度塑料或玻璃钢等绝缘材料制作。具有较轻的质量、较好的抗机械冲击特性、较强的电气性能，并有阻燃特性。

(2) 绝缘手套。用合成橡胶或天然橡胶制成，其形状为分指式。绝缘手套被认为是保证配电线路带电作业安全的最后一道保障，在作业过程中必须使用绝缘手套。

（3）绝缘靴。用合成橡胶或天然橡胶制成。目前，有关标准规定最高使用的电压为15kV。

（4）绝缘服、披肩。一般采用多层材料制作。其外表层为憎水性强、防潮性能好、沿面闪络电压高、泄漏电流小的材料；内衬为憎水性强、柔软性好、层向击穿电压高、服用性能好的材料。

（5）袖套。采用橡胶或其他绝缘柔性材料制成，分为直筒式和曲肘式两种式样。

（6）防机械刺穿手套。防机械刺穿手套有连指式和分指式两种式样，其表面应能防止机械磨损、化学腐蚀，抗机械刺穿并具有一定的抗氧化能力和阻燃特性。采用加衬的合成橡胶材料制成。

常见的个人绝缘防护用具如图 1-4-10 所示。

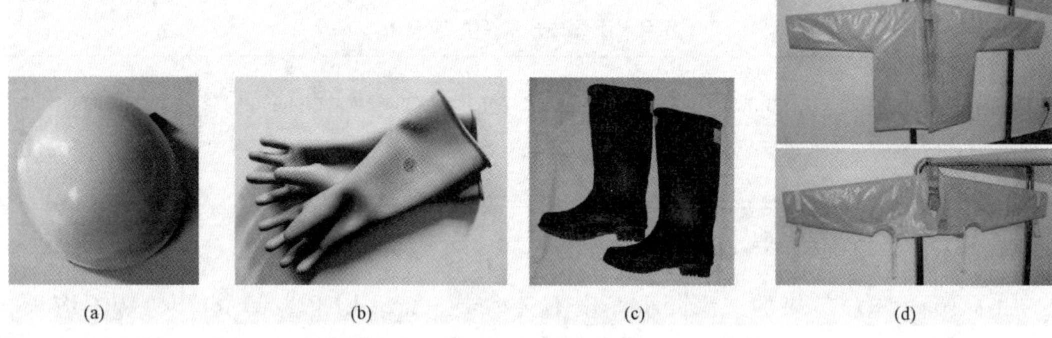

图 1-4-10　个人绝缘防护用具

（a）绝缘安全帽；（b）绝缘手套；（c）绝缘靴；（d）绝缘服（披肩）

个人绝缘防护用具按电气性能分为0、1、2、3四级（3级的产品很不齐备），见表1-4-3，分别适用于不同的电压等级。

表 1-4-3　适用于不同电压等级的个人绝缘防护用具

级　别	交流电压（V）	级　别	交流电压（V）
0	380	2	10 000(6000)
1	3000	3①	20 000

① 3级数据可参见 DL/T 976—2005《带电作业工具、装置和设备预防性试验规程》。

目前，除绝缘手套有3级的产品外，其他如绝缘衣最高级别为2级，且2级的产品包含两种标称电压，购买时应充分注意。绝缘帽和绝缘靴产品在有关标准中不分级别。

三、带电作业用绝缘手工工具

带电作业用绝缘手工工具常用来支撑、移动带电体或切断导线，有绝缘柄的螺钉旋具、扳手、刀具和镊子等。其绝缘材料应具有足够的电气绝缘强度、良好的阻燃性能以及足够的机械强度。绝缘手工工具按照其绝缘部分的组成结构分两类：一种是采用在金属手柄上包覆绝缘层的手工工具；另一种是直接采用环氧树脂玻璃纤维增强型绝缘棒作为手柄的绝缘工具。但其手柄长度都较短，一般小于40cm，在作业中不能保证有足够的绝缘有效长度，只适用于1kV以下电压等级。在10kV及以上电压等级的配电线路带电作业中虽然也要求使用绝缘手工工具，但其保护作用相对较低，所以使用时必须戴清洁干燥合格的绝缘手套。

第三节　高架绝缘斗臂车

高架绝缘斗臂车是一种特殊的带电作业工具，既是配电线路带电作业人员进入带电作业区域的承载工具，又是带电作业时相对地之间的纵向主绝缘设备。

一、分类

高架绝缘斗臂车工作臂主要有折叠臂式、直接伸缩绝缘臂式、折叠伸缩混合式等三种类型。

我国的高架绝缘斗臂车通常在配电线路 10、35kV 和 66kV 的线路上使用，由于线路位置、配套底盘、使用效率、产品价格等多种因素的限制，送电线路的带电作业极少使用绝缘斗臂车。有些厂家的绝缘斗臂车按使用的额定电压划分，而有些厂家的则按配电（66kV 及以下）、输电（110kV 及以上）来划分。用于 10、20kV 配电线路带电作业用的绝缘斗臂车高度通常为 16～20m。

高架绝缘斗臂车从支腿形式可分 A 形腿和 H 形腿。H 形腿不损伤路面，而且可分级伸缩，更便于在狭小场地作业。

二、高架绝缘斗臂车的基本结构

高架绝缘斗臂车主要由油压发生装置、支腿装置、工作臂回转升降及伸缩装置等组成，是应用了绝缘材料制作的绝缘斗、工作臂、液压系统、控制系统的使整车能满足一定绝缘性能要求的高空作业车。

1. 油压发生装置

油压发生装置由取力器（PTO）、传动轴及油泵等部分组成。取力器是将发动机的动力通过变速箱传至油泵使之发生液压动力的装置。

2. 支腿装置

支腿由副大梁的水平支腿内外框、垂直支腿、油缸组成。在垂直支腿油缸上装有双向液压锁，用于液压软管破损时，防止油缸自动回缩。作业时必须撑起支腿，保证上部工作稳定安全。

3. 工作臂回转、升降、伸缩装置

高架绝缘斗臂车的工作臂采用玻璃纤维增强型环氧树脂材料制成，绕制成圆柱形或矩形截面结构，具有质量轻、机械强度高、绝缘性能好、憎水性强等优点。

工作臂回转装置由液压马达、回转减速器、中心回转体、回转支承及转台等组成。油泵产生的液压动力带动液压马达转动，驱动回转减速机。回转减速机将液压马达的回转力经减速传递至小齿轮，使啮合在小齿轮上的回转承及转台旋转。

工作臂的升降装置由油缸、平衡阀等组成。油缸靠液压动力作伸缩动作，使工作臂进行升降。平衡阀在液压软管破裂时，起到防止工作臂自然下降的作用。

工作臂伸缩装置只用于直伸臂式绝缘斗臂车，由伸缩油缸、平衡阀、钢丝绳等组成。平衡阀在液压软管破裂时，起到防止工作臂自然下降的作用。

4. 绝缘斗装置

绝缘斗装置是由绝缘斗、摆动装置及绝缘斗平衡装置等组成。

(1) 绝缘斗又称工作斗，有的为单层斗，有的为双层斗，可承载 200kg，绝缘斗内工作人员不得超过 2 人，禁止超人、超载。绝缘斗具有高电气绝缘强度，双层斗的外层斗一般采用环氧玻璃钢制作，内层斗采用聚四氮乙烯材料制作。绝缘斗与绝缘臂一起组成相对地之间的纵向绝缘，使整车的泄漏电流小于 500μA。

（2）绝缘斗摆动装置是由液压马达和蜗轮、蜗杆等构成，可在水平方向左右摆动。

（3）绝缘斗平衡装置有拉杆式平衡和油缸式平衡等形式。拉杆式平衡机构由拉杆、绝缘斗支架、花斗螺母等组成；油缸式平衡机构由绝缘斗平衡油缸、下部平衡油缸及连接软管等组成。

（4）绝缘斗的调平有手动和自动两种，可以通过该项操作取出内衬进行清洁或排除积水。

5. 安全装置

安全装置包括安全阀、上下臂升降安全装置、垂直支腿伸缩安全装置、安全带绳索挂钩、紧急停止操作杆、应急泵装置、互锁装置、作业范围限制装置以及水平仪等。

（1）安全阀，又称溢流阀。避免液压回路产生异常的升压，保护液压系统。

（2）上下臂升降安全装置。下臂升降安全装置（双向平衡阀）防止软管破损时工作臂自然下降；上臂升降安全装置（平衡阀）防止软管破损时工作臂自然下降。

（3）垂直支腿伸缩安全装置（双向液压阀）。防止软管破损时，垂直支腿自然下降。

（4）安全带绳索挂钩（安全绳索挂钩）。用于挂住安全带。

（5）紧急停止操作杆。紧急时，可以停止工作臂的动作。

（6）应急泵装置。主泵不能工作时，用于紧急降落。

（7）互锁装置。支腿未正确着地时，上部不能动作；工作臂未完全收回时，支腿不能动作。

（8）作业范围限制装置。限制工作臂在允许的作业范围内动作。

（9）水平仪。使整车调整处于水平状态的示意，防止歪斜倾覆。

三、维护和保养

由于高架绝缘斗臂车是配电线路带电作业直接作业法中保障生命安全的主绝缘保护设备和承载设备，所以各个部件应具有良好的性能。高架绝缘斗臂车必须有专人管理、维护和保养，实施日常、每周、定期检查，并做好相关记录。其中日常检查是每次工作前对斗臂车进行外观检查以及试操作（对斗臂车的机械、电气、绝缘等部分通过试操作的方式进行检查）；每周检查在车库或服务中心进行；定期检查的最大周期为 1 年，检查记录应保存 3 年。

绝缘斗、绝缘臂架等绝缘物件必须保持清洁、干燥，并应防止硬金属碰撞等原因造成机械损伤。禁止使用高压水冲洗电气及绝缘部分。检查各机构的连接螺栓是否有松动情况，并及时紧固。保持油箱液面高度，发现液面偏低及时按规定要求加油。及时消除由于油管老化或密封件老化而引起的渗漏油现象。使用中应经常注意各液压机件的工作状况，发现异常现象应及时找出原因并消除。

高架绝缘斗臂车应存放在干燥通风的车库内，其绝缘部分应有防潮措施。

对斗臂车的修理、重新装配或更改应严格遵照制造厂商的建议或产品说明书。这类工作应该由经过培训具有修理资格的工作人员或在生产厂商派员的指导之下完成。涉及绝缘部件、平衡系统或影响稳定性以及上装中机械的、液压系统或电气系统的完整性，则应做验收试验。

四、使用

高架绝缘斗臂车操作人员必须由具有高度责任心、事业心和身体健康的同志担任，应经过专项培训，熟悉斗臂车操作规程和相关注意事项，经上级部门考试合格批准后，方可上岗。

高架绝缘斗臂车应在相应电压等级的配电线路进行带电作业。严禁作为非带电作业工作的其他用途使用。

在雷电、风力大于5级、大暴雨雪的恶劣天气应暂停使用。雨天必须进行带电作业，应须经主管生产的领导（总工程师）批准后，方可进行操作。工作前必须擦干绝缘臂及绝缘斗，涂上憎水涂料（如295）方可进行带电作业。作业后，应清除绝缘斗内积水，并对绝缘臂、绝缘斗、绝缘小吊绳等进行烘干除湿。在黑暗及能见度低的大雾天气，必须增加照明以确保作业场地的照明，特别是绝缘斗臂车的操作装置部位，为防止误操作，应确保照明。

1. 现场停放

到达现场，高架绝缘斗臂车的停放位置应选择适当，挂好手刹车，变速杆处于空挡位置。然后启动发动机后，踩下离合器，将取力器操作手柄推至“合”的位置，此时应无异常声响，最后接通电源开关。天气寒冷时，在此状态下运转5min。所谓停放位置选择适当，即应满足作业范围和支腿支撑稳定可靠。

（1）作业装置应在绝缘斗臂车的作业范围内，且在接触带电导体时，（伸缩式）绝缘臂的伸出长度应满足有效绝缘长度的要求（见表1-4-4）。

表1-4-4　高架绝缘斗臂车绝缘臂的最小有效绝缘长度

电压等级（kV）	10	20	35、63（66）
长度（m）	1.0	1.2（1.5）	1.5

注　20kV电压等级的1.2m为参考值，目前还没有相关标准或规程，为切实保证作业安全可参照35kV电压等级的数据，即括号中的数据1.5m。

（2）支撑应稳定可靠。禁止设置在地沟盖板上，并有防倾覆措施，松软地面应在支腿下垫枕木或垫块。支腿垫板叠起来使用时，不可超过两块，厚度在20cm以内，要保证支腿垫放垫板后的稳定性。为了防止两块垫板的金属部分接触而打滑，两块垫板都要正面朝上，且错位45°。

在有坡度的地面停放时，地面坡度不应大于7°，且车头应向下坡方向停放，如图1-4-11所示。挂好手刹车后，在所有车轮的下坡一侧垫好车轮三角垫。收、放支腿的顺序应正确（H形支腿车辆的支腿顺序：操作控制杆使车辆的水平支腿尽量伸出后，先伸出前面两支垂直支腿，使其接触地面并受力，然后伸出后面两支垂直支腿并受力，可以逐级调节前、后支腿，要使每个支腿都能均衡支出或收回，不可单个或一侧的支腿先支出或收回，造成车辆过于倾斜和支腿油缸损坏。如为A形

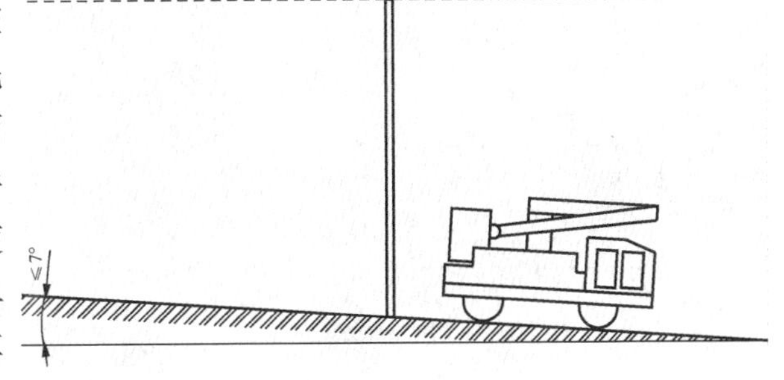

图1-4-11　高架绝缘斗臂车坡地停放示意图

支腿，应先伸前支腿，再伸后支腿。伸、缩垂直支腿时，收回时则按相反的顺序操作，保证车辆轮胎的有效制动）。支腿支撑好后，车辆在前后左右方向都要保持基本处于水平，车辆的倾斜角度不能超过3°。车辆没有水平设置，在倾斜3°以下的状态下进行作业时，工作臂回转范围必须限制在面向车辆后方（上坡一侧）左右各45°以内使用。支腿操作完毕后，各操作杆应置于中间位置，并关好操作箱盖。

【案例1-4-1】 某供电所在某次带电搭接引线的工作结束后，在收回绝缘臂进行复位的操作过程中，为避让周围路灯支架，忽视绝缘斗转移过程中车体重心偏移，车辆的平衡体系遭受破坏，发生车辆侧翻事故。外斗离地约2m时，内斗抛甩着地，2名工人从内斗中被抛出，1人股骨骨折，1人头颅内出血。经事故分析主要原因是施工人员为了贪图方便，无视规范操作要求，不伸水平支腿，仅用垂直支腿来平衡带电作业车（该车为H形支腿）。

在现场环境条件受到限制时，如道路较为狭小，高架绝缘斗臂车的作业范围要相应受限制，否则应采取其他作业方式。新型车辆的作业范围与支腿之间均有连锁装置，如支腿受力不均时无法控制绝缘臂、支腿水平伸出的长度较小时，作业范围受到相应限制。

虽然有些厂家生产的高架绝缘斗臂车不要求在作业中四轮离地，但为保证安全，支腿操作完毕后应检查车辆四轮应离地并由支腿受力。当然四轮离地也不宜过高，过高则使车体重心较高影响到整车的稳定性。图1-4-12所示为高架绝缘斗臂车作业中的受力分析示意图。

当车轮受力为支点时：$G \cdot L' \geqslant g \cdot l'$，最大作业半径 $l' \leqslant \frac{G}{g}L'$。当支腿受力为支点时：$G \cdot L \geqslant g \cdot l$，最大作业半径 $l \leqslant \frac{G}{g}L$。由于 $L > L'$，所以 $l > l'$。可以知道，当高架绝缘斗臂车支腿受力时，作业中可以得到较大的作业范围。另在支腿与地面有间隙或只是轻微受力的情况下，绝缘臂回转、升降、伸缩时绝缘超出以四轮作为支点的作业范围时，车辆底盘的受力支点会快速过渡到支腿上，车辆会有较大幅度晃动，对支腿和整车稳定性造成极大威胁。

支腿结束后，高架绝缘斗臂车的车体必须可靠接地（接地电阻值应为10Ω以下）：①防止静电感应或车辆绝缘不合格泄漏电流过大导致车体与大地存在电位差，而导致车体周围地面人员因接触电压触电造成伤害；②避免泄漏电流对绝缘车油路系统造成影响。绝缘斗臂车接地装置应包含有车体连接装置、接地导线以及临时接地棒。车体连接装置应保证接地导线能与车体的金属部分有效接触；接地导线必须采用16mm²及以上截面的多股软铜线，软铜线外应有透明塑料护套，且接地时接地导线应通过夹钳与接地引下线有效连接。若工作地点杆塔无接地引下线时，可采用临时接地棒，

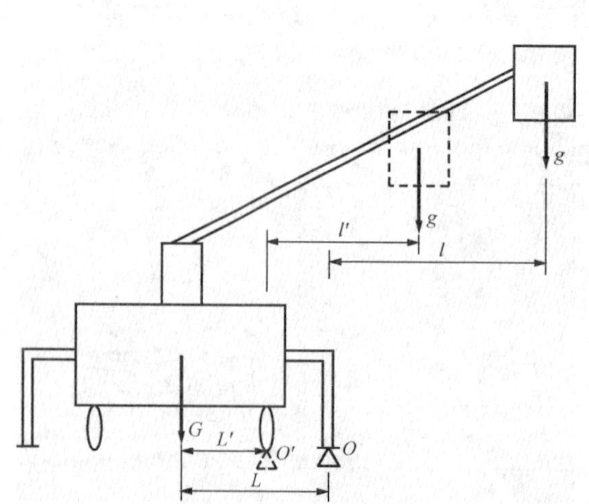

图1-4-12 高架绝缘斗臂车作业中的受力分析示意图

接地棒的埋深不得小于0.6m。

2. 现场检查

进入绝缘斗升空作业前，必须对高架绝缘斗臂车进行外观检查和试操作。

对高架绝缘斗臂车的绝缘部分（绝缘斗、绝缘工作臂、副工作臂、临时托架等）进行外观检查，确认其干燥、清洁，无裂痕、磨损等现象。如有灰尘及水分附着，必须用柔软、干燥的布擦干净或自然晾干，有裂缝或破损时，应及时到就近维修厂修理。

试操作必须“空斗”进行，应包括绝缘臂和绝缘斗的回转、升降、伸缩等操作过程，时间不少于5min，通过看、听、嗅等手段确认高架绝缘斗臂车各部件无漏油现象，取力装置啮合到位、进退自如，液压系统工作正常、操作灵活、制动可靠。对于折叠式的高架绝缘斗臂车升起工作臂的操作顺序为“先上臂，后下臂”，收回工作臂的操作顺序为“先下臂，后上臂”。在工作臂收回的状态下，严禁操作回转。

【案例1-4-2】 某供电局带电作业班组在进行带电作业过程中，高架绝缘斗臂车液压系统发生问题，其作业侧支腿缩回引起车体倾斜，幸好闭锁装置将绝缘臂闭锁避免了侧翻事故。经事故分析，主要原因是平时对高架绝缘斗臂车疏于维护保养，现场试操作不充分，流于形式，不能及时发现车辆液压系统的缺陷。

3. 操作

作业人员对绝缘安全带进行外观检查和冲击试验合格后，戴好绝缘安全帽进入绝缘斗，并将绝缘安全带系在绝缘斗内的专用挂钩上。斗内作业人员应正确穿戴和使用全套个人绝缘防护用具。如斗内承载两人时，两位作业人员应充分注意站位，禁止处于不同的电位下。

【案例1-4-3】 某供电局带电作业班组使用高架绝缘斗臂车采用直接作业法，在单回路三角排列的架空裸导线上，进行带电搭接跌落式熔断器分支引线的工作。在搭接中间相引线时，绝缘斗内作业人员发生触电事故。经事故分析，事故原因是作业人员安全意识较差，斗内作业人员没有正确穿戴和使用全套个人绝缘防护用具。发生事故时，绝缘斗处于两边相导线之间，边相导线遮蔽范围较小，措施不严密。在1号作业人员搭接中间相引线时，2号作业人员接触边相带电导线，由于斗内人员没有穿绝缘衣、绝缘裤，通过身体之间的接触导致事故。

尖锐的可能损伤绝缘斗的器材及火源、化学品不得带入绝缘斗。绝缘斗内不能装载超出绝缘斗高度的金属物品，避免碰到带电体。绝缘斗内作业人员不得与处于异电位的人员直接传递金属工器具和材料，传递绝缘工具时应有足够的有效绝缘长度。上下传递工器具应使用绝缘吊绳或高架绝缘斗臂车的小吊装置。

作业人员应具有良好的精神状态，禁止过度疲劳或酒后作业，作业中应服从工作负责人的指挥。

转移绝缘斗时应注意周围环境及操作速度，绝缘斗的升、降速度不应大于0.5m/s，绝缘臂回转机构回转时，绝缘斗外沿的线速度不应大于0.5m/s。逆操作要等动作停止后才能进行，靠向作业位置要谨慎。严禁在下臂水平、上臂与下臂夹角大于60°的工况下进行作业。最高位置情况下严禁先放下臂。接近和离开带电体时，应由绝缘斗中人员操作，但下部操作人员不得离开操作台。下部操作人员应注意自己的位置：①禁止站在工作臂、绝缘斗、小吊的起吊物下（其他地面人员也应遵守）；②禁止直接站在操作台旁，防止绝缘臂回转过程中受到撞击从操作台跌落（具有专门供下部操作人员站立位置的操作台除外。这种操作台的站立位置周围具有护栏，且能跟随绝缘臂转台一起转动）。工作过程中，高架绝缘斗臂车发动机不应熄火。

带电作业时，应确保作业车非绝缘部分与带电体有足够的安全距离（0.4m）；工作臂在升降回转过程中金属部件与带电体有足够的安全距离（1.0m）。禁止在斗内 1 号作业人员进行作业时，突然转移绝缘斗。同样，斗内 1 号作业人员必须在绝缘斗到达工作位置并静止后才能进行作业。

作业时，不得用工作臂或绝缘斗推拉其他建筑物，也不得通过操作工作臂，用绝缘斗托起电线，前述错误操作可能引起车辆侧翻或损坏绝缘斗平衡装置。禁止绝缘斗内使用梯子、踏板、垫块等进行作业，防止踏板、垫块突然滑动导致作业人员从绝缘斗中摔落。不得从绝缘斗爬到其他建筑物上去。

4. 起吊作业

在带电更换柱上开关设备等作业时，应使用高架绝缘斗臂车的小吊装置。小吊装置的起吊能力一般为 450～550kg，实际起吊质量与副臂的角度有关，即有一个起重特性曲线设定的范围。禁止超出起重特性曲线设定的范围进行起重作业。应将小吊装置的副臂朝向工作臂侧（使用范围外）使用，副臂使用范围与转臂及绝缘斗位置无关，是在工作臂前端侧 180°的范围。否则绝缘斗平衡装置上产生不正常牵拉作用引起装置的故障。在吊钩收藏的状态下，严禁操作吊钩“升”的动作，应确认吊钩是否已放下 1.0m 以上后方可操作。

起吊物品时，必须使用起重吊钩挂钩，不得直接用小吊缆绳捆住物品起吊。小吊缆绳不得与托架等的棱角部位摩擦。禁止起重吊钩在有负荷的情况下“升、降”的同时，伸缩“伸缩臂”（伸缩式绝缘臂）或升降“上、下臂”（曲臂）。禁止起重吊钩横向拖拉、牵引、推拨等作业而导致车辆侧翻，包括拉线作业和起重不明质量的物体。禁止在工作臂或绝缘斗上安装吊钩及缆绳等用来起吊物品。

5. 行驶

行驶前，要将工作臂、绝缘斗、小吊、支腿等装置收回原始位置，各操纵杆必须复位到中立位置；操作开关箱盖关好盖紧。确认取力器处于脱开位置，电源指示灯熄灭。绝缘斗内不得载人或载物，在工具箱以外部位不得装载工具等物品，给绝缘斗加罩。行驶时应注意道路上方的高度限制。注意小吊、绝缘斗等不要碰到建筑物。由于绝缘斗臂车架装了高空作业装置，比一般车辆要重，重心也高，急刹车及急转弯时易引起翻车事故，应特别注意安全驾驶。

【案例 1-4-4】 某供电局带电作业组在城乡结合的居民区内作业完毕后，在出居民区的狭小道路上急转弯时，绝缘斗撞在旁边的建筑物上，导致外斗破裂。经事故分析，事故原因为驾驶员责任心不强，工作结束后，绝缘臂虽然已收回到支架上，但未作妥善固定。车辆转弯时行驶速度过快由于离心力的作用致使绝缘斗从支架上甩出。

第五章 绝缘工器具试验

本章节主要叙述配电线路带电作业用绝缘工器具的预防性试验，不涉及绝缘工器具的型式试验和原材料试验等，如读者需要了解，请参阅相关的标准。

第一节 试验简介

一、分类

（一）按设计到使用的时间阶段分

根据产品从厂家生产设计到用户使用的各个时间阶段，对绝缘工器具进行的试验可以分为型式试验、抽样试验、验收试验、预防性试验、检查性试验等。

（1）型式试验。型式试验是对一个或多个产品样本进行试验，以证明产品符合设计任务书的要求。在新产品投产前的定型鉴定时，当产品的结构、材料或制造工艺有较大改变，影响到产品的主要性能时，以及原型式试验已超过5年时，均应对产品进行型式试验。试品数量为3件。

（2）抽样试验。抽样试验是对样品进行的试验。按照买方与生产厂家的协议，可做全部型式试验项目，也可以抽做部分型式试验项目。

（3）验收试验。验收试验用于向用户证明产品符合其技术条件中的某些条款而进行的一种合同性试验。根据购买方的要求可进行产品的验收试验，验收试验项目可以抽样做部分型式试验项目，也可以做全部型式试验项目。验收试验可在双方指定的、有条件的单位进行。

（4）预防性试验。预防性试验是一种周期性的常规试验，是检测绝缘工具、遮蔽用具和个人防护用具性能的重要手段，对保证带电作业安全具有关键作用。进行预防性试验时，一般宜先进行外观检查，再进行机械试验，最后进行电气试验。预防性试验需逐件进行。

（5）检查性试验。检查性试验是对绝缘工具进行的周期性的工频耐压试验。试验时将绝缘工具分成若干段进行。是对预防性试验的补充，与预防性试验在时间上交错进行。

（二）按试验方法分

上述各种试验主要包括电气试验和机械试验两大类。电气试验包括绝缘试验和特性试验。绝缘试验包括工频耐压试验、操作冲击耐压试验、直流耐压试验、淋雨（交、直流）泄漏电流试验和交流泄漏电流试验等。机械试验包括动负荷试验和静负荷试验。

1. 电气试验

（1）工频耐压试验。工频耐压试验是对绝缘工器具施加一次相应的额定工频耐受电压（有效值）。交流耐压试验分为短时耐受试验和长时间耐受试验，220kV及以下电压的绝缘工器具采用短时（1min）工频耐受电压试验。

（2）操作冲击耐压试验。操作冲击耐压试验对绝缘工具施加规定次数和规定值的操作冲击电压，以检验在可接受的置信度下实际的统计操作冲击耐受电压不低于额定操作冲击耐受电压。试验时对绝缘工具施加15次规定波形为250/2500μs的额定冲击耐受电压，在绝缘工器具上未出现破坏性放电，则试验通过。对10～220kV电压等级的绝缘工具，不进行操作冲击耐压试验。

（3）直流耐压试验。直流耐压试验对绝缘工器具施加一次相应的额定直流耐受电压，其持续时间一般为3min。

（4）淋雨（交、直流）泄漏电流试验。防潮型的工器具必须做淋雨（交、直流）泄漏电流试验。

（5）泄漏电流试验。泄漏电流试验检查绝缘工器具内部缺陷的一种试验，施加的电压可以为交流或直流，通常泄漏电流的测量与耐压试验同时进行，泄漏电流用毫安表或微安表测量。

2. 机械试验

带电作业工具的机械特性对作业安全性、可操作性、便利性等十分重要，不仅在型式试验时要进行严格的考核，投入使用后使用时间越长，机械性能有下降趋势，所以还要进行机械预防性试验。带电作业绝缘工具应按实际使用工况进行机械强度试验。硬质绝缘工具和软质绝缘工具的安全系数均不应小于2.5。

（1）静负荷试验。为了考核带电作业工具、装置和设备承受机械载荷（拉力、扭力、压力、弯曲力）的能力所进行的试验。

（2）动负荷试验。在静荷载基础上考虑因运动、操作而产生横向或纵向冲击作用力的机械载荷试验。

二、预防性试验一般要求

预防性试验是带电作业工器具投入使用后衡量其性能好坏、保证带电作业安全的重要手段，也是每一个带电作业从业人员应着重掌握的内容。以下为预防性试验的一般要求。

（1）试验结果应与该工具、装置和设备历次试验结果相比较，与同类工具、装置和设备试验结果相比较，参照相关的试验结果，根据变化规律和趋势，进行全面分析后作出判断。

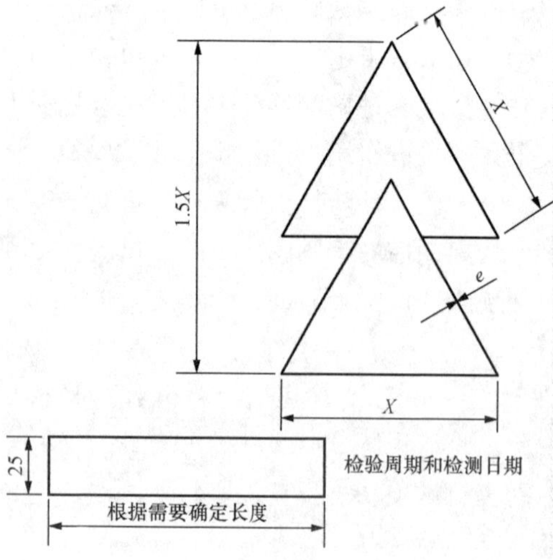

图1-5-1 绝缘工器具预防性试验标签样式

注：1. 长度单位为mm。
2. 尺寸说明：X可以是16，25或40；e为线条的宽度，2mm。

（2）遇到特殊情况需要改变试验项目、周期或要求时，可由本单位总工程师审查批准后执行。

（3）为满足高海拔地区的要求而采用加强绝缘或较高电压等级的带电作业工具、装置和设备，应在实际使用地点（进行海拔校正后）进行耐压试验。

（4）在测量泄漏电流时，应同时测量被试品的温度和周围空气的温度和湿度。进行绝缘试验时，被试品温度应不低于5℃，户外试验应在良好的天气进行，且空气相对湿度一般不高于80%。

（5）经预防性试验合格的带电作业工具、装置和设备应在明显位置贴上试验合格标签，标签的样式如图1-5-1所示。

第二节　绝缘工具使用中的试验要求

硬质绝缘工具和软质绝缘工具的试验要求是统一的。本节内容为配电线路带电作业用绝缘工具使用中的试验要求，着重介绍预防性试验和检查性试验。

一、预防性试验

配电线路带电作业用绝缘工具预防性试验内容主要包含电气试验的1min工频耐压试验和机械试验的静负荷试验、动负荷试验。

预防性试验前必须进行外观及尺寸检查，然后为机械试验，最后进行电气试验。硬质绝缘工具外观检查应表面光滑，无气泡、皱纹、开裂。绝缘杆和硬梯的玻璃纤维布与树脂间粘连完好不得开胶，杆段间连接牢固；软质绝缘工具捻合成的绳索合绳股应紧密绞合，不得有松散、分股现象，绳索各股及各股中丝线不应有叠痕、凸起、压伤、背股、抽筋等缺陷，不得有错乱、交叉的丝、线、股；滑轮在中轴上应转动灵活无卡阻和碰擦轮缘现象，吊钩、吊环在吊梁上应转动灵活，侧板开口在90°范围内无卡阻现象。

除绝缘滑车外的各种软质、硬质绝缘工具的预防性电气试验标准一致。

1. 1min工频耐压试验

试验周期一般为12个月，试验标准见表1-5-1和表1-5-2。

表1-5-1　配电线路带电作业用绝缘工具（除绝缘滑车外）预防性电气试验标准

额定电压（kV）	试验电极间距离（m）	1min耐受电压（kV）
10	0.4	45
35	0.6	95

注　20kV目前没有相应的数据，可根据相邻电压等级按照插值法进行估算。

表1-5-2　配电线路带电作业用绝缘滑车预防性电气试验标准

绝缘滑车类型	1min耐受电压（kV）
金属钩型	25
绝缘钩型	37

注　适用于各种型号。

2. 机械试验

以下为绝缘支杆、拉（吊）杆、操作杆的预防性机械试验的一般性标准。绝缘软/硬梯、人身绝缘保险绳、导线绝缘保险绳等试验标准有所不同，需要进一步了解请参考有关标准或规程。

（1）静负荷试验。在1.2倍额定工作负荷下持续1min而无变形、无损伤。

（2）动负荷试验。在1.0倍额定工作负荷下操作3次，要求机构动作灵活、无卡住现象。

绝缘工具相对于金属工具而言，其使用频度较低，机械试验周期一般为24个月（金属工具为12个月），也可为12个月，这要看具体的情况，如工具本身物理结构和使用中受力情况等来决定。一般转动工具或动力驱动的装置的试验周期适当缩短，如绝缘滑车机械试验周期为12个月。表1-5-3和表1-5-4列举了一些常见的绝缘工具的机械试验标准供读者参考。

表 1-5-3　　绝缘支、拉（吊）杆预防性机械试验标准

分类级别	额定荷载（kN）	静荷载（kN）	动荷载（kN）
1kN 级	1.00	1.20	1.00
3kN 级	3.00	3.60	3.00
5kN 级	5.00	6.00	5.00

注　支杆作压缩试验，拉（吊）杆作拉伸试验。

表 1-5-4　　绝缘操作杆预防性机械试验标准

试　　品	静抗弯负荷（N·m）	动抗弯负荷（N·m）	静抗扭负荷（N·m）
标称外径 28mm 以下	108	90	36
标称外径 28mm 以上	132	110	36

二、检查性试验

由于绝缘工具的预防性试验周期为 1 年（特殊情况如绝缘滑车除外），时间间隔相对较长。当绝缘工具使用频度较高时，预防性试验周期内其绝缘性能可能受到破坏，通过检查性试验检验其绝缘性能，是对预防性电气试验的一种补充。

检查性试验每年一次，与预防性试验间隔半年。采用分段试验的方法，即将绝缘工具分成若干段进行工频耐压试验，按规定系数施加电压。一般 300mm 耐压 75kV，时间为 1min，以无击穿、闪络及过热为合格。

第三节　绝缘防护用具预防性试验要求

带电作业从业人员应掌握预防性试验的周期和试验标准，本节主要叙述绝缘防护用具的预防性试验标准。

一、绝缘遮蔽用具

带电作业用绝缘遮蔽用具使用频度较高，在使用过程中容易损坏直接威胁到作业人员的人身安全，因此电气预防性试验周期为 6 个月。试验项目为工频耐压试验，要求在规定的试验电压和持续作用时间下，以无电晕发生、无闪络、无击穿、无明显发热为合格，试验要求见表 1-5-5。试验前应进行外观检查，绝缘遮蔽用具的上下表面均不应存在有害的缺陷，如小孔、裂缝、局部隆起、切口、夹杂导电异物、折缝、空隙、凹凸波纹等。

表 1-5-5　　绝缘遮蔽用具预防性试验要求

级　别	U_N(V)	1min 交流试验电压（V）	级　别	U_N(V)	1min 交流试验电压（V）
0	380	5000	3	20 000	30 000
1	3000	10 000	4	35 000	50 000
2	6000、10 000	20 000			

二、个人绝缘防护用具

个人绝缘防护用具的使用频度很高，在使用过程中非常容易损坏而直接威胁到作业人员的人身安全，因此电气预防性试验周期为 6 个月。试验项目为工频耐压试验和直流耐压试

验，要求在规定的试验电压和持续作用时间下，以无电晕发生、无闪络、无击穿、无明显发热为合格。试验前应进行外观检查。

1. 绝缘安全帽

内外表面均应完好无损，无划痕、裂缝和孔洞。10kV 及以下带电作业用绝缘安全帽的 1min 交流试验电压为 20kV。

2. 绝缘手套

内外表面均应完好无损，无划痕、裂缝、折缝和孔洞，试验要求见表 1-5-6。

表 1-5-6　绝缘手套预防性试验

级　别	U_N(V)	1min 交流试验电压（V）	1min 直流试验电压（V）
1	3000	10 000	20 000
2	10 000	20 000	30 000
3	20 000	30 000	40 000

3. 绝缘靴

有破损、鞋底防滑齿磨平、外底磨透露出绝缘层，均不得继续使用，试验见表 1-5-7。

4. 绝缘服

整套绝缘服，包括上衣（披肩）、裤子均应完好无损，无深度划痕和裂缝、无明显孔洞，试验见表 1-5-8。

表 1-5-7　绝缘靴预防性试验

U_N(V)	1min 交流试验电压（V）
400	3500
3000～10 000	15 000

表 1-5-8　绝缘服预防性试验

级　别	U_N(V)	1min 交流试验电压（V）
0	380	5000
1	3000	10 000
2	10 000	20 000

5. 绝缘袖套

内外表面均应完好无损，无深度划痕、裂缝、折缝，无明显孔洞，试验见表 1-5-9。

表 1-5-9　绝缘袖套预防性试验

级　别	U_N(V)	1min 交流试验电压（V）	1min 直流试验电压（V）
0	380	5000	10 000
1	3000	10 000	20 000
2	10 000	20 000	30 000

6. 防机械刺穿手套

内外表面均应完好无损，无深度划痕、裂缝、折缝，无明显孔洞，试验见表 1-5-10。

表 1-5-10　防机械刺穿手套预防性试验

级　别	U_N(V)	1min 交流试验电压（V）	1min 直流试验电压（V）
00	400	2500	4000
0	1000	5000	10 000
1	3000	10 000	20 000

第四节　高架绝缘斗臂车的试验

绝缘斗臂车的预防性试验项目见表 1-5-11。

表 1-5-11　　绝缘斗臂车的预防性试验项目

序　　号	试　验　项　目	试　验　周　期
1	绝缘工作斗工频耐压试验	半年
2	绝缘工作斗泄漏电流试验	
3	绝缘臂工频耐压试验	
4	绝缘臂泄漏电流试验	
5	整车工频耐压试验	
6	整车泄漏电流试验	
7	绝缘液压油击穿强度试验	

带电作业用绝缘斗臂车为旋转移动和液压传动装置，其可靠性要求更高，其机械试验周期为 6 个月。具体的试验数据参见附录 4。

第六章

配电线路带电作业的工作制度

为确保带电作业工作的安全性，不但在作业的环节中要求细致严谨，而且在整个组织流程上也是严密的，并且在管理上形成闭环结构。但由于各地电力部门在组织结构上有所不同，所以整个组织流程有所不同。图 1-6-1 所示仅作参考。

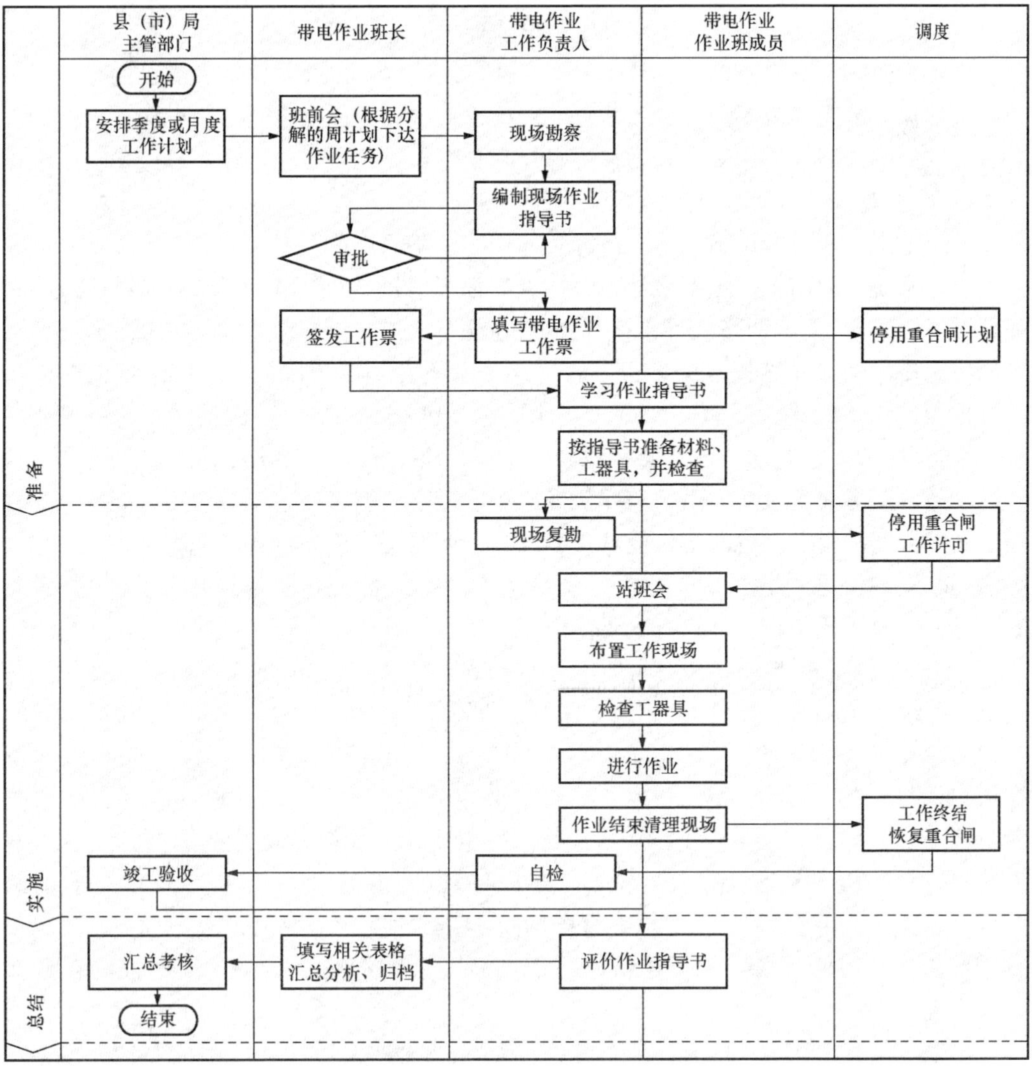

县（市）局主管部门
带电作业班长
带电作业工作负责人
带电作业作业班成员
调度
准备
开始
安排季度或月度工作计划
班前会（根据分解的周计划下达作业任务）
现场勘察
编制现场作业指导书
审批
签发工作票
填写带电作业工作票
停用重合闸计划
学习作业指导书
按指导书准备材料、工器具，并检查
实施
现场复勘
停用重合闸工作许可
站班会
布置工作现场
检查工器具
进行作业
作业结束清理现场
工作终结恢复重合闸
竣工验收
自检
总结
汇总考核
填写相关表格汇总分析、归档
评价作业指导书
结束

图 1-6-1 带电作业组织流程图

第一节 保证带电作业安全的技术措施

保证配电线路带电作业工作安全的技术措施不同于使用第一种、第二种工作票的作业，有停用重合闸、使用个人绝缘防护用具、工具测试、保持足够安全距离和绝缘工具有效绝缘长度、设置警告标识和围栏4项内容。

一、停用重合闸

线路都是由变电站中的高压断路器或重合器（配网自动化设备）进行控制和保护的，为了提高架空线路的可靠性，在高压断路器（重合器）上设置自动重合闸装置。自动重合闸的作用是在线路上发生短路故障时，断路器（重合器）跳闸，并在规定的时间内（一般为0.3s）自动合闸，如短路故障为永久性故障，重合闸不成功则再次跳闸，如故障为瞬时性故障，则重合成功。由于线路上的短路故障绝大多数为瞬时性故障，重合闸成功的概率很高，从而可提高线路运行的可靠性。虽然确定带电作业的安全距离的依据是操作过电压，但是由于作业中绝缘遮蔽、隔离措施的实效性、严密性、正确性，以及带电作业人员的作业习惯对安全距离的控制能力等因素，重合闸装置在重合过程中产生的过电压对带电作业人员的安全还是具有一定的威胁。停用重合闸不仅可以提高带电作业的安全性，还可以避免对带电作业人员的二次伤害。遇以下情况应与调度联系停用重合闸。

（1）中性点非有效接地系统中有可能引起相间短路的作业。中性点非有效接地系统又称小接地电流系统，包括中性点不接地、中性点经消弧线圈接地、中性点经高阻抗接地系统。一般情况下，10kV配电网络中性点采用不接地或经消弧线圈接地的运行方式；35kV高压配电网络采用经消弧线圈接地的运行方式。这些系统发生单相接地时，由于接地电流较小（10kV配电网络一般小于30A，35kV配电网络一般小于10A），断路器并不会跳闸，并且可继续运行（2h），重合闸装置不会启动，也就不会产生重合闸过电压。所以只要作业线路所属的配电网络是非有效接地系统，并且带电作业过程中没有发生相间短路可能的，如在简单清晰的单回路装置上进行间接作业，一般没有必要停用线路的重合闸。直接作业法作业人员在线路装置中穿越作业，通过人体或工器具导致相间短路时，断路器自动分闸并启动重合闸装置，此时停用线路重合闸具有重要作用。

（2）中性点有效接地系统中有可能引起相对地短路的作业。中性点有效接地系统又称大接地电流系统，包括直接中性点直接接地系统和经低阻抗接地系统。除了380/220V的低压配电系统中性点采用直接接地的方式外，10、20、35kV电压等级的配电网络均不采用。以电缆为主的10kV城市配电网络中性点和过渡阶段的20kV配电网络（在改造阶段为降低成本，暂时替代10kV线路降压运行）一般采用经低阻抗接地的运行方式。这些配电网络发生单相接地时，短路电流较大（10kV配电网络通常为600～1000A）变电站中的断路器或重合器将自动跳闸并产生重合闸过电压。所以在这些配电系统的架空线路上进行带电作业，只要有发生相对地短路可能的就要停用线路重合闸，而不仅仅在具有相间短路可能时。

（3）带电作业工作票签发人或工作负责人认为有必要时。当现场作业环境比较复杂，而且带电作业签发人或工作负责人无法确定作业线路所在配电网络的中性点运行方式时，可以停用该线路的重合闸装置。

工作票签发人和工作负责人接到工作任务后，必须到现场进行勘察，了解作业线路所属配电网络的中性点运行方式，结合采取的带电作业方法，仔细分析作业中有无发生相间或相对地短路的可能来确定是否停用重合闸。严禁约时停用或恢复重合闸，以防止带电作业时重合闸装置未退出或已恢复对作业安全带来影响。但是必须注意的是停用线路重合闸装置虽然对带电作业安全具有一定的作用，但也会降低线路运行的稳定性，故而在带电作业结束后应及时向调度值班员汇报，以便及时恢复重合闸装置。在带电作业过程中如设备突然停电，作业人员应视设备仍然带电。工作负责人应尽快与调度联系，调度当值未与工作负责人取得联系前不得强送电。

二、使用个人绝缘防护用具

个人绝缘防护用具虽然在配电线路带电作业中是辅助绝缘保护，但起着非常重要的作用：①可以阻断稳态触电电流；②可以防止静电感应暂态电击。它是保证配电带电作业安全的最后屏障。带电作业必须按规定着装，杆上操作人员必须戴绝缘安全帽、使用（防穿刺的）绝缘手套，并根据作业装置的复杂情况和作业过程的实际需要穿戴正确的防护用具。直接接触带电导体的作业人员必须穿戴绝缘服（或披肩）、绝缘裤、绝缘靴等，还必须使用绝缘安全带，并遵守高空作业有关规定。

【案例1-6-1】 某电力公司配电线路带电班在采用直接作业法带电更换直线杆绝缘子工作结束后，转移高架绝缘斗臂车绝缘斗到地面过程中，作业人员发现绝缘子有些弯斜，顺手去扶正时发生触电，烧伤手臂导致残废。事故原因是作业人员不是专职的带电作业人员，安全意识差，作业中没有使用绝缘手套，在用手扶正绝缘子时，手短接了绝缘子的瓷质部分，导致带电导线通过手对绝缘子根部放电，幸好整个人体没有串入放电回路中，才没有导致人身死亡。

三、工器具现场检查、表面绝缘电阻测试

在配电线路带电作业过程中，虽然许多绝缘工器具主要依靠层向绝缘来限制通过人体的各种电流，但实际上绝缘工器具的表面绝缘电阻和体积绝缘电阻是同时起作用的。即使绝缘工器具体积绝缘电阻很大，但当绝缘工器具表面有脏污、受潮或附着金属粉末等时会大大增加绝缘工器具的表面泄漏电流，降低闪络电压值，影响作业安全。同时由于使用、维护、储存、运输等方面的因素，其操作性能和绝缘性能可能受到破坏，对带电作业带来安全隐患。带电作业工器具使用前（不仅仅只对绝缘工具），应在现场选择阴凉通风的地方，先将工器具按类别摆放在防潮垫（毯）上，然后检查绝缘工器具得试验标签是否齐全，预防性试验应合格且在试验周期内，确认没有划伤和孔洞、受潮、变形、操作卡涩失灵等现象，并使用2500V及以上绝缘电阻表或绝缘电阻检测仪进行分段绝缘检测（电极宽2cm，极间宽2cm，图1-6-2所示为标准电极的一种样式），阻值应不低于700MΩ。

自制标准电极的手柄应使用绝缘材料，并且注意保持干燥和清洁。其电极接触绝缘工器具部分应光洁，防止刮伤工器具表面。

图1-6-2 自制标准电极

【案例1-6-2】 某电力公司线路工区带电班在带电拆除35kV导线遗留物过程中，当作业人员将绝缘绳循环拉至遗留物处时，绝缘绳泄漏电流增大，工作人员有强烈麻电感觉，幸

好反应及时摆脱了绝缘绳没有导致人身事故。事故原因主要有：①前一班组作业时绝缘绳现场使用和管理不当导致受潮；②由于仓库管理混乱，仓库管理员没有对入库的绝缘工器具进行检查，没有对不合格的绝缘工器具进行及时处理，且与合格的工器具混放；③现场工作负责人及工作人员没有对工器具绝缘部分进行外观检查及表面绝缘电阻测试。

在作业现场，用绝缘电阻检测仪测量绝缘工器具的表面绝缘电阻，就是确保带电作业三项基本条件中流经人体的泄漏电流不大于1mA的实施手段，是保证带电作业安全的一项辅助技术措施。表面绝缘电阻值与闪络电压有一定的关系，采用标准电极进行的试验证明绝缘工器具表面绝缘电阻低、闪络电压也低；表面绝缘电阻高，闪络电压随之升高，但表面电阻超过500MΩ时，闪络电压不再明显升高。

为了防止作业人员在检测、试操作或组装绝缘工器具的过程中人为污染绝缘工具，必须戴干燥、清洁的手套，并且应将标准电极压住被试品稳定一下再读数。通过现场对绝缘工器具表面绝缘电阻的检测，不合格的工器具一定要禁止使用。由于检测方法、检测是否全面等各种因素的影响，检测结果并不能真实反映工器具的实际状态，所谓良好的工器具也必须按照规定主绝缘和辅助绝缘同时配合使用。

为保证绝缘工器具的绝缘检测结果具有实际的指导意义，必须注意检测的方法和影响因素。

（1）绝缘电阻表或绝缘检测仪性能。以绝缘电阻表（摇表）为例，绝缘电阻表在未使用时，其表头指针可停留在任意位置，不能知道表计是好是坏，所以使用前应进行检查。检查的方法是先慢速摇动绝缘电阻表手柄，快速短接标准电极，表头指针指示应为0；在空载及额定摇速（120r/min）状态下，指示应为无穷大（∞）。如是电子式绝缘电阻检测仪，应先将转换开关切换到输出电压较低的挡位（如500V），然后快速短接标准电极，表头读数应快速变小，在输出电压最大的挡位下，电极空载时读数应非常大（∞）。检测时绝缘电阻表放置不平稳也导致检测结果不准确。

（2）电极引线。电极引线不应使用双绞线。引线间的绝缘电阻对测量结果有一定的影响。当引线老化或粘连时在绝缘电阻检测仪自检时绝缘电阻达不到无穷大（∞），甚至远低于700MΩ。另外，如果自制标准电极绝缘手柄保管不当受潮也会影响到测量结果的准确性。

绝缘工器具从库房到作业现场的运输管理不当，如工器具没有装箱入袋或与金属材料工器具混放，由于挤压、振动、碰撞可能使工器具留下绝缘缺陷。当一天中有多项工作任务时，在前一项作业过程中可能在绝缘工器具上留下绝缘缺陷，比如绝缘包毯磨损、表面污染、绝缘手套表面划伤或刺穿等。这些环节都会对作业带来危险，所以到达作业现场后，均应对绝缘工器具作全面的表面检查、清洁和表面绝缘电阻的检测。

现场检测绝缘工器具的表面绝缘电阻要考虑到检测方法的实效性。由于绝缘工器具材料、结构、使用方法的不同，其检测方法也有所侧重，以下举例说明。

（1）绝缘服（披肩）、绝缘裤和绝缘包毯。绝缘服（披肩）和绝缘裤应侧重外表面绝缘电阻的测量，特别是边沿部分、有损伤的部位、衣缝等处。而内表面由于工作中作业人员皮肤直接接触以及汗液的污染，不考虑其表面绝缘性能，但要求工作后及时清洁内表面以避免加速绝缘材质的老化。日制YS类绝缘包毯与绝缘衣（披肩）、绝缘裤的材质相同，但由于使用时其任何一面都可能与带电体接触，都要保证其表面绝缘性能，现场检测时应对正反两面的边沿部分、有损伤的部位均进行表面绝缘检测。

（2）蛇形管（跳线管）。蛇形管（或称跳线管，起遮蔽引线的作用）的材质为橡胶，其老化往往反映在波纹的“沟部”和管的开口内侧（特别是厚度不一，有过渡的部位），使用一段时间后，会出现很多细小的裂缝，这些部位也是预防性交流耐压试验常发生击穿的部位。由于其表面不规则的形状，在表面绝缘电阻检测时两个电极之间绝缘材料的实际长度是2cm的若干倍，无法有效地检出这些缺陷，所以蛇形管（跳线管）的现场检查应侧重于表面清洁和检查，如掰开其波纹，检查“沟部”有无明显裂缝，如有即应禁止使用。

（3）绝缘绳。绝缘绳使用中最易受到污染的是两端的绳头，如工作中拖在地面以及捆绑有污染的物件等，所以应侧重检查绝缘绳索两端的表面绝缘电阻。使用中应保持绳头与地面的距离大于50cm。

（4）绝缘杆。主要检测有效绝缘长度部分，对其他部分侧重于有损伤的绝缘薄弱部分。测量中应避免两电极同时接触杆件的金属联续部位，以防损坏仪表。

当绝缘工器具表面绝缘电阻不合格时，应分析其原因，并采取正确的处理方式。容易去除的灰尘或其他物质，可以用干净毛巾擦除，也可蘸清水擦除，然后在阴凉通风处晾干；不易去除的油污，可用专用清洗剂擦拭，然后在阴凉通风处让清洗剂自然挥发15min。处理后在进行检测一般情况下满足要求。表面局部受潮，只要在阴凉通风处放置一段时间后即可恢复其绝缘性能，但如是（分布性）整体受潮，由于其内部的水分无法及时散发，绝缘性能恢复较慢，禁止在作业中使用，应在库房进行烘干处理，并经预防性试验合格后才能使用。绝缘工器具表面划伤后易积累污垢、金属粉尘等，从而降低表面绝缘电阻，同时也会影响到体积绝缘电阻，可以用金相砂纸进行打磨，然后用绝缘漆进行覆盖处理，待绝缘漆干燥，检测其表面绝缘电阻后才能使用。

四、保持足够安全距离和绝缘工具有效绝缘长度

带电作业中，空气间隙是重要的主绝缘保护，作业人员应对身体附近异电位物体保持足够的距离。10、20kV配电线路装置紧凑、复杂，为保证作业安全，“人体对地的安全距离”和“人体与邻相带电体的安全距离”等均参照等电位作业人员的安全距离。

作业时，由于作业人员的作业习惯、对带电作业安全的理解不同以及动作幅度的大小、工作斗停位或杆上站位等因素，对安全距离的控制能力也不一样。在安全距离不能保证时，应对周围可能触及的地电位物体或带电体做好绝缘遮蔽、隔离措施。设置绝缘遮蔽措施应遵循“由下到上，由近及远，先大后小”的原则，撤除绝缘遮蔽措施应遵循“由上到下，由远到近，先小后大”的原则，概括地说，就是要从装置的外围深入到内部。设置绝缘遮蔽、隔离措施时，直接接触带电体的遮蔽用具边沿部分应有留出足够的爬电距离（不得碰触其边沿部分，即使是偶然的“擦过接触”），连续的遮蔽组合之间的接合部位间应有足够的重叠部分。不同电压等级配电网络带电作业要求的遮蔽组合重叠长度见表1-6-1。

表1-6-1 遮蔽组合重叠长度

电压等级（kV）	遮蔽组合重叠距离（cm）
10	15
20	20

注 20kV电压等级的数据仅作参考，目前还无相关的标准。

设置和拆除绝缘遮蔽材料时，应逐相进行，禁止同时取异电位物体上的绝缘遮蔽材料使人体串入电路。

【案例 1-6-3】 ××年×月×日，某供电局配电带电班在××10kV 线路××号直线杆上用间接作业法更换针式绝缘子。该杆系水泥杆铁横担，横担用铁撑支撑。作业班 3 人，张×为工作负责人，在地面监护；赵×在杆上操作。在仅对铁横担作好绝缘遮蔽措施后，和赵×进行更换的作业。在李×用绝缘扎线杆绑扎绝缘子扎线时，扎线展放长度过长不慎碰到绝缘子的铁脚，造成单相接地。这时赵×站位较高，左手正扶住横担铁撑，致使左手和右腿与电杆形成并联，被接地分流电流电击。事故主要原因是安全意识较差，绝缘遮蔽措施不到位、没有穿戴绝缘手套等个人绝缘安全防护工具、工作人员站位过高安全距离控制不当。

五、设置警告标志和装设遮栏（围栏）

在市区或人口稠密地区进行带电作业时，工作现场应设置围栏，挂警告牌，派专人监护，严禁非作业人员入内，或提前与当地交通管理部门取得联系。

第二节 保证带电作业安全的组织措施

带电作业工作的安全不仅靠技术措施来保证，制定严密的组织措施并在工作中落实贯彻也非常重要。保证带电作业安全的组织措施有现场勘察制度、工作票制度、工作许可制度、工作监护制度、工作间断、转移制度和工作终结制度等。虽然表述与使用第一种工作票的工作相同，但其包含的内容是完全不相同的，每位带电作业人员都应充分地理解并掌握。

一、现场勘察制度

现场勘察结果是判定工作必要性和现场装置是否具备带电作业条件的主要依据。由于带电作业工作在安全方面的特殊要求，即使作业项目内容相同，但由于线路走向、装置结构、环境等因素的不同都会影响到带电作业过程中的安全，所以工作票签发人、工作负责人都应对每项工作任务进行现场勘察并填写现场勘察单（参见附录 1）。根据勘察结果工作票签发人确定作业方法、选择合适的工作人员、采取相应的安全措施，并做出是否需要停用重合闸的决定，然后填写并签发带电作业工作票。工作票签发人对工作的必要性和工作班成员是否合适负有相应的安全责任。工作负责人根据勘察结果，考虑作业中的技术难点、重点，以及对危险点进行充分的预想、分析和预控，编制切实可用的现场作业指导书，准备合适的工器具。以往不少带电作业人员特别是新人员对作业设备不熟悉，又未到现场查勘，凭主观想象决定作业方法、步骤和措施，以致带到现场的工具往往不适用。勘察的内容包括两方面。

1. 查阅资料

通过查阅资料应了解作业设备的导、地线规格、型号、设计所取的安全系数及载荷；杆塔结构、档距和相位；系统接线及运行方式等。必要时还应验算导线应力、导线电流（空载电流、环流）和电位差、计算作业时的弧垂并校核对地或被跨物的安全距离。

2. 查勘现场

了解作业设备各种间距、交叉跨越、地形状况、周围环境、缺陷部位及严重程度等。

处理紧急缺陷虽可免去现场查勘一环，但工作负责人应考虑几套施工方案，携带多种工具，以保证抢修作业的安全。如所带工具不适应设备需要时，亦不得蛮干。

二、工作票制度

带电作业必须填写电力线路带电作业工作票（参见附录 1）。但使用电力线路带电作业工作票的工作不仅仅局限于带电作业，还包括邻近带电设备距离小于“在带电线路杆塔上工作与带电导线最小安全距离”（最小安全作业距离）的作业。必须注意的是运行人员“核相”、“拉、合跌落式熔断器”、“拉、合柱上隔离开关”等工作不需要使用电力线路带电作业工作票。事故情况下的带电抢修，可不填工作票，但必须填写事故应急抢修单，履行许可手续，做好安全措施及记录。

带电作业工作票应提前签发。一般由签发人填写并签发，工作负责人接收工作票时应检查填写是否正确清楚，安全措施及内容是否齐全完备；也可由工作负责人填写，经工作票签发人审核后签发。工作票签发人不得兼任工作负责人。工作负责人同一时间手中不得同时持有多张有效的工作票。

同一电压等级，同类型的带电作业项目，当装置相同、安全措施相同时可在数条线路上共用一张工作票。一般情况下，带电作业工作票不得延期[1]，但如因某种原因确需延长工作票工作时间的，应征得工作票签发人的同意，并联系调度值班员，且在工作票“备注”栏中注明。

带电作业工作票使用完毕后应进行归档，并保存一年。

三、工作许可制度

工作负责人必须在现场开工前联系调度，汇报工作点设备名称、工作内容、安全措施的情况。如需停用线路重合闸，必须提前向调度申请，并在现场开工前与调度值班员联系，确定线路重合闸装置已退出工作并得到工作许可。在某种程度上与调度值班员联系的过程即是工作许可的过程。即使不退出重合闸的作业项目，也应让调度了解带电设备上有人工作，以便调度在处理异常情况时，从有利于作业人员安全出发制定更为有效的处理方案。

四、工作监护制度

带电作业时，操作人员的前后、左右、上下都可能有带电设备，操作者本人由于集中思想去完成某项任务，很难全面照顾到。这就需要有专人（工作负责人或专职监护人）进行全面、周密和连续的监护工作。

带电作业监护人不得直接操作，以免分散其注意力。不仅要在作业人员杆上进行作业过程中进行认真监护，监护人也应全面控制布置现场、工器具检测、穿戴个人绝缘防护用具等环节。监护人监护的范围不得超过一个工作点。如地面监护有困难时，应在地面和杆塔上同时设监护人。大型的带电作业涉及多个工作点的，每个工作点应设专职监护人。

作业过程中，在杆上作业人员换相或转移电位作业必须征得监护人的同意，上下呼应应及时。

当作业中由于特殊原因需要更换监护人或工作班组成员时，必须停止作业，并让杆上人员撤离有电区域。经工作票签发人同意后，进行交接，并重新召开现场站班会，确认现场安全措施。

五、工作间断、转移制度

在同一电压等级的数条线路上进行同类型的简单作业，或者在一条线路上进行带电综合检修等类似情况，需要转移带电作业现场。在工作中遇雷、雨、大风或其他任何威胁到工作人员安全的情况时，工作负责人或专责监护人可根据情况，临时停止工作。

---

[1] 《国家电网公司电力安全工作规程》规定带电作业工作票不得延期。

在带电作业过程中，需要短时间停止作业时，应将杆塔或设备上的工具可靠固定，并保持安全隔离和派专人看守。若间断时间较长，则应将工具从杆塔或设备上全部拆下。恢复间断工作前，必须重新检查现场安全措施、现场设备和工器具，确认安全可靠后，方能重新开始工作。对于在同一电压等级的数条线路上进行同类型的简单作业，或者在一条线路上进行带电综合检修等类似情况，需要转移带电作业现场时，只有在原作业点工作结束，人员和工具全部从杆塔上撤离，现场清理完毕后，方可转移到新的作业点工作。

六、工作终结制度

带电作业的工作终结制度，可称为“工作终结和恢复重合闸制度”。完工后，工作负责人（包括小组负责人）应检查线路检修地段的状况，确认在杆塔上、导线上、绝缘子串上及其他辅助设备上没有遗漏的工具、材料等，查明全部工作人员确由杆塔上撤下。多个小组工作时，工作负责人应得到所有小组负责人工作结束的汇报。工作负责人工作结束后应联系调度值班员汇报工作结束，如停用重合闸的，调度值班员恢复线路重合闸。

第三节　其他安全要求

带电更换开关设备和业扩工程都以断、接引线为基础。设备引线相对较短，在开关断开且具有明显断开点的状态下作业不需考虑空载电流的影响。但在以下情况下，更换设备或断接引线时应采取不同作业方式，并且有不同的危险点和注意事项。

（1）更换无法操作的开关设备（如 SF_6 气体压力低于限值、真空泡内真空度降低或操动机构卡阻、绝缘子机械强度损伤等无法操作使其分闸）。需要采用带负荷更换的方式，或切除其负荷侧用户负荷后充分估算其负荷侧空载线路空载电流并采取合适的消弧措施来断、接设备引线。

（2）搭接或拆除空载架空分支长线或电缆分支的引线。应充分估算其负荷侧空载线路空载电流并采取合适的消弧措施。

（3）更换重要负荷或主干线上的开关设备。需采用带负荷更换的方式。

空载电流和负荷电流的核算在这些工作中非常重要。

一、带电断、接引线空载电流

断、接引线时由于导线之间以及导线对地之间具有电容效应，引线具有空载电流，如空载电流较大，在接通或断开导线时会产生较为强烈的电弧，并且随着电流增大，燃弧时间也会越来越长，带来安全隐患。线路的电容电流取决于线路长度、线间距离、导线类型与截面、线路电压等级等因素。配电网的电压等级较低，其电容电流往往被作业者所忽视。绝缘架空导线的大量使用虽然使配电网的绝缘化程度提高了，但线间距离减少、档距的缩小等因素使单位长度线路的电容电流较裸导线增加。空载电容电流产生的电弧对操作者有以下三方面的影响：①操作者对电容电流估计不足，造成心理恐慌而引发二次事故；②电弧可能击穿、灼烧绝缘手套，造成危险；③绝缘服一般为可燃材料，可能引起绝缘服起火而造成危险。特别是电力电缆电容效应更大，断、接空载电缆引线更应引起重视。

（一）空载电流计算

1. 切除空载导线时的空载电流的估算

切除空载导线时的空载电流估算公式为

$$I_C = \frac{U_N L_1}{350} + \frac{U_N L_2}{10}\ (\text{A})$$ ❶

式中 U_N——额定线电压，kV；

L_1——架空线路的长度，km；

L_2——电缆线路的长度，km。

L_1、L_2 是断接点后面所有的线路，包括分支线路。

2. 接空载导线时空载电容电流的计算

接通空载导线时的空载电流估算公式为

$$I_C = 0.02L_1 + 0.5L_2(\text{A})$$

式中 L_1——架空线路的长度，km；

L_2——电缆线路的长度，km。

L_1、L_2 是断接点后面所有的线路，包括分支线路。

（二）断、接引线消弧措施

带电断、接空载线路时，作业人员应戴防护目镜，在配电线路上如使用消弧绳进行断、接引线，则其断、接的空载线路的长度不应大于表 1-6-2 所列数据，且作业人员与断开点保持 4m 以上的距离。

表 1-6-2　　使用消弧绳断、接空载线路的最大长度

电压等级（kV）	10	35
空载线路长度（km）	50	30

注　线路长度包括分支线路在内，但不包括电缆线路。

消弧绳断开空载线路的电容电流以 3A 为限，超过此值时，应选用消弧能力与空载线路电容电流相适应的断接工具。采用消弧绳索断接空载线路时，必须与消弧滑车（即单门金属滑车）配套使用。为达到快速断开的目的，除在空载侧的引线上加系一根助拉的绝缘绳索外，必要时还可加挂金属重锤。采用消弧绳断开空载线路时，应估算断开点周围的净空尺寸，如距离不够，应采取有效措施，以防断开时电弧延伸引起接地。垂直排列的空载线路宜用消弧开关，且断开的顺序是下⟶中⟶上，接通的顺序则相反。

但在 10、20kV 配电线路上，由于相对地及相间的距离很小，使用消弧绳来断、接引线具有很大的危险。根据有关试验数据，结合断接空载线路实际操作经验，并且从安全角度考虑，建议：

（1）电容电流计算值小于等于 0.1A（10kV 电力电缆为 100m 以下，架空线路为 3.5km 以下；20kV 电力电缆为 50m 以下，架空线路为 2km 以下）时可采用直接消弧方式，即作业人员单手持引线迅速接通或脱离主导线，利用空气间隙灭弧。

（2）电容电流计算值大于 0.1A 小于等于 0.3A 时，作业人员采用绝缘操作杆夹持引线迅速接通或脱离主导线，利用空气间隙灭弧。这种情况下断、接引线作业人员应戴防护目镜。

---

❶ 电力电缆空载电流的计算也可参照 DL/T 599—2005《城市中低压配电网改造技术导则》规定，每千米电缆电容电流平均值根据电缆截面积和敷设方法的不同，取值在 1.1～1.5A/km，小截面的电缆可取 1.1A/km，大截面的电缆可取 1.5A/km。架空线路空载电流的计算也可采用 $I_C = 1.1 \times 2.7 U_N L \times 10^{-3}$，A。

(3) 电容电流计算值大于0.3A (10kV电力电缆为300m以上，架空线路为10.5km以上；20kV电力电缆为150m以上，架空线路为5km以上) 时，应使用专用的消弧设备灭弧。消弧设备的断流能力与被断、接的空载线路的电压等级及电容电流相适应。

常见的10kV带电作业消弧引流操作杆如图1-6-3、图1-6-4所示。这两种操作杆都具有消弧功能的开关和分合操作机构，在拆、搭电缆和空载架空长线时既能将电容电流引入主回路(主干线)，又不会产生外部电弧，确保作业人员和设备的安全。

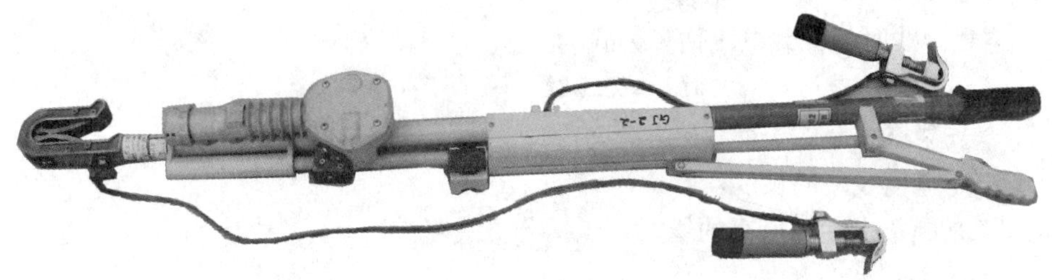

图1-6-3 10kV带电作业消弧引流操作杆1

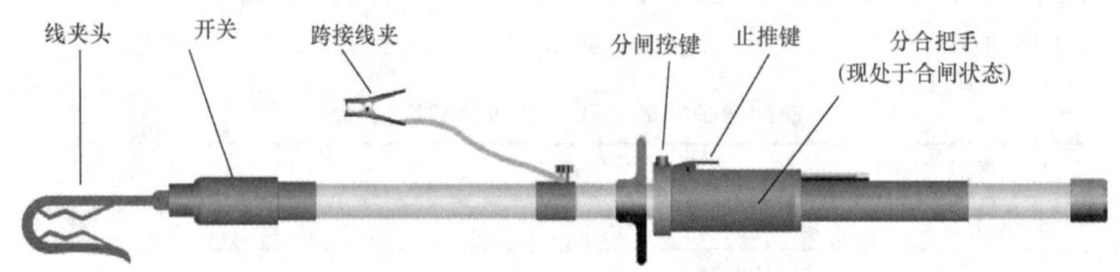

图1-6-4 10kV带电作业消弧引流操作杆2

以下简单介绍使用图1-6-4中的消弧引流操作杆进行断、接空载电缆的步骤。

1. 带电拆空载出线电缆

(1) 计算出线电缆的空载电流应小于消弧引流操作杆的开断能力。

(2) 检查消弧引流操作杆的开关在断开位置。

(3) 用消弧引流操作杆上的跨接线夹夹住同相位的出线电缆，然后将消弧引流操作杆线夹头挂在线路搭接位置外侧。

(4) 检查消弧引流操作杆两侧相位无误后，按下消弧引流操作杆止推键将分合把手往前推到自动锁住位置，即合上消弧引流操作杆开关。

(5) 杆上作业人员带电断开该相出线电缆搭接线，并对其进行绝缘遮蔽。

(6) 按下消弧引流操作杆分合把手上的分闸按键，消弧引流操作杆开关快速分断。

(7) 将消弧引流操作杆从导线上取下，拆除与电缆的连接，工作结束。

2. 带电搭接空载出线电缆

(1) 计算出线电缆的空载电流应小于消弧引流操作杆的开断能力。

(2) 检查消弧引流操作杆的开关在断开位置。

(3) 用消弧引流操作杆上的跨接线夹夹住同相位的出线电缆，然后将消弧引流操作杆线夹头挂在线路搭接位置外侧。

(4) 检查消弧引流操作杆两侧相位无误后，按下消弧引流操作杆止推键将分合把手往前推到自动锁住位置，即合上消弧引流操作杆开关。

（5）杆上作业人员按工艺要求带电搭接该相出线电缆搭接线，并对其进行绝缘遮蔽。

（6）按下消弧引流操作杆分合把手上的分闸按键，消弧引流操作杆开关快速分断。

（7）将消弧引流操作杆从导线上取下，拆除与电缆的连接，工作结束。

另外，10kV 旁路综合性作业用的旁路开关也可以在断、接 10kV 较长架空线路或电缆时作为接通、断开空载电容电流的开关器件使用。此设备为开展旁路综合性作业的成套设备的一部分组件，具有较大的（如 200、400A）负荷通流能力和与负荷电流相同的开断能力，其原理与使用消弧引流操作杆断、接引线相同。

(a)

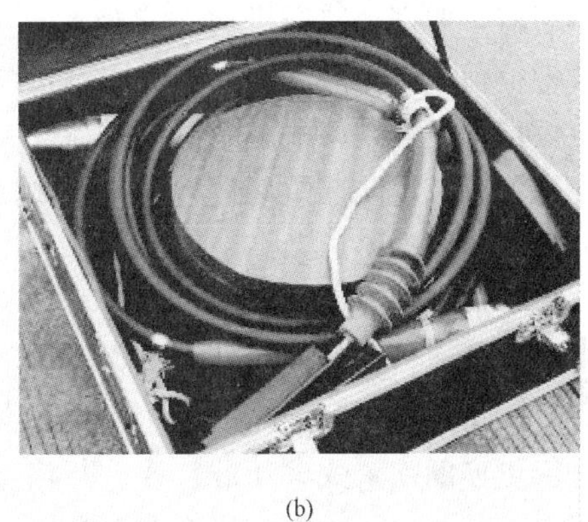

(b)

图 1-6-5　带负荷更换开关设备用旁路设备

（a）旁路开关；（b）高压引下电缆

3. 断、接空载引线的注意事项

（1）带电断、接空载线路前，应确认线路的另一端断路器（开关）和隔离开关确已断开并已挂设标志牌。应估算空载电流的大小及采取相应的措施。

（2）对于较长的线路，断引前应使用钳形电流表检测线路有无负荷电流，以避免带负荷断引。

（3）在查明线路确无接地、绝缘良好、线路上无人工作且相位确定无误后，方可进行接空载线路的工作。

（4）断、接空载线路时，已断开相或未接通相导线因感应而带电，为防止电击，应采取措施后才能触及。

（5）断、接引线时严禁人体串入电路。

【案例 1-6-4】 ×月×日，××局带电班班长张××带领班组成员在 10kV 电厂南线 24 号杆进行拆分支引流的工作。该分支线与主干线未经开关装置连接，作业条件是切除分支线所有负荷，在空载状态下断引。由于该分支线负荷点较多，由于未对作业条件做充分检查确认并采取必要措施（如在断引前可用钳形电流表检测分支电流），漏停一台 315kVA 配电变压器负荷。在斗内作业电工李××解开引线扎线脱离主干线时也未采取消弧措施，负荷电流强烈拉弧，最终导致李××右手截肢。

二、带负荷作业

在带负荷更换开关设备的项目中，负荷电流的大小对作业安全有重要的影响，所选用的分流设备截面大小、两端线夹的载流容量应能满足最大负荷电流的要求。最大负荷电流的大小可以根据系统接线、回路导线材料和线径、设计资料等进行估算；也可以使用钳形电流表检测回路实际负荷电流的大小，再考虑负荷电流的波动及过负荷等情况来估算。

（1）带负荷更换开关设备时，应使用相应电压等级和通流能力（包括导体截面积、两端线夹载流能力，对于分流用的专用开关，还需考虑其切断、接通电流的能力）的绝缘分流线或其他分流专用设备。

（2）在短接开关设备前，应确保开关处于合闸位置。可以通过开关操动机构位置以及使用钳形电流表测设备引线负荷等多种手段进行确认。对于断路器，短接前应先取下断路器跳闸回路熔断器，并锁死跳闸机构。

（3）带负荷作业不应改变系统的原有接线结构。如更换柱上隔离开关可以直接用绝缘分流线进行短接；更换跌落式熔断器或负荷开关、断路器等在短接回路则应有开关装置，并使其处于分闸状态，以防在短接过程中，待更换的开关设备突然动作，绝缘分流线带负荷通断电路。

（4）短接前一定要核对相位，以防短接过程中发生相间短路并发生严重拉弧。

（5）组装分流设备的导线处应清除氧化层，且线夹接触应牢固可靠。严禁使用酒精、汽油等易燃品擦拭带电体及绝缘部分，防止起火。

（6）待更换的跌落式熔断器、柱上断路器、柱上负荷开关、柱上隔离开关等应具有合格的试验报告，并在现场检查其绝缘电阻合格，安装后需进行试操作检查。

第四节　现场站班会、收工会

一、班前会、班后会

班前会、班后会是在当天出工前或当天收工后在班组由班长（分站长）按已分解的周计划进行生产安排的一个简短的会议，如班长（分站长）因故缺席，则由副班长（副分所长或安全员）主持；对于重大、复杂或涉及 2 个及以上班组的作业项目可由分管生产领导主持，其一般程序和内容为：

（1）班长（分站长）就第二天的工作进行交底，包括工作任务、人员分工、危险点分析、布置安全措施、设备状态（包括停役时间要求）、工艺要求及交代注意事项等；

（2）班长（分站长）对第二天参加现场工作的小组负责人进行抽查，小组负责人应认真复诵所有交底内容；

（3）班长（分站长）向全班人员对第二天工作的交底是否清楚提出询问，然后请各工作负责人带领本小组成员做准备工作，包括填写和签发工作票、操作票、工器具准备、车辆安排等。

二、现场站班会、现场收工会

带电作业现场站班会和现场收工会突出在“现场”两个字，必须在现场组织召开，不同于班前会和班后会。带电作业班组的现场站班会、收工会是班前会或班后会的补充，更具体、更有针对性。保证 10kV 配电线路带电作业安全的技术措施和组织措施是在多年的实践中得出的，是经所有从事带电作业的技术人员和专家检验的。这些措施应在工作中必须真正有效落实才能有效地保障作业人员的安全，同时不断提高企业生产效率、生产效益和社会效益。要正确地贯彻带电作业的技术措施和组织措施，保证带电作业的安全进行，召开现场站班会和现场收工会是一个重要的手段。

1. 现场站班会

工作负责人是技术措施的实施者和组织措施的组织者。现场站班会是工作负责人在工作现场根据当天的工作任务，联系本班组的人员（人数、各人的安全水平、安全思想深度和稳定性、精神状态）、设备（原材料、施工机具、安全用具）和环境（现场环境、气象条件、系统接线和运行方式）等在工作前召开的班组会。工作负责人首先应对当天检修任务及相应的安全措施、使用的安全工器具等了解正确无误，对担任工作的人员的技术能力、安全思想、责任心、工作地点环境（如同杆架设或附近有相同电压线路平行架空等）、当天气象情况等应足够了解，重点突出“三交、三查”，即交任务、交安全、交措施，查工作着装、查精神状态、查个人安全用具。

交任务应交清工作地点和作业对象，即将作业线路和设备的双重命名交代清楚，交清现场条件、作业环境、系统接线，同时交清工作的控制进度。然后根据工作人员的精神状态和个人技能水平作出合理分工，同时交代工作中的危险点和控制措施，强调工作中应采取的安全措施（含组织、技术措施）、安全注意事项。

应检查工作人员的工作着装是否正确穿戴，符合劳动保护要求。不能穿戴影响作业安全的带金属件工作服装以及金属项链、手链、手机等。杆上作业人员应按规定穿着个人绝缘防护用具。应提示和检查工作人员完备佩带和正确使用合格的安全工器具。

2. 现场收工会

现场收工会是工作结束或告一段落，由工作负责人在工作现场主持召开的一次班组会。现场收工会以讲评的方式，在总结、检查（某种意义上也是一次小的评比）生产任务的同时，总结、检查安全工作，并提出整改意见。现场站班会是现场收工会的前提和基础，现场收工会是现场站班会的继续和发展。现场收工会的主要内容为：

（1）简明扼要地小结当天生产任务的完成情况；

（2）对工作中认真执行规程制度、表现突出的职工进行表扬，对违章指挥、违章作业的职工视情节轻重和造成后果的大小，提出批评和考核处罚；

（3）对人员安排、作业（操作）方法、安全事项提出改进意见，对作业（操作）中发生的不安全因素、现象提出防范措施。

第五节　现场作业指导书

现场标准化作业是以企业现场安全生产、技术活动的全过程及其要素为主要内容，按照企业安全生产的客观规律与要求，制定作业程序标准和贯彻标准的一种有组织活动。现场作业指导书针对每一次作业按照全过程控制的要求，在现场勘察的基础上对作业计划、准备、实施、总结等环节，明确具体操作的方法、步骤、措施、标准和人员责任，依据工作流程组合成的执行文件。对带电作业现场作业活动的全过程进行细化、量化、标准化，保证作业过程处于“可控、在控”状态，不出现偏差和错误，以获得最佳秩序与效果。

以下对现场作业指导书的编制要求、适用要求及结构内容作一介绍，仅作参考。

一、现场作业指导书的编制和使用要求

1. 编制

基层班组每次带电作业工作任务下达后经过现场勘察，工作负责人根据勘察结果，在作业前参照规程和典型标准化作业指导书结合现场实际，一次作业任务具体编制一份现场标准化作业卡。现场标准化作业卡注重策划和设计，量化、细化、标准化每项作业内容，做到作业有程序、安全有措施、质量有标准、考核有依据。

现场标准化作业卡应结合现场实际，体现对现场作业的设备及人员行为的全过程管理和控制，进行危险点分析，制定相应的防范措施，在工作每个环节中落实。在编制时应依据生产计划和现场装置实际状况，实行刚性管理，变更应严格履行审批手续。在作业分工时应体现分工明确、责任到人。

现场标准化作业卡宜由工作负责人编写，概念清楚、表达准确、文字简练、格式统一。由班组长（或班组技术员和安全员）审核，对编写的正确性负责。最后由本项工作任务带电作业工作票的签发人批准，带电作业工作票的签发人也是现场标准化作业指导书执行的许可人。

2. 使用

凡列入生产计划的工作应使用现场标准化作业卡，临时性检修宜采用现场标准化作业卡。现场标准化作业卡是现场记录的唯一形式。除了按照生产 MIS（管理信息系统）应用管理要求必须在生产 MIS 中做班组技术记录外，不应有其他的现场记录形式。一次作业任务具体编制一份现场标准化作业卡。

作业前应组织作业人员对现场标准化作业卡进行专题学习，使作业人员熟练掌握工作程序和要求。

现场作业应严格执行现场标准化作业卡，由工作负责人逐项打勾，并做好记录，不得漏项。工作负责人对现场标准化作业卡按作业程序的正确执行全面负责。现场标准化作业卡在执行过程中，如发现不切合实际、与相关图纸及有关规定不符等情况，应立即停止工作。工作负责人根据现场实际情况及时修改作业卡，征得现场标准化作业卡批准人的同意并做好记录后，按修改后的作业卡继续工作。

对于综合性施工作业，如大型旁路作业，应尽量分成多个工作面，各工作面由一个作业小组负责，各小组分别使用与本工作面实际相符的现场标准化作业卡，总工作负责人使用总的现场标准化作业卡统一指挥、组织工作过程，协调好不同作业面之间的关系。

使用过的现场标准化作业卡，经专业技术人员审核后存档。作业有工作票的，应和工作票一同存档。存档时间为一年。

二、现场作业指导书的结构与内容

现场作业指导书由封面、使用范围、引用文件、前期准备、流程图、作业程序和工艺标准（包括危险点和控制措施）、验收记录、作业卡执行情况评估和附录 9 个部分组成，可参见附录。以下对其组成部分的内容及格式作简要叙述。

1. 封面

现场标准化作业指导书的封面有“标题、编号、编写人及时间、审核人及时间、批准人及时间、作业负责人、作业时间、编写单位”等 8 项内容，如图 1-6-6 所示。

（1）现场标准化作业指导书标题一般采用“主标题＋副标题”的形式。主标题为作业项

目名称，如“高架绝缘斗臂车绝缘手套作业法断、接引线”，应指明作业采用的登高（承载）工具和作业方法，并对常见的工作内容归纳后进行项目分类。副标题为作业内容，包含线路电压等级、线路名称、杆塔编号及工作内容，如“××变电站 10kV××线×号杆搭接空载跌落式熔断器上引线”。

（2）每份现场标准化作业指导书都应有唯一的编号。该编号应具有可追溯性，便于查找，位于封面的右上角。每个单位都有自己一套编号的方法，例如“DDZY/34040807001”，其中“DDZY”表示“带电作业”代号；“34”为某供电局在用户供电可靠性管理系统中的代码；“04”为部门或班组在用户供电可靠性管理系统中的代码；“08”表示现场标准化作业指导书项目代码（可参见项目举例表）；“07001”表示该部门（班组）2007 年“08”项目的第一份标准化作业指导书。

（3）编写人及时间一栏由编写人签名，并注明编写时间；审核人及时间一栏由审核人签名，并注明审核时间；批准人及时间一栏由批准人签名，并注明批准时间。

（4）现场标准化作业指导书应有“作业负责人”和“作业时间”两栏。“作业负责人”组织执行作业指导书，对作业的安全、质量负责，在作业负责人一栏内签名。“作业时间”为现场作业具体工作时间。此项内容也说明了现场标准化作业指导书是针对每一次工作任务的，是有时效性的。

2. 使用范围

“使用范围”对现场标准化作业卡的适用性作出具体的规定，指明该作业中作业人员的承载工具，如“高架绝缘斗臂车、绝缘平台、绝缘梯”等，还指明了该作业的装置的双重名称（包括变电站名称、线路电压等级、线路命名和电杆、设备称号）、工作内容、作业方式。如“本现场标准化作业指导书针对××变电站 10kV××线××杆使用高架绝缘斗臂车绝缘手套作业法‘更换支持绝缘子’工作编写而成，仅适用于该项工作。”

3. 引用文件

明确编写该作业指导书所引用的法规、规程、标准、设备说明书及企业管理规定和文件，按标准格式列出，如 DL 409—1991《电业安全工作规程（电力线路部分）》。一般情况下，标准号写在标准名的前面，而出版单位或标准、规程的发布单位及发布时间等应列在标准、规程的名称后面。

4. 前期准备

每项工作的前期准备工作有作业人员的准备和工器具的准备。

（1）根据作业配备足够的人员数量及作业人员应具备的技能、安全水平来选择合适的人员，便于现场工作时合理对作业人员进行分工和安全地开展作业。对于一些涉及几个工作点的较复杂的作业项目，如综合性旁路作业，作业人员较多时，为有条理地组织工作，宜采用“人员岗位分布图”指明各工作成员的位置及各位置所需工器具等。

（2）为防止将不合格工器具带出引起工作安全隐患及防止漏带，出工前领用时应对工器具和材料进行逐项清点数量并做外观检查。内容包括个人绝缘防护用具、一般工器具、绝缘遮蔽工具、绝缘工具、材料等。备注栏也可作为现场检测工器具时记录用。

综合性作业（如综合性旁路作业）由多个工作环节组成或几个工作面或涉及多个班组的，为明晰现场作业的检修顺序、安全措施，有条理地组织工作，宜使用流程图。

5. 作业程序和标准

内容包括作业步骤、工艺、质量标准等。为了使危险点控制措施落实到实处，在每个步骤中必须进行危险点分析，并写明控制措施。作业程序有开工准备、杆上作业、收工验收等环节组成。

(1) 开工准备包括现场再次勘查、安全措施的落实、工作许可、站班会、现场布置、工器具检查等。

(2) 杆上作业为登杆直至下杆之间的带电检修或维护、测量工作的具体实施过程。在编写作业指导书的该部分内容时应符合“精益化”的要求。步骤不宜太细，太细则不利于现场指挥和监护；太粗略则不能体现本次作业中的特殊要求，不利于现场作业危险点控制；应着重体现本次作业的重点、难点。例如：作为配电线路带电作业的技术措施之一的绝缘遮蔽隔离措施，其实施和拆除必须作为单独的步骤来写，前后要有呼应，××条步骤“斗内1号作业人员在‘××部位’使用××设置绝缘遮蔽隔离措施”，则应有相对应的后续步骤“斗内1号作业人员在‘××部位’使用××撤除绝缘遮蔽隔离措施”。每个步骤的描述应使用完整的句式，主、谓、宾齐全，以明确每个作业人员的职责。

(3) 工作结束，如清理工作现场、清点工具、回收材料、办理工作票等。

6. 验收记录

对现场标准化作业卡执行情况评估，记录检修结果，对检修质量作出整体评价；记录存在的问题及处理意见。

第七章 配电线路带电作业日常工作管理

第一节 资 料 管 理

班组带电作业班组应备有下列技术资料和记录。

(1) 带电作业的各种标准、规程和规章制度。

(2) 经总工程师批准的带电作业项目一览表和工作票签发人、工作负责人名单。见表1-7-1。

表1-7-1　经批准的带电作业项目表

________供电公司、电业局________(处、工区)________班

序号	项目名称	类别	作业方式	批准日期	允许开展该项目的单位	备注

(3) 带电作业分项工具卡片。列出能开展的每项带电作业项目所需的工器具，便于日常培训和每次作业准备工器具，见表1-7-2。

表1-7-2　带电作业分项需用工具卡

项目名称：____________作业方式：____________

工具名称	编号	材料及规格	单位	数量	备　注

(4) 带电作业登记表。记录每次作业的实际操作时间、减少的停电时间、影响的时户数以及作业线路负荷情况等，便于统计带电作业创造的经济和社会效益，见第三节表1-7-4配电线路带电作业作业登记表。

(5) 带电作业工具清册。对带电作业工器具建立台账，并派专人进行管理，见表1-7-3。

表1-7-3　带电作业工具清册

工具名称	编号	规格	使用范围	制作单位	出厂日期	备注

(6) 带电作业工具及绝缘材料技术证明或使用说明书。应妥善保管带电作工具的合格证、出厂试验合格证等，对于非常规的绝缘材料和装配较为复杂或有特殊使用方式、注意事项的工具，应有绝缘材料技术证明和使用说明书。

(7) 带电作业工具预防性试验卡。

(8) 带电作业新项目、新工具（指自制工具）技术鉴定书及其附件。新工具应有型式试验合格证明，并有完整的设计资料和使用说明等。新项目必须有技术鉴定书和总工批准应用的文件。

(9) 带电作业技术培训和培训考核记录簿。应对每个带电作业班组成员的日常培训进行记录，日常培训包括技术问答、作业指导书编写和学习、技能训练、事故分析等，每月培训时间一般不少于 8h。对带电作业技术的取证和复证培训应记录，按要求进行周期性的复证。

(10) 带电作业不安全情况、事故、障碍记录簿。记录带电作业不安全情况、事故、障碍情况，便于进行工作总结、分析和改进。

(11) 班组工作日记簿。

(12) 线路和变电站一次接线图、有关电气设备参数一览表。作为现场勘察的有效补充，带电作业工作票签发人和工作负责人应了解设备型号、载流能力或额定容量等技术参数以及设备负荷等，以有利于制定完善的现场标准化作业指导书或作业方案等。

第二节 绝缘工器具管理

带电作业工作能否顺利实施和是否安全在很大程度上取决于工器具的绝缘性能和机械性能，使用中的绝缘工器具的性能跟工器具的保管、维护、运输、使用等环节密切相关，必须严格管理。

一、库房管理

1. 库房基本要求

带电作业工器具应存放于通风良好、清洁干燥的专用库房内。库房的门窗应密闭严实，阳光不能直射。地面、墙面及顶面应采用不起尘、阻燃的材料。由于阳光中的紫外线对橡胶等绝缘材料有老化作用，所以应避免阳光直射到工器具上。为使库房保持一定的温湿度，库房的门窗应密闭严实。有些绝缘材料在老化的过程中会散发有毒的气味，且从有利于工器具保养的角度出发，库房应通风良好。

库房内应有除湿、控温设备及温、湿度计。相对湿度应保持在 50%～60%，室内、外温差不宜超过 5℃，且室内温度不宜低于 0℃。库房湿度太低，绝缘工器具表面容易累积静电荷，太高又影响绝缘工器具的绝缘性能。温度太高加速绝缘材料的老化过程，室内外温差过大，则当工器具入库、出库时易在工器具表面发生凝露现象。另外，在冬、夏季节由于热胀冷缩易在工器具内部发生应力变化，而易使工器具变形劣化。

带电作业工具房应配备烘干设备，以便对受潮的绝缘工器具进行烘干处理。带电作业工具房应配备足够的工具架（工具架底层离地面高于 200mm）或专用柜、吊架等。带电作业工具房应配备足够的灭火器材。

2. 管理要求

带电作业工器具应统一编号、专人保管、登记造册，并建立试验、检修、使用记录。不同电压等级、不同类别的工器具应分区放置。带电作业工具房进行通风时，应在干燥的天气进行，并且室外的相对湿度不得高于75%。通风结束后，应立即检查室内的相对湿度，并加以调控。库房不得存放酸、碱、油类和化学药品等。橡胶绝缘用具应放在避光的柜内，并撒上滑石粉。

绝缘工器具出、入库时，应进行外观检查。检查其绝缘部分有无脏污、裂纹、老化、绝缘层脱落、严重伤痕；检查器固定连接部分有无松动、锈蚀、断裂；检查操作头是否损坏、变形、失灵。有缺陷的带电作业工器具应及时修复，不合格的应予报废，做好报废标识，如"×"，严禁存放在工具房内，严禁继续使用。定期检查工器具的试验标签，以防超过规定的试验周期，确保工器具的性能完好，并进行记录。超过试验周期的工器具应及时清理并进行检测。

二、运输及现场使用

带电作业工器具在运输途中，应存放在专用工具袋、工具箱或专用工具车内，以防受潮和损伤，避免与金属材料、工具混放。不得与酸、碱、油类和化学药品接触。

在带电作业工作现场，工器具应放置在防潮的帆布或绝缘垫上，保持工器具的干燥、清洁，并要防止阳光直射或雨淋。考虑工器具在运输过程中，由于存放条件的影响以及其他因素使性能下降。在现场使用工器具前，应进行外观检查。用清洁干燥的毛巾（布）擦拭后，使用2500V或以上额定电压的绝缘电阻表或绝缘检测仪分段检测绝缘工器具的表面绝缘电阻，阻值应不低于700MΩ，达不到要求的不能使用。

绝缘工器具在使用中受潮或表面损伤、脏污时，应及时处理并经试验合格后方可使用。操作绝缘工具，设置、拆除绝缘遮蔽用具时应戴清洁、干燥的绝缘手套，并应防止在使用中脏污和受潮。

第三节　配电线路带电作业的经济和社会效益管理

每次作业后，均应登记带电作业的有关信息，有利于统计带电作业带来的经济效益和社会效益，作业登记表见表1-7-4。

表1-7-4　　配电线路带电作业作业登记表

工作内容		现场标准化作业卡编号		作业日期	
作业方式		工作负责人姓名		作业人数	
实际作业时间（h）		减少停电时间（h）			
设备负荷（kW）		多供电量（kWh）			
影响的用户数		多供电时户数			
备注：					

填表人：__________

表 1-7-4 中各参数定义如下。

1. 实际作业时间

现场工作许可后至现场工作终结之间的时间，不包括许可和终结的时间。

2. 减少停电时间

采取停电作业方式进行该项检修、安装、消缺等工作所需要的时间，包括设备（线路）的停、复役时间。由于停电作业所需要的时间影响因素较多，无法精确记录，因而只能估算

$$T_{tj} = nT_1 + T_2 \tag{1-7-1}$$

式中 T_{tj}——减少停电时间，h；

T_1——采取停电作业方式时，运行班组操作每台开关、落实技术措施和安全措施的时间（包括停、复役），取 1.5h，h；

n——在作业点采取停电作业方式进行该项检修、安装、消缺等工作所需要操作的开关装置的数量；

T_2——采取停电作业方式进行该项检修、安装、消缺等工作时需要的时间，取值参见表 1-7-5，h。

表 1-7-5　T_2 取值

工作内容		包含、外延的工作内容	T_2(h)
01	简易安装、测量、调试、消缺	包括安装接地环、取异物、修补导线、修剪树枝等	0.5
02	断、接引线	包括搭拆架空分支引线、电缆分支引线；更换跌落式熔断器和隔离开关等设备上桩头引线、更换避雷器等	0.5
	更换（安装）柱上开关设备	柱上开关设备包括跌落式熔断器、柱上负荷开关、柱上断路器、柱上负荷隔离开关、柱上隔离开关、分段器、重合器等	1.0
	单侧带电（配合）架设导线	包括更换、新放线路	1.0
03	耐张作业	包括直线开分段改耐张 更换耐张横担、更换耐张瓷绝缘子、更换耐张线夹等	2 1.0
	直线杆更换组件	包括更换直线横担、更换直线支持绝缘子（柱式绝缘子和针式绝缘子等）等	1.0
	撤、立杆	包括立杆、撤杆，换杆等	1.5 2.0
04	带负荷更换柱上开关设备	柱上开关设备包括跌落式熔断器、柱上负荷开关、柱上断路器、柱上负荷隔离开关、柱上隔离开关、分段器、重合器等	1.0
	旁路综合性作业	包括更换线路及设备、迁移线路等	1.0n

注　旁路综合性作业是多作业点的复杂项目，计算 T_2 时，n 为作业涉及的作业点数量。

3. 设备负荷[1]

采取停电作业方式进行该项检修、安装、消缺等工作所影响的供电容量。如带电搭接分

[1] 有些地区对设备负荷的计算方法采取：干线电流为 SCADA 实际电流，支线电流为干线电流的 30%。

支引线的工作，把作业点电源侧最近的可操作的、经操作后能形成明显断开点的开关装置作为一个计算点，把其负荷侧的负荷容量作为设备负荷，而不仅仅只计算搭接的分支引线的负荷容量。下面简介统计方法。

(1) 放射式单向供电的回路。如主干线有 n 台可操作的、经操作后能形成明显断开点的开关装置，作业点电源侧最近的可操作的、经操作可形成明显断开点的开关装置在主干线上，且是（从变电站出现开始）第 m 台，设备负荷为

$$P_{tj} = K_1 K_2 \frac{n-m+1}{n+1} P_{js} \tag{1-7-2}$$

式中 P_{tj}——设备负荷，kW；

P_{js}——该线路设计时的计算负荷，kW；

K_1——同杆架设的回路数；

K_2——负荷率，取 0.8。

如作业点电源侧最近的可操作的、经操作可形成明显断开点的开关装置在分支线上，则设备负荷为

$$P_{tj} = K_1 K_2 S_T \cos\varphi \tag{1-7-3}$$

式中 P_{tj}——设备负荷，kW；

S_T——该分支线路变压器额定容量，kVA；

$\cos\varphi$——平均功率因数，取 0.8；

K_1——同杆架设的回路数；

K_2——负荷率，取 0.8。

(2) 可通过联络开关或其他备用设备转供的环形、有备用的回路。如主干线有 n 台可操作的、经操作后能形成明显断开点的开关装置，作业点电源侧最近的可操作的、经操作可形成明显断开点的开关装置在主干线上，且是（从变电站出现开始）第 m 台，其下一开关装置负荷侧设备可由联络开关转供的，设备负荷为

$$P_{tj} = K_1 K_2 \frac{1}{n+1} P_{js} \tag{1-7-4}$$

式中 P_{tj}——设备负荷，kW；

P_{js}——该线路设计时的计算负荷，kW；

K_1——同杆架设的回路数；

K_2——负荷率，取 0.8。

如作业点电源侧最近的可操作的、经操作可形成明显断开点的开关装置在分支线上，则设备负荷的计算参照式（1-7-3）。

4. 多供电量

“设备负荷”与“减少停电时间”的乘积。

5. 影响的用户数

采取停电作业方式进行该项检修、安装、消缺等工作所影响的用户数量。统计原则同“设备负荷”。

6. 多供电时户数

“影响的用户数”与“减少停电时间”的乘积。

7. 平均供电可靠率指标

$$ASAI=\frac{\text{用户总供电小时数}}{\text{用户要求供电总小时数}}=\frac{\sum N_i\times 8760-\sum U_iN_i}{\sum N_i\times 8760}$$

式中 $ASAI$——平均供电可靠率指标；
8760——一年的小时数，h；
N_i——负荷点 i 的用户数；
U_i——年停电时间，h。

第四节 项 目 管 理

为便于进行带电作业技术交流、科研项目的开发及培训管理，应对带电作业项目进行适当的归类及项目管理。

一、项目分类

10kV 配电线路开展的带电作业项目可分为“临近带电作业”和“带电作业”两大类。其中“带电作业”根据工作内容和工作中采用的方法，作业中的技术难点、危险点以及在工作中对供电的影响，又可分为 4 种类型，见表 1-7-6。

表 1-7-6 10kV 配电线路带电作业项目分类

<table>
<tr><th>分类</th><th colspan="3">说 明</th></tr>
<tr><td>第Ⅰ类 临近带电作业</td><td colspan="3">作业人员采用工具或任何其他物件进入带电作业区域近旁进行的作业，即在带电杆塔上工作，不接触带电体，但作业安全距离小于 0.7m，使用带电作业工作票的作业，在作业时需要采取绝缘隔离、遮蔽措施。如：安装分支横担和跌落式熔断器、更换拉线等</td></tr>
<tr><td rowspan="7">第Ⅱ类 带电作业</td><td colspan="3">工作中，作业人员需直接或间接接触带电体的作业</td></tr>
<tr><td>01</td><td>调试、测量及简易的安装和消缺作业</td><td>常见工作内容，如安装接地环、修补导线、修剪树枝、取异物等</td></tr>
<tr><td rowspan="2">02</td><td rowspan="2">作业中主要是断、接引线等的作业</td><td>作业时不影响线路正常供电的作业，如搭接分支引线、拆除分支引线、新架线路、更换避雷器等</td></tr>
<tr><td>需要断开开关设备，影响线路负荷侧正常供电的作业，如在跌落式熔断器拉开并取下熔管后更换跌落式熔断器、更换分闸状态的柱上断路器或柱上负荷开关等，以及更换空载线路等作业</td></tr>
<tr><td>03</td><td>作业中涉及带电导线的牵引、升降、移动、起重等技术手段的作业</td><td>如直线开分段改耐张、更换横担、更换绝缘子、撤杆、立杆等作业</td></tr>
<tr><td>04</td><td>旁路作业</td><td>如带负荷更换跌落式熔断器、带负荷更换柱上开关等；
综合性地利用成套旁路设备开展的大型旁路作业</td></tr>
</table>

二、常见项目举例

结合作业时采取的主绝缘工具、作业方法，将 10kV 配电线路带电作业的常见工作内容进行总结、归类，10kV 配电线路带电作业项目可以参照表 1-7-7。

表 1-7-7　　10kV 配电线路带电作业项目

	序号	名　称	包含、外延的工作内容	项目归类
高架绝缘斗臂车绝缘手套作业法	01	临近带电作业	包括安装分支横担、更换拉线、更换跌落式熔断器和隔离开关下桩头引线等	
	02	简易安装、测量、调试、消缺	包括安装接地环、取异物、修补导线、修剪树枝等	调试、测量及简易的安装和消缺作业
	03	断、接引线	包括搭拆架空分支引线、电缆分支引线；更换跌落式熔断器和隔离开关等设备上桩头引线、更换避雷器等	作业中主要是断、接引线等的作业
	04	更换（安装）柱上开关设备	柱上开关设备包括跌落式熔断器、柱上负荷开关、柱上断路器、柱上负荷隔离开关、柱上隔离开关、分段器、重合器等	
	05	单侧带电架设导线	包括更换、新放线路	
	06	耐张作业	包括直线开分段改耐张、更换耐张横担、更换耐张瓷绝缘子、更换耐张线夹等	作业中涉及带电导线的牵引、升降、移动、起重等技术手段的作业
	07	直线杆更换组件	包括更换直线横担、更换直线支持绝缘子（柱式绝缘子和针式绝缘子等）等	
	08	撤、立杆	包括立杆、撤杆、换杆等	
	09	带负荷更换柱上开关设备	柱上开关设备包括跌落式熔断器、柱上负荷开关、柱上断路器、柱上负荷隔离开关、柱上隔离开关、分段器、重合器等	旁路作业
	10	旁路综合性作业	包括更换线路及设备、迁移线路等	
高架绝缘斗臂车绝缘杆作业法	01	断、接引线	包括架空分支引线、电缆分支引线以及更换跌落式熔断器和隔离开关等设备上桩头引线等	作业中主要是断、接引线等的作业
绝缘杆作业法	01	临近带电作业	包括安装支接横担、跌落式熔断器，更换跌落式熔断器和隔离开关下桩头引线等	
	02	断、接引线	包括架空分支引线、电缆分支引线以及更换跌落式熔断器和隔离开关等设备上桩头引线等	作业中主要是断、接引线等的作业
	03	更换柱上开关设备	包括架空分支线和变台跌落式熔断器、柱上断路器、柱上负荷隔离开关等	
	04	直线杆更换组件	包括更换直线横担、更换直线支持绝缘子（柱式绝缘子和针式绝缘子等）等	作业中涉及带电导线的牵引、升降、移动、起重等技术手段的作业
绝缘平台绝缘手套作业法	01	断、接引线	包括架空分支引线，以及更换跌落式熔断器和隔离开关等设备上桩头引线等	作业中主要是断、接引线等的作业
	02	更换柱上开关设备	包括架空分支线和变台跌落式熔断器、柱上断路器、柱上负荷隔离开关等	

三、带电作业新项目、科技项目管理

1. 新项目

新项目系指本单位以前未进行过的带电作业项目。带电作业新项目必须制定完备的安全技术措施和编制相应的现场标准化作业指导书，经现场模拟操作，确认安全可靠，经本单位带电作业专（兼）责人审查，总工程师批准后，方可到带电设备上试用。

新项目转为常规项目前，必须经过技术鉴定，取得技术鉴定证书（可参见表1-7-8）。技术鉴定小组由基层单位带电作业专责人、生产技术科、安全监察科有关人员和有经验的带电作业人员组成，在总工程师主持下进行。

表1-7-8　　带电作业新项目（新工具）技术鉴定书

申请单位		申请日期	年　月　日
名　　称			
使用范围			
新研究或推广		研制负责人	
技术资料及附件名称			
鉴定小组鉴定意见			
基层单位带电作业专责人审查意见			
基层单位总工程师批示			
备　　注			

技术鉴定应具备下列资料：新工具组装图及机械、电气试验的报告；新项目或新工具研制总结；现场操作规程和安全技术措施。

2. 科研项目

科研项目系指难度大而技术复杂而需进行研究试验的带电作业项目。带电作业科研项目，由各基层单位科技管理部门根据生产需要确定。科研项目试验和试用确认成功后，由承担单位准备研制报告、试验报告、现场操作规程和安全技术措施、现场试用报告等资料，申请技术鉴定。

科研项目通过鉴定后需经总工程师批准，才能逐步推广应用。各基层单位准备开展的输、配电专业重大或新的带电作业项目应报网省公司生产管理部门审批。

第二部分　10kV 配电线路带电作业操作技能

本部分内容大致按照作业中的人员承载工具（登高方式）以及作业方式进行分类并展开分析。

一、绝缘杆作业

作业人员可以使用脚扣、升降板在电杆上进行绝缘杆作业，也可以在绝缘斗臂车绝缘斗（绝缘槽）中进行作业。本技能教材中的绝缘杆作业法的登高方式采取脚扣和升降板，是主要针对乡村道路不利于绝缘斗臂车进入、停放时采取的带电作业方式的一种有效补充措施，也是带电作业发展初始阶段或县级及以下供电部门提高供电可靠性的重要手段。

绝缘间接作业法作业中，泄漏电流通过人体的回路有：①带电体→绝缘杆→人体→大地；②（操作相或邻相）带电体→空气→人体→大地。第一个回路中绝缘杆是主绝缘，只要绝缘杆的绝缘性能良好，并在作业中保持足够的有效绝缘长度，就能保证人体的安全。第二个回路中空气是主绝缘，只要工作人员在电杆上站位合适，保持足够的距离（大于0.4m）就能保证人体安全。在安全距离不足时，必须按照“从下到上、从近到远”的原则，对可能触及的带电体做好绝缘遮蔽、隔离措施。

为了提高作业的安全性，要求工作人员在作业中至少穿戴使用绝缘帽和绝缘手套，作业中要求工作人员站位较高的工作，如更换直线杆中相绝缘子，还要求穿戴绝缘服。

二、绝缘斗臂车绝缘手套法作业

在10kV城市电网的架空线路上，使用绝缘斗臂车进行带电作业工作具有极大的机动性和便利性，可以有效提高工作的效率。采用绝缘斗臂车绝缘手套作业法作业时，人体不但与大地的电位不相同，与带电体的电位也并不相同，所以不能称之为等电位作业，而只能称为中间电位作业。泄漏电流通过人体的回路有以下3个。

（1）带电体→（绝缘手套）人体→绝缘斗臂车→大地。在此回路中，人体与绝缘斗臂车承受的是相对地电压，绝缘斗臂车是主绝缘。为确保人身安全，绝缘斗臂车的绝缘性能必须良好，作业中绝缘斗臂车的绝缘臂伸出的长度应在1m及以上。

（2）带电体→（绝缘手套）人体→空气→金属构件。在此回路中，人体和空气承受的是相对地电压，空气是主绝缘。作业中应保持足够的空气距离（大于等于0.4m，为提高作业的安全性，采用绝缘斗臂车绝缘手套作业法作业时，安全距离按照等电位作业时考虑）。

（3）带电体→空气→人体→空气→带电体。在此回路中，人体和空气承受的是相间电压，空气是主绝缘，作业中应保持足够的空气距离（大于等于0.6m）。

采用绝缘斗臂车绝缘手套作业法作业中，在安全距离不足时，对可能触及的地电位物体和带电体（注意是地电位物体和带电体，与采用脚扣、登高板在电杆上采取绝缘杆作业法时有所不同）做好绝缘遮蔽、隔离措施。相对于间接作业法，设置绝缘遮蔽、隔离措施较为灵活、机动，也更为便利，但危险性也较大，必须应按照“从下到上、从近到远、先大后小”的原则进行。为了提高作业的安全性，要求工作人员在作业中至少穿戴使用绝缘帽、绝缘手套和绝缘安全带。

三、绝缘斗臂车绝缘杆作业

作业人员可以使用脚扣、升降板在电杆上进行绝缘杆作业，也可以在绝缘斗臂车绝缘斗（绝缘槽）中进行。在绝缘斗臂车绝缘杆作业法中，泄漏电流通过人体的回路有：

（1）带电体→绝缘杆→人体→绝缘斗臂车→大地。该回路中绝缘杆和绝缘斗臂车均是主绝缘。此时保证作业安全可能有两种方式：①同时保证绝缘杆有足够的有效绝缘长度

(0.7m，应从最近的绝缘杆可能触及的带电体算起，到手持部位）和空气的安全距离(0.4m)，就能保证人体的安全；②当绝缘杆作为消除电弧影响而使用时，人体可能与引线与主导线的连接点较远但离主导线其他部位比较近，绝缘斗臂车在此时是主绝缘，其绝缘臂升出长度应足够（大于等于1m）并且绝缘性能良好。作业中应注意避免绝缘杆金属操作头可能引起相对地、相间短路事故。

(2)（邻相）带电体（邻相）→空气→人体→绝缘斗臂车→大地。该回路中空气和绝缘斗臂车是主绝缘，只要绝缘斗臂车绝缘斗（槽）停位合适，工作人员在电杆上站位合适，并且只要绝缘斗臂车绝缘臂升出长度足够（大于等于1m）和绝缘性能良好就能保证人体安全(绝缘斗臂车更主要)。

(3) 带电体→绝缘杆→人体→空气→装置构件（大地）。该回路中绝缘杆、空气均是主绝缘。但假如绝缘杆的作用如第一个泄漏电流回路中的第二种情况，则必须有足够的空气安全距离。

(4)（邻相）带电体→空气→人体→空气→大地。该回路中空气是主绝缘，只要任意空气距离足够（大于等于0.4m）就能保证人体安全。

(5) 带电体→空气→人体→空气→（邻相）带电体。该回路中空气是主绝缘，只要任意空气距离足够（大于等于0.4m）就能保证人体安全。

综上所述，绝缘斗臂车绝缘杆作业法中的安全距离和绝缘杆、绝缘斗臂车绝缘臂有效绝缘长度的要求在作业中比较复杂，为提高作业的安全性，要求工作人员在作业中除了使用绝缘帽和绝缘手套外，应穿绝缘服，并且遵守各个安全距离和绝缘有效长度的要求。当安全距离不足时，应做好绝缘遮蔽、隔离措施。

四、绝缘平台绝缘手套作业

直接作业法相对于间接作业法来说，操作较为便利。但绝缘斗臂车对道路要求较高，而且价格也较昂贵。所以在乡村采用直接作业法来进行带电作业，需要一种有效安全的承载工具，使工作人员与地电位的电杆及其构件绝缘隔离，然后才能直接接触带电体。这其中的一种承载工具就是绝缘平台。绝缘平台具有良好的绝缘性能和机械强度，安装在电杆上除了承载工作人员，还起到阻断通过人体电流回路的作用，并且在一定范围内能左右旋转和上下升降提供一个作业范围。

绝缘平台绝缘手套作业法相对于绝缘杆作业法虽然增加了工作人员的便利性，但由于多方面的限制因素，在项目的开发应用上有较大的局限性，如：

(1) 有电缆等设备的电杆限制了绝缘平台安装空间。

(2) 安装绝缘平台需要耗费较长时间，并影响到工作人员的体能。

(3) 绝缘平台本身的活动范围较小，工作空间相对狭小，安全距离不易控制。作业中泄漏电流通过人体的回路有：①带电体→人体→绝缘平台→电杆（大地）。该回路中，绝缘平台是主绝缘，只要绝缘平台的绝缘性能良好，并在作业中保持足够的绝缘有效长度就能保证人体的安全。②带电体→人体→空气→电杆（构件、大地）。该回路中，空气是主绝缘，由于绝缘平台上范围狭小，空气距离不易控制。③带电体→人体→空气→邻相带电体。该回路中，空气是主绝缘。

所以为增加安全性，要求工作人员必须穿戴全套的个人安全防护用具（绝缘帽、绝缘衣、绝缘裤、绝缘手套和绝缘靴）。在夏季，防护用具良好的密封性能会严重地影响到工作人员的体能。并且在安全距离不足时，应做好绝缘遮蔽、隔离措施。

(4) 绝缘平台需要杆上人员配合才能在一定范围内能左右旋转和上下升降，机动性较差。

(5) 工作人员在平台上移动时易高空坠落。

五、旁路综合性作业

经济的发展在一定程度上依赖于能源，随着经济建设的发展，城市供电可靠率已成为考核供电企业的重要指标。供电可靠率从达标的 99.7%到创一流的 99.96%，到创国际一流的 99.99%的指标，也是供电企业服务社会对自身发展的要求。要保证这些指标的落实，只有从 3 方面采取措施：①提高配网及其设备的技术含量，采用免维护设备和配网自动化，改善设备运行环境；②合理制定检修计划，尽量减少用户的预安排停电时间；③开展带电作业，它具有既适用于计划检修，又适用于故障抢修的优点，可以较好地弥补前两种措施的不足。

10kV 配电网络的安全运行直接影响到用户的正常用电，所以 10kV 架空配电线路的带电作业对提高供电企业自身形象和提高社会效益有极其重要的意义，但是常规的 10kV 架空配电线路的带电作业并不能完全做到不影响用户的用电，一般只能做到少停电、限制停电范围的作用。旁路作业法是一项综合性的大型的不停电作业，它可以在作业过程中不单不中断对任何用户的供电、保证供电可靠性，而且可以充分保证作业的安全性。

旁路作业，即采用专用设备将待检修或施工的设备进行旁路分流继续向用户供电，只在施工地段将待检修设备从电路中脱离后进行停电作业；检修完毕后将设备接入电路中，再将旁路设备撤除。通过旁路综合性作业可以实现线路、设备的不停电更换，以及线路的不停电迁移等。

由于旁路作业具有操作步骤复杂、安全要求高、工作时间长、需要配合的部门多等特点，所以要求工作人员具备较高的技能水平和足够的安全意识，较强的组织能力和协调能力，熟练使用工器具和设备，并且在现场能够正确地使用和维护保养旁路作业法的设备。

第一章

绝缘杆作业法临近带电作业

一、项目简介

所谓临近带电作业，是指作业人员采用工具或任何其他物件进入带电作业区域近旁进行的作业，即在带电杆塔上工作，不接触带电体，但作业安全距离小于0.7m，使用带电作业工作票的作业。临近带电作业在开展具体的工作内容前需要对近旁的带电导体采取绝缘隔离、遮蔽措施。而绝缘杆作业法临近带电作业一般则是指工作人员采取脚扣（或登高板）在电杆上使用绝缘操作杆将绝缘挡板、绝缘遮蔽罩等对带电部位进行绝缘隔离遮蔽后，对不带电部位进行安装、检修、维护、测量等的工作，如更换跌落式熔断器的下引线、安装分支横担、更换拉线等。需要注意的是，在设置绝缘遮蔽、隔离措施时可能接触到带电体，必须要注意使用合格的绝缘工器具并保持绝缘杆的有效绝缘长度和安全距离；作业中工作人员禁止触摸绝缘挡板和绝缘遮蔽罩保护有效区外的部位，限制工作人员超越挡板的遮蔽范围。

本章节主要介绍“绝缘杆作业法临近带电作业——安装分支横担（包含跌落式熔断器等附件）”和“绝缘杆作业法临近带电作业——更换跌落式熔断器下引线”两个工作内容。

1. 绝缘杆作业法临近带电作业——安装分支横担

该作业应用于业扩工程，如需要增加用户的落火点时，将直线杆改为分支杆，在主回路的横担下方安装分支横担。分支横担一般安装在主回路横担下方0.8m位置处，在工作人员安装分支横担时，由于站位和活动范围的因素，达不到0.7m的要求，此时要求使用带电作业工作票，并且在作业过程中使用绝缘隔离措施（见图2-1-1）。也可在同样的方式下拆除已断开跌落式熔断器上引线的分支横担。

以下对常用绝缘挡板作简要介绍。

（1）结构。该挡板共2块，每块有2根操作手柄、1根绝缘围杆绳、1个挂钩。挂钩绝缘部分长40cm，安装后挡板上表面与上部带电体之间形成大于40cm的空气距离。单块挡板的尺寸为600mm×1300mm，安装后可在作业区域和上部带电体间形成1200mm×1300mm的遮蔽范围，限制杆上作业人员的活动范围。其板面受重物挤压易发生变形，应注意使用和保管。

（2）安装（见图2-1-2）。手持操作手柄，将挡板挂钩挂设在上横担的穿心螺杆上，并使两块挡板卡合在一起后，用绝缘围杆绳将挡板捆绑在一起，防止散开。为避免操作手柄妨碍工作人员在下方安装分支横担，可以

图2-1-1 绝缘杆作业法临近带电作业——安装分支横担

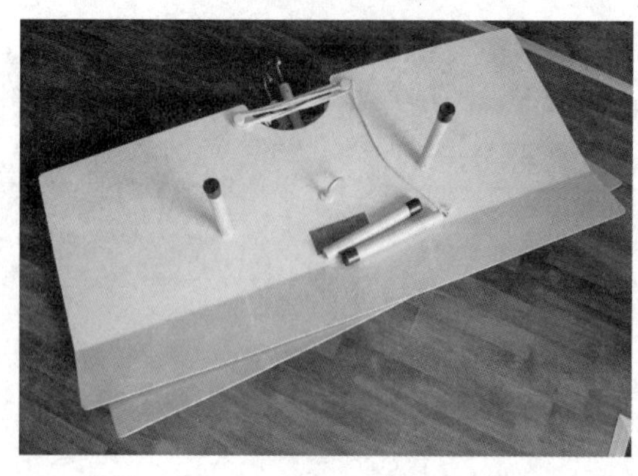

图 2-1-2 间接作业法安装分支横担用绝缘挡板

将其临时卸下。

(3) 注意事项。挂设绝缘挡板时应注意防止高空落物，作业中应防止人体剧烈碰撞挡板使其脱落，禁止人体和工具、材料等超越挡板。

2. 绝缘杆作业法临近带电作业——更换跌落式熔断器下引线

该作业应用于在跌落式熔断器下引线烧损或接线端子扭断的情况。在工作前虽然已将跌落式熔断器拉开并取下了熔管，但在拆卸跌落式熔断器下接线板处的接线端子时，工作人员的手、手持金属工具和有电的跌落式熔断器上接线板的距离远小于 0.7m 甚至 0.4m 的距离，所以也应在跌落式熔断器上、下接线板之间使用绝缘隔离措施，增大放电距离以及限制人的活动范围。

图 2-1-3 所示为令克绝缘挡板安装示意图。

常用令克绝缘挡板（见图 2-1-4）简介如下：

图 2-1-3 更换跌落式熔断器下引线时令克绝缘挡板安装示意图

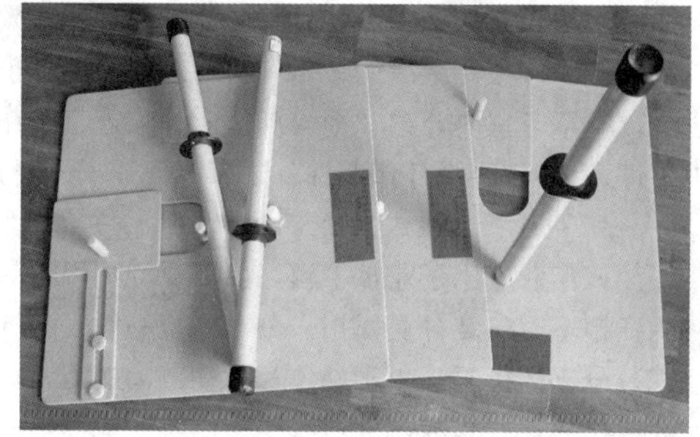

图 2-1-4 常用令克绝缘挡板

(1) 结构。该绝缘挡板共 3 块，每块有 1 根操作手柄。板上有缺 1 口，该缺口大小与跌落式熔断器的绝缘支柱大小匹配，将挡板缺口插入跌落式熔断器绝缘支柱的瓷裙之间后，可推动旁边的锁板将其扣牢在上面，同时将下部作业区间与上部带电体隔离。单块绝缘挡板的尺寸较小，为 500mm×500mm，故遮蔽的范围有限，安装时应注意顺序，作业时应注意人体的动作幅度。

(2) 安装。安装时应注意人体与带电体之间的相对位置，以准确判断远、近，应先近后远将 3 块令克绝缘挡板依次安装在跌落式熔断器的绝缘支柱上。挡板应与跌落式熔断器上部接线板等带电体有足够的空气距离（大于 4 个瓷裙，如设置在安装支架的下方），而不应设置在上部接线板的下方。在推动锁板时应用绝缘手柄。

(3) 作业中的注意事项。它装令克绝缘挡板时，应注意安全距离，并防止高空落物；作业时严禁人体长期碰触挡板或超越遮蔽的范围。

二、配电线路带电作业（典型装置）典型项目现场标准化作业指导书示例

编号：DDZY/×××

绝缘杆作业法临近带电作业

10kV×××线××杆[1]带电安装分支横担

编写：________ ________年______月______日

审核：________ ________年______月______日

批准：________ ________年______月______日

作业负责人：________

作业时间：____年___月___日___时至____年___月___日___时

××供电公司×××

[1] 装置说明：直线杆。

1 范围

本现场标准化作业指导书针对“10kV××线××杆”使用绝缘杆作业法“安装分支横担”工作编写而成，仅适用于该项工作。

2 引用文件

下列文件中的条款通过本作业指导书的引用而成为本作业指导书的条款。

GB 50173—1992《电气装置安装工程35kV及以下架空电力线路施工及验收规范》

GB/T 18857—2003《配电线路带电作业技术导则》

GB/T 2900.55—2002《作业人员术语 带电作业》

DL 409—1991《电业安全工作规程（电力线路部分）》

DL/T 601—1996《架空绝缘配电线路设计技术规程》

DL/T 602—1996《架空绝缘配电线路施工及验收规程》

《国家电网公司电力安全工作规程（线路部分）》

2007《国家电网公司带电作业工作管理规定（试行）》

2004.9《现场标准化作业指导书编制导则》（国家电网公司）

3 前期准备

3.1 作业人员

本项目作业人员不少于4人。

3.1.1 作业人员要求

√	序号	责任人	资质	人数
	1	工作负责人（监护人）	应具有配电线路带电作业资格，并具备3年以上的配电带电作业实际工作经验，熟悉设备状况，有一定组织能力和事故处理能力，并经工作负责人的专门培训，考试合格	1
	2	杆上1号作业人员	应通过10kV架空配电线路带电作业专项培训，考试合格并持有上岗证	
	3	杆上2号作业人员	应通过10kV架空配电线路带电作业专项培训，考试合格并持有上岗证	1
	4	地面作业人员	应通过10kV架空配电线路带电作业专项培训，考试合格并持有上岗证	1

3.1.2 作业人员分工

√	序号	责任人	分工	责任人签名
	1	×××	工作负责人（监护人）	
	2	×××	杆上1号作业人员	
	3	×××	杆上2号作业人员	
	4	×××	地面作业人员	

3.2 工器具

出库时应对工器具进行外观检查，并确定是在合格的试验周期内。

3.2.1 个人安全防护用具

√	序号	名　　称	规格/编号	单位	数量	备　注
	1	绝缘安全帽		顶	2	
	2	绝缘手套（带防护手套）		副	2	
	3	安全带		根	2	

3.2.2 常备器具

√	序号	名　　称	规格/编号	单位	数量	备　注
	1	防潮垫		块	1	
	2	绝缘电阻测试仪	2500V	台	1	
	3	风速仪		只	1	
	4	温度、湿度计		只	1	
	5	安全遮栏、安全围绳、标示牌		副	若干	
	6	干燥清洁布		块	若干	

3.2.3 绝缘遮蔽工具

√	序号	名　　称	规格/编号	单位	数量	备　注
	1	绝缘隔离挡板❶		块	2	

3.2.4 绝缘工具

√	序号	名　　称	规格/编号	单位	数量	备　注
	1	绝缘测距杆		根	1	
	2	绝缘吊绳	15m	根	1	

3.2.5 工器具

常规的线路施工所需工器具，如扳手等。

√	序号	名　　称	规格/编号	单位	数量	备　注
	1	白棕绳		根	1	
	2	个人工具		套/人	1	
	3	脚扣		副	2	

3.3 材料

包括装置性材料和消耗性材料。

---

❶ 安装在电杆上，隔离三相主导线，限制杆上作业人员活动范围。

√	序号	名　　称	规格/编号	单位	数量	备　注
	1	横担		副	1	
	2	拉环		副	2	
	3	螺栓		只	若干	

4　作业程序

4.1　开工准备

√	序号	作业内容	步骤及要求	危险点控制措施、注意事项
	1	工作负责人现场复勘	工作负责人核对工作线路双重命名、杆号	
			工作负责人检查环境是否符合作业要求	
			工作负责人检查线路装置是否具备带电作业条件	1. 电杆杆根、埋深应符合登杆要求； 2. 主导线绑扎牢固
			工作负责人检查气象条件	1. 天气应晴好，无雷、雨、雪、雾； 2. 气温：−5～35℃； 3. 风力：<5级； 4. 空气相对湿度：<80%
			检查工作票所列安全措施是否齐全	必要时在工作票上补充安全技术措施
	2	工作负责人执行工作许可制度	工作负责人与调度联系，获得调度工作许可，确认线路重合闸已停用	
	3	工作负责人召开现场站班会	工作负责人宣读工作票	
			工作负责人检查工作班组成员精神状态、交代工作任务进行分工、交代工作中的安全措施和技术措施	工作班成员应佩戴袖标
			工作负责人检查班组各成员对工作任务分工、工作中的安全措施和技术措施是否明确	
			班组各成员在工作票和作业卡上签名确认	
	4	布置工作现场	工作现场设置安全护栏、作业标志和相关警示标志	
	5	工作负责人组织班组成员检查工器具	班组成员按要求将绝缘工器具摆放在防潮垫（毯）上	1. 防潮垫（毯）应清洁、干燥； 2. 绝缘工器具不能与金属工具、材料混放
			班组成员对绝缘工器具进行外观检查：绝缘工具应不变形损坏，操作灵活，测量准确；个人安全防护用具和遮蔽、隔离用具应无针孔、砂眼、裂纹	检查人员应戴清洁、干燥的手套
			使用绝缘电阻测试仪对绝缘工器具进行表面绝缘电阻检测：阻值不得低于700MΩ	1. 正确使用绝缘电阻测试仪； 2. 测量电极应符合规程要求

4.2 作业过程

√	序号	作业内容	步骤及要求	危险点控制措施、注意事项
	1	杆上1、2号作业人员登杆	杆上1、2号作业人员携带绝缘吊绳及工具袋登杆至合适位置	1. 对安全带、脚扣进行冲击试验合格后，并应在距离地面不高于0.5m的高度开始登杆； 2. 杆上作业人员应交错登杆； 3. 杆上作业人员应注意保持与带电体间有足够的作业安全距离
	2	确定横担安装位置	杆上1号作业人员用绝缘测距杆测量，在距上层横担0.8m处做一印迹	1. 测量距离前戴好绝缘手套； 2. 测距时，绝缘测距杆的有效绝缘距离应大于0.7m
	3	设置绝缘遮蔽措施	杆上1号作业人员在杆上2号作业人员和地面作业人员的配合下，将绝缘隔离挡板安装在电杆适当位置	1. 杆上作业人员应注意保持与带电体间有足够的安全距离（大于0.4m）； 2. 安装绝缘隔离挡板应戴好绝缘手套； 3. 上下传递绝缘工器具应使用绝缘吊绳； 4. 绝缘吊绳的尾绳应距地面有50cm及以上的距离，防止脏污、受潮； 5. 绝缘遮蔽应严实、牢固； 6. 防止高空落物
	4	安装支接横担	杆上作业人员互相配合，在地面作业人员协助下安装分支横担	1. 上下传递横担等金具应使用白棕绳； 2. 杆上作业人员应注意站位高度，禁止超越绝缘遮蔽挡板和防止绝缘帽顶触绝缘遮蔽挡板； 3. 注意动作幅度，防止电杆大幅度晃动； 4. 防止高空落物
			杆上作业人员检查施工质量、工艺	
	5	撤除绝缘遮蔽措施	杆上1号作业人员在杆上2号作业人员和地面作业人员的配合下，撤除绝缘隔离挡板	1. 杆上作业人员应注意保持与带电体间有足够的安全距离（大于0.4m）； 2. 撤除绝缘隔离挡板应戴好绝缘手套； 3. 上下传递绝缘工器具应使用绝缘吊绳； 4. 绝缘吊绳的尾绳应距地面有50cm及以上的距离，防止脏污、受潮； 5. 防止高空落物
			杆上作业人员确认杆上无遗留物，逐次下杆	防止高空跌落

4.3 工作结束

√	序号	作业内容	步骤及要求	危险点控制措施、注意事项
	1	工作负责人组织班组成员清理工具和现场	绝缘斗臂车各部件复位，收回绝缘斗臂车支腿	1. 在坡地停放，应先收后支腿，后收前支腿； 2. 支腿收回顺序应正确：H形支腿的车型应先收回垂直支腿，再收回水平支腿
			整理工具、材料，将工器具清洁后放入专用的箱（袋）中，清理现场	
	2	工作负责人办理工作终结	向调度汇报工作结束，并终结工作票	
	3	工作负责人召开收工会		
	4	作业人员撤离现场		

5 验收记录

记录检修中发现的问题	
存在问题及处理意见	

6 现场标准化作业指导书执行情况评估

<table>
<tr><td rowspan="4">评估内容</td><td rowspan="2">符合性</td><td>优</td><td></td><td>可操作项</td><td></td></tr>
<tr><td>良</td><td></td><td>不可操作项</td><td></td></tr>
<tr><td rowspan="2">可操作性</td><td>优</td><td></td><td>修改项</td><td></td></tr>
<tr><td>良</td><td></td><td>遗漏项</td><td></td></tr>
<tr><td>存在问题</td><td colspan="5"></td></tr>
<tr><td>改进意见</td><td colspan="5"></td></tr>
</table>

7 附录

编号：DDZY/×××

绝缘杆作业法临近带电作业

10kV×××线××杆[1]带电更换跌落式熔断器下引线

编写：________ ________年______月______日

审核：________ ________年______月______日

批准：________ ________年______月______日

作业负责人：________

作业时间：____年___月___日___时至____年___月___日___时

××供电公司×××

❶ 装置说明：单回路90°经跌落式熔断器引接的架空分支杆。

1 范围

本现场标准化作业指导书针对“10kV××线××杆”使用绝缘杆作业法“更换跌落式熔断器下引线”工作编写而成，仅适用于该项工作。

2 引用文件

下列文件中的条款通过本作业指导书的引用而成为本作业指导书的条款。

GB 50173—1992《电气装置安装工程35kV及以下架空电力线路施工及验收规范》

GB/T 18857—2003《配电线路带电作业技术导则》

GB/T 2900.55—2002《作业人员术语 带电作业》

DL 409—1991《电业安全工作规程（电力线路部分）》

DL/T 601—1996《架空绝缘配电线路设计技术规程》

DL/T 602—1996《架空绝缘配电线路施工及验收规程》

《国家电网公司电力安全工作规程（线路部分）》

2007《国家电网公司带电作业工作管理规定（试行）》

2004.9《现场标准化作业指导书编制导则》（国家电网公司）

3 前期准备

3.1 作业人员

本项目作业人员不少于4人。

3.1.1 作业人员要求

√	序号	责任人	资质	人数
	1	工作负责人（监护人）	应具有配电线路带电作业资格，并具备3年以上的配电带电作业实际工作经验，熟悉设备状况，有一定组织能力和事故处理能力，并经工作负责人的专门培训，考试合格	1
	2	杆上1号作业人员	应通过10kV架空配电线路带电作业专项培训，考试合格并持有上岗证	1
	3	杆上2号作业人员	应通过10kV架空配电线路带电作业专项培训，考试合格并持有上岗证	1
	4	地面作业人员	应通过10kV架空配电线路带电作业专项培训，考试合格并持有上岗证	1

3.1.2 作业人员分工

√	序号	责任人	分工	责任人签名
	1	×××	工作负责人（监护人）	
	2	×××	杆上1号作业人员	
	3	×××	杆上2号作业人员	
	4	×××	地面作业人员	

3.2 工器具

出库时应对工器具进行外观检查，并确定是在合格的试验周期内。

3.2.1 个人安全防护用具

√	序号	名　　称	规格/编号	单位	数量	备　注
	1	绝缘安全帽		顶	2	
	2	绝缘手套（带防护手套）		副	2	
	3	安全带		根	2	

3.2.2 常备器具

√	序号	名　　称	规格/编号	单位	数量	备　注
	1	防潮垫		块	1	
	2	绝缘电阻测试仪	2500V	台	1	
	3	风速仪		只	1	
	4	温度、湿度计		只	1	
	5	安全遮栏、安全围绳、标示牌		副	若干	
	6	干燥清洁布		块	若干	

3.2.3 绝缘遮蔽工具

√	序号	名　　称	规格/编号	单位	数量	备　注
	1	绝缘隔离挡板❶		块	2	

3.2.4 绝缘工具

√	序号	名　　称	规格/编号	单位	数量	备　注
	1	绝缘吊绳	15m	根	1	

3.2.5 工器具

常规的线路施工所需工器具，如扳手等。

√	序号	名　　称	规格/编号	单位	数量	备　注
	1	个人工具		套/人	1	
	2	脚扣		副	2	

3.3 材料

包括装置件材料和消耗性材料。

√	序号	名　　称	规格/编号	单位	数量	备　注
	1	铜铝接线端子		只	6	
	2	绝缘导线❷		m	若干	

---

❶ 安装在跌落式熔断器绝缘子上，隔离跌落式熔断器上引线和上静触头、接线板等带电体，并限制杆上作业人员活动范围。

❷ 线径符合现场要求。

4 作业程序

4.1 开工准备

√	序号	作业内容	步骤及要求	危险点控制措施、注意事项
	1	工作负责人现场复勘	工作负责人核对工作线路双重命名、杆号	
			工作负责人检查环境是否符合作业要求	
			工作负责人检查线路装置是否具备带电作业条件	1. 确认跌落式熔断器已断开，熔管已取下； 2. 跌落式熔断器负荷侧支线已做好防倒送电措施； 3. 电杆杆根、埋深应符合登杆要求； 4. 拉线无上拔、锈蚀现象
			工作负责人检查气象条件	1. 天气应晴好，无雷、雨、雪、雾； 2. 气温：－5～35℃； 3. 风力：<5 级； 4. 空气相对湿度：<80%
			检查工作票所列安全措施是否齐全，必要时在工作票上补充安全技术措施	
	2	工作负责人执行工作许可制度	工作负责人与调度联系，获得调度工作许可，确认线路重合闸已停用	
	3	工作负责人召开现场站班会	工作负责人宣读工作票	
			工作负责人检查工作班组成员精神状态、交代工作任务进行分工、交代工作中的安全措施和技术措施	工作班成员应佩戴袖标
			工作负责人检查班组各成员对工作任务分工、工作中的安全措施和技术措施是否明确	
			班组各成员在工作票和作业卡上签名确认	
	4	布置工作现场	工作现场设置安全护栏、作业标志和相关警示标志	
	5	工作负责人组织班组成员检查工器具	班组成员按要求将绝缘工器具摆放在防潮垫（毯）上	1. 防潮垫（毯）应清洁、干燥； 2. 绝缘工器具不能与金属工具、材料混放
			班组成员对绝缘工器具进行外观检查：绝缘工具应不变形损坏，操作灵活，测量准确；个人安全防护用具和遮蔽、隔离用具应无针孔、砂眼、裂纹； 对安全带、脚扣作冲击试验	检查人员应戴清洁、干燥的手套

续表

√	序号	作业内容	步骤及要求	危险点控制措施、注意事项
	5	工作负责人组织班组成员检查工器具	使用绝缘电阻测试仪对绝缘工器具进行表面绝缘电阻检测：阻值不得低于 700MΩ	1. 正确使用绝缘电阻测试仪； 2. 测量电极应符合规程要求

4.2 作业过程

√	序号	作业内容	步骤及要求	危险点控制措施、注意事项
	1	杆上 1、2 号作业人员登杆	杆上 1、2 号作业人员携带绝缘吊绳及工具袋登杆至合适位置	1. 对安全带、脚扣进行冲击试验合格后，并应在距离地面不高于 0.5m 的高度开始登杆； 2. 杆上作业人员应交错登杆； 3. 杆上作业人员应注意保持与带电体间有足够的作业安全距离
	2	设置绝缘遮蔽措施	杆上 1 号作业人员在杆上 2 号作业人员和地面作业人员的配合下，依次将绝缘隔离挡板设置在中间相、两边相跌落式熔断器的绝缘子上。 位置：跌落式熔断器安装板上方最近的伞裙	1. 杆上作业人员应注意保持与带电体间有足够的安全距离（大于 0.4m）； 2. 安装绝缘隔离挡板应戴好绝缘手套，并握在绝缘挡板的手持位置； 3. 上下传递绝缘工器具应使用绝缘吊绳； 4. 绝缘吊绳的尾绳应距地面有 50cm 及以上的距离，防止脏污、受潮； 5. 绝缘遮蔽应严实、牢固； 6. 防止高空落物
	3	更换跌落式熔断器下引线	杆上 1 号作业人员拆卸中间相跌落式熔断器下引线。 先拆跌落式熔断器下接线板位置，再拆卸分支线侧线夹	1. 杆上作业人员应注意站位高度，禁止超越绝缘遮蔽挡板和防止绝缘帽顶触绝缘遮蔽挡板； 2. 注意动作幅度，防止电杆大幅度晃动； 3. 防止高空落物
			杆上 1 号作业人员拆卸两边相跌落式熔断器下引线。 先拆跌落式熔断器下接线板位置，再拆卸分支线侧线夹	1. 杆上作业人员应注意站位高度，禁止超越绝缘遮蔽挡板和防止绝缘帽顶触绝缘遮蔽挡板； 2. 注意动作幅度，防止电杆大幅度晃动； 3. 防止高空落物
			杆上 1 号作业人员安装两边相跌落式熔断器下引线。 先固定分支线侧线夹，再搭接跌落式熔断器下接线板	1. 杆上作业人员应注意站位高度，禁止超越绝缘遮蔽挡板和防止绝缘帽顶触绝缘遮蔽挡板； 2. 注意动作幅度，防止电杆大幅度晃动； 3. 防止高空落物
			杆上 1 号作业人员安装中间相跌落式熔断器下引线。 先固定分支线侧线夹，再搭接跌落式熔断器下接线板	1. 杆上作业人员应注意站位高度，禁止超越绝缘遮蔽挡板和防止绝缘帽顶触绝缘遮蔽挡板； 2. 注意动作幅度，防止电杆大幅度晃动； 3. 防止高空落物

续表

√	序号	作业内容	步骤及要求	危险点控制措施、注意事项
	4	撤除绝缘遮蔽措施	杆上1号作业人员在杆上2号作业人员和地面作业人员的配合下，依次撤除两边相、中间相的绝缘隔离挡板	1. 杆上作业人员应注意保持与带电体间有足够的安全距离（大于0.4m）； 2. 撤除绝缘隔离挡板应戴好绝缘手套； 3. 上下传递绝缘工器具应使用绝缘吊绳； 4. 绝缘吊绳的尾绳应距地面有50cm及以上的距离，防止脏污、受潮； 5. 防止高空落物
			杆上作业人员确认杆上无遗留物，逐次下杆	防止高空跌落

4.3 工作结束

√	序号	作业内容	步骤及要求	危险点控制措施、注意事项
	1	工作负责人组织班组成员清理工具和现场	整理工具、材料，将工器具清洁后放入专用的箱（袋）中，清理现场	
	2	工作负责人办理工作终结	向调度汇报工作结束，并终结工作票	
	3	工作负责人召开收工会		
	4	作业人员撤离现场		

5 验收记录

记录检修中发现的问题	
存在问题及处理意见	

6 现场标准化作业指导书执行情况评估

<table>
<tr><td rowspan="4">评估内容</td><td rowspan="2">符合性</td><td>优</td><td></td><td>可操作项</td><td></td></tr>
<tr><td>良</td><td></td><td>不可操作项</td><td></td></tr>
<tr><td rowspan="2">可操作性</td><td>优</td><td></td><td>修改项</td><td></td></tr>
<tr><td>良</td><td></td><td>遗漏项</td><td></td></tr>
<tr><td>存在问题</td><td colspan="5"></td></tr>
<tr><td>改进意见</td><td colspan="5"></td></tr>
</table>

7 附录

绝缘杆作业法带电断、接引线

一、项目简介

断、接引线是带电作业工作人员必须掌握的最基本的技能，在许多的带电作业工作中都得到应用，如更换开关、更换避雷器等。只有熟练掌握了该项技能，才能进一步开展其他的作业项目。由于间接作业中工作人员站位和工作便利性、安全性等因素，这里提及的“绝缘杆作业法断接、接引线”项目与“绝缘手套作业法断、接引线”项目包含的内容有所不同，内容主要有：断、接跌落式熔断器的架空分支引线和电缆分支引线；更换跌落式熔断器和隔离开关等设备的上桩头引线等。本章着重讲解断、接跌落式熔断器上引线。

1. 绝缘杆作业法断引线

根据支接引线搭接的方法和接续部位的状态，有不同的绝缘杆作业法断引方式，各有特点，见表 2-2-1。

表 2-2-1　绝缘杆作业法断直线支接引线常用方法及其特点

序号	方式		特点
1	缠绕法	用三齿耙将引线和主导线连接的绑扎线拆开，并用剪线钳剪断	速度慢
2	并沟线夹法	用绝缘夹持工具夹住并沟线夹，使用螺母拆装杆拆卸并沟线夹，使引线脱离主导线	作业时间较长，劳动强度相对较大，当线夹有锈蚀时较难拆卸
3	临时线夹法	引线采用临时线夹搭接在主导线上，可以使用临时线夹操作杆拆卸临时线夹	当线夹有锈蚀时较难拆卸，易引起导线较大幅度晃动
4	绝缘断线杆法	用绝缘断线杆在搭接部位剪断引线	简便易行、效率高，但会在线路上遗留下线夹和少量引线

引线如采用安普线夹或绝缘穿刺线夹搭接，拆引线则必须用其他的专用工具，在此不再赘述。

图 2-2-1 所示为采用并沟线夹螺母装拆杆拆卸并沟线夹的示意（并沟线夹一般均侧向安装，使用“并沟线夹”搭接的引线需要专用操作杆——并沟线夹螺母装拆杆来拆除）。图 2-2-2 所示为使用绝缘断线杆断引线的示意。以下简要叙述使用绝缘断线杆断引线。

常见的绝缘断线杆长度为 1.8～2.4m，具有较大功率的棘齿，可切断 338mm^2 的钢芯铝绞线（见图 2-2-3）。绝缘玻璃纤维钢的驱动手柄可以折叠，但质量较重，举起操作时较为吃力。

图 2-2-1 并沟线夹螺母装拆杆拆引线示意

图 2-2-2 绝缘断线杆断引线示意

图 2-2-3 绝缘断线杆

作业过程中的注意事项有以下两点：

(1) 由于绝缘断线杆较为笨重且整体长度较短，且中间的棘齿和传动部件为铝合金材料，使用中作业人员必须充分注意自己的站位方向、高度和绝缘断线杆的手持部位，以确保作业中的安全距离和绝缘断线杆的绝缘有效长度。

(2) 绝缘断线杆上部操作头金属部件较多，且金属部件的长度也较长，在断线时应注意避免引线与装置地电位构件间的空气距离被其短接或安全距离不能满足的现象。

2. 绝缘杆作业法接引线

绝缘杆作业法接直线支接引线根据现场对运行和各地区工艺要求的不同有多种方式，各有特点，见表 2-2-2。

表 2-2-2　　绝缘杆作业法接直线支接引线常用方法及其特点

序号	方式		特点
1	缠绕法	用绕线器使用绑扎线将引线和主导线绑扎在一起	速度慢
2	并沟线夹法	用并沟线夹拆装杆将并沟线夹安装在主导线上，锁杆锁住引线放入并沟线夹线槽，然后使用绝缘套筒扳手拧紧并沟线夹螺栓	作业时间较长，劳动强度相对较大
3	临时线夹法	临时线夹法采取临时线夹将引线挂接在主导线上	简便易行、效率高。但一般只适用于负荷电流小的临时用户
4	绝缘线刺穿线夹法	本方法适用于架空绝缘导线。用绝缘刺穿线夹装拆杆将绝缘线刺穿线夹安装在主导线和引线上，绝缘刺穿线夹一槽卡住绝缘导线，另一槽卡住绝缘引线，用绝缘套筒扳手操作杆紧固	简便易行、效率高，但会在线路上遗留下线夹和少量引线。绝缘导线的防水防腐效果较好

前面 3 种方法适用于裸导线。当主导线是绝缘导线时，需要将引线搭接部位的绝缘皮削去，搭接完毕后应做好防水防腐处理。

乡村 10kV 架空配电线路较多采用裸导线，使用并沟线夹法较多，图 2-2-4～图 2-2-7 所示为使用并沟线夹法搭接分支引线的示意。

图 2-2-4　并沟线夹法搭接引线示意

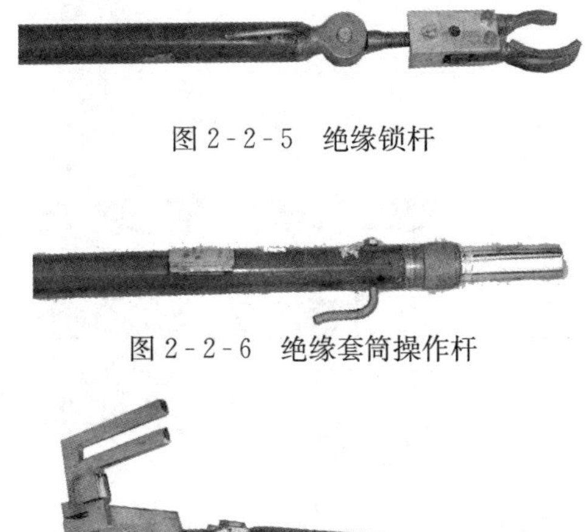

图 2-2-5　绝缘锁杆

图 2-2-6　绝缘套筒操作杆

图 2-2-7　线夹传送杆

工作人员须熟练掌握各操作杆的使用，并在杆上配合默契，在工作中应保持足够的安全距离和操作杆有效绝缘长度。为了保证工作结束后，线路安全可靠运行、搭接部位不过热，引线的搭接须牢固，接触电阻应符合要求（保证接触电阻符合要求：①保证接触压力；②应在搭接前去除导线上的脏污和氧化物）。作业过程中的注意事项有：

（1）应避免分支线（或分支设备）倒送电引起触电。为避免这种情况：①要在工作前确认跌落式熔断器已断开，熔管已取下（还可避免引线在脱离主导线时有拉弧现象）；②确认分支线（或分支设备）侧已挂好接地线。

（2）将三相引线安装到跌落式熔断器上接线板时，应防止引线发生弹跳，并应注意三根引线的长度。

（3）展放三根引线时应注意引线的下垂方向，和使用绝缘锁杆向上传送引线搭接过程中的安全距离，并应避免根部断股或松股。

（4）搭接引线前应进行试搭，试搭的顺序为“先两边相跌落式熔断器、再中间相”。以避免中间相搭接完毕后，发现边相引线过短需要更换，在安全距离上不能满足要求。

（5）对于主回路三相导线垂直排列或三角排列的装置，搭接上层线路的引线前应对下层导线做好绝缘遮蔽隔离措施，以避免搭接过程中引线脱落造成相对地或相间短路事故。

（6）杆上作业人员在作业中，禁止临时除下绝缘手套等安全防护用具。

二、配电线路带电作业（典型装置）典型项目现场标准化作业指导书示例

编号：DDZY/×××

绝缘杆作业法带电断、接引线

10kV×××线××杆带电断跌落式熔断器上引线❶

编写：________ ________年______月______日

审核：________ ________年______月______日

批准：________ ________年______月______日

作业负责人：________

作业时间：____年___月___日___时至____年___月___日___时

××供电公司×××

❶ 装置说明：主干线为单回路三角排列，分支线为90°架空分支。

1 范围

本现场标准化作业指导书针对“10kV××线××杆”使用绝缘杆作业法“搭接跌落式熔断器上引线”工作编写而成，仅适用于该项工作。

2 引用文件

下列文件中的条款通过本作业指导书的引用而成为本作业指导书的条款。

GB 50173—1992《电气装置安装工程 35kV 及以下架空电力线路施工及验收规范》

GB/T 18857—2003《配电线路带电作业技术导则》

GB/T 2900.55—2002《作业人员术语　带电作业》

DL 409—1991《电业安全工作规程（电力线路部分)》

DL/T 601—1996《架空绝缘配电线路设计技术规程》

DL/T 602—1996《架空绝缘配电线路施工及验收规程》

《国家电网公司电力安全工作规程（线路部分)》

2007《国家电网公司带电作业工作管理规定（试行)》

2004.9《现场标准化作业指导书编制导则》(国家电网公司)

3 前期准备

3.1 作业人员

3.1.1 作业人员要求

√	序号	责 任 人	资　　质	人数
	1	工作负责人（监护人）	应具有配电线路带电作业资格，并具备 3 年以上的配电带电作业实际工作经验，熟悉设备状况，有一定组织能力和事故处理能力，并经工作负责人的专门培训，考试合格	1
	2	杆上 1 号作业人员	应通过 10kV 架空配电线路带电作业专项培训，考试合格并持有上岗证	1
	3	杆上 2 号作业人员	应通过 10kV 架空配电线路带电作业专项培训，考试合格并持有上岗证	1
	4	地面作业人员	应通过 10kV 架空配电线路带电作业专项培训，考试合格并持有上岗证	1

3.1.2 作业人员分工

√	序号	责 任 人	分　　工	责任人签名
	1	×××	工作负责人（监护人）	
	2	×××	1 号车斗内 1 号作业人员	
	3	×××	2 号车斗内 2 号作业人员	
	4	×××	地面作业人员	

3.2 工器具

出库时应对工器具进行外观检查，并确定是在合格的试验周期内。

3.2.1 个人安全防护用具

√	序号	名　　称	规格/编号	单位	数量	备　注
	1	绝缘安全帽		顶	2	
	2	绝缘手套（带防护手套）		副	2	
	3	绝缘安全带		根	2	

3.2.2 常备器具

√	序号	名　　称	规格/编号	单位	数量	备　注
	1	防潮垫		块	1	
	2	绝缘电阻测试仪	2500V	台	1	
	3	风速仪		只	1	
	4	温度、湿度计		只	1	
	5	安全遮栏、安全围绳、标示牌		副	若干	
	6	干燥清洁布		块	若干	

3.2.3 绝缘遮蔽工具

√	序号	名　　称	规格/编号	单位	数量	备　注
	1	导线遮蔽罩		块	4	

3.2.4 绝缘工具

√	序号	名　　称	规格/编号	单位	数量	备　注
	1	绝缘叉杆		副	1	
	2	绝缘导线锁杆		副	1	
	3	绝缘断线杆		把	1	
	4	绝缘吊绳				

3.2.5 工器具

常规的线路施工所需工器具，如扳手等。

√	序号	名　　称	规格/编号	单位	数量	备　注
	1	个人工具		套/人	1	
	2	棘轮扳手		把	1	

4 作业程序

4.1 开工准备

√	序号	作业内容	步骤及要求	危险点控制措施、注意事项
	1	工作负责人现场复勘	工作负责人核对工作线路双重命名、杆号	
			工作负责人检查环境是否符合作业要求	
			工作负责人检查线路装置是否具备带电作业条件	1. 电杆杆根、埋深应符合登杆要求； 2. 应确认跌落式熔断器处于拉开状态，熔管已取下； 3. 确认主干线扎线绑扎牢固； 4. 确认分支线已挂好接地线
			工作负责人检查气象条件	1. 天气应晴好，无雷、雨、雪、雾； 2. 气温：−5～35℃； 3. 风力：<5 级； 4. 空气相对湿度：<80%
			检查工作票所列安全措施是否齐全，必要时在工作票上补充安全技术措施	
	2	工作负责人执行工作许可制度	工作负责人与调度联系，获得调度工作许可，确认线路重合闸已停用	
	3	工作负责人召开现场站班会	工作负责人宣读工作票	
			工作负责人检查工作班组成员精神状态、交代工作任务进行分工、交代工作中的安全事项和措施	工作班成员应佩戴袖标
			工作负责人检查班组各成员对工作任务分工、工作中的安全和措施是否明确	
			班组各成员在工作票和作业卡上签名确认	
	4	布置工作现场	工作现场设置安全护栏、作业标志和相关警示标志	
	5	工作负责人组织班组成员检查工器具	班组成员按要求将绝缘工器具摆放在防潮垫（毯）上	1. 防潮垫（毯）应清洁、干燥； 2. 绝缘工器具不能与金属工具、材料混放

4.2 作业过程

√	序号	作业内容	步骤及要求	危险点控制措施、注意事项
	1	杆上 1、2 号作业人员登杆	杆上 1、2 号作业人员携带绝缘吊绳及工具袋登杆至合适位置	1. 对安全带、脚扣进行冲击试验合格后，并应在距离地面不高于 0.5m 的高度开始登杆； 2. 杆上作业人员应交错登杆； 3. 杆上作业人员应注意保持与带电体间有足够的作业安全距离

续表

√	序号	作业内容	步骤及要求	危险点控制措施、注意事项
	2	断单只跌落式熔断器侧边相引线	杆上1号作业人员与杆上2号作业人员配合剪断（单只跌落式熔断器侧的）边相跌落式熔断器上引线，残留尾线应尽量短。方法如下： 绝缘锁杆锁紧引线后用绝缘断线杆在搭接部位剪断引线，控制绝缘锁杆将引线往装置外部牵引，在跌落式熔断器上接线板处剪断	1. 上下传递工器具应使用绝缘吊绳； 2. 杆上1号作业人员断引线时，应戴绝缘手套；与带电体保持足够的距离（大于0.4m），绝缘杆的有效绝缘长度应大于0.7m； 3. 注意引线向外牵引时与带电体间的距离应大于30cm； 4. 防止高空落物
	3	断另边相引线	杆上1号作业人员与杆上2号作业人员配合剪断另边相跌落式熔断器上引线，残留尾线应尽量短	1. 杆上1号作业人员在断引线时，应戴绝缘手套；与带电体保持足够的距离（大于0.4m），绝缘杆的有效绝缘长度应大于0.7m； 2. 注意引线向外牵引时与带电体间的距离应大于30cm； 3. 防止高空落物
	4	设置绝缘遮蔽	杆上1号作业人员使用绝缘叉杆将导线遮蔽罩设置在中间相引线两侧边相导线进行绝缘遮蔽	1. 上下传递工器具应使用绝缘吊绳； 2. 杆上1号作业人员设置绝缘遮蔽措施时应戴绝缘手套；与带电体保持足够的距离（大于0.4m），绝缘叉杆的有效绝缘长度应大于0.7m； 3. 绝缘遮蔽应严实、牢固，导线遮蔽罩间重叠部分应大于15cm； 4. 防止高空落物
	5	断中相引线	杆上1号作业人员与杆上2号作业人员配合剪断中间相跌落式熔断器上引线，残留尾线应尽量短	1. 杆上1号作业人员在断引线时，应戴绝缘手套；与带电体保持足够的距离（大于0.4m），绝缘杆的有效绝缘长度应大于0.7m； 2. 注意引线向外牵引时与带电体间的距离应大于30cm； 3. 防止高空落物
	6	撤除绝缘遮蔽	杆上1号作业人员使用绝缘叉杆撤除导线遮蔽罩	1. 上下传递工器具应使用绝缘吊绳； 2. 杆上1号作业人员设置绝缘遮蔽措施时应戴绝缘手套；与带电体保持足够的距离（大于0.4m），绝缘叉杆的有效绝缘长度应大于0.7m； 3. 防止高空落物
			杆上作业人员确认杆上无遗留物，逐次下杆	防止高空跌落

4.3 工作结束

√	序号	作业内容	步骤及要求	危险点控制措施、注意事项
	1	工作负责人组织班组成员清理工具和现场	整理工具、材料，将工器具清洁后放入专用的箱（袋）中，清理现场	
	2	工作负责人办理工作终结	向调度汇报工作结束，并终结工作票	
	3	工作负责人召开收工会		
	4	作业人员撤离现场		

5 验收记录

记录检修中发现的问题	
存在问题及处理意见	

6 现场标准化作业指导书执行情况评估

<table>
<tr><td rowspan="4">评估内容</td><td rowspan="2">符合性</td><td>优</td><td></td><td>可操作项</td><td></td></tr>
<tr><td>良</td><td></td><td>不可操作项</td><td></td></tr>
<tr><td rowspan="2">可操作性</td><td>优</td><td></td><td>修改项</td><td></td></tr>
<tr><td>良</td><td></td><td>遗漏项</td><td></td></tr>
<tr><td>存在问题</td><td colspan="5"></td></tr>
<tr><td>改进意见</td><td colspan="5"></td></tr>
</table>

7 附录

编号：DDZY/×××

绝缘杆作业法带电断、接引线

10kV×××线××杆带电搭接跌落式熔断器上引线[1]

编写：________ ________年______月______日

审核：________ ________年______月______日

批准：________ ________年______月______日

作业负责人：________

作业时间：____年___月___日___时至____年___月___日___时

××供电公司×××

[1] 装置说明：主干线为裸导线、单回路三角排列；分支线为90°架空分支。

1　范围

本现场标准化作业指导书针对“10kV××线××杆”使用绝缘杆作业法“搭接跌落式熔断器上引线”工作编写而成，仅适用于该项工作。

2　引用文件

下列文件中的条款通过本作业指导书的引用而成为本作业指导书的条款。

GB 50173—1992《电气装置安装工程 35kV 及以下架空电力线路施工及验收规范》

GB/T 18857—2003《配电线路带电作业技术导则》

GB/T 2900.55—2002《作业人员术语　带电作业》

DL 409—1991《电业安全工作规程（电力线路部分）》

DL/T 601—1996《架空绝缘配电线路设计技术规程》

DL/T 602—1996《架空绝缘配电线路施工及验收规程》

《国家电网公司电力安全工作规程（线路部分）》

2007《国家电网公司带电作业工作管理规定（试行）》

2004.9《现场标准化作业指导书编制导则》（国家电网公司）

3　前期准备

3.1　作业人员

本项目作业人员不少于 4 人。

3.1.1　作业人员要求

√	序号	责任人	资　　质	人数
	1	工作负责人（监护人）	应具有配电线路带电作业资格，并具备 3 年以上的配电带电作业实际工作经验，熟悉设备状况，有一定组织能力和事故处理能力，并经工作负责人的专门培训，考试合格	1
	2	杆上 1 号作业人员	应通过 10kV 架空配电线路带电作业专项培训，考试合格并持有上岗证	1
	3	杆上 2 号作业人员	应通过 10kV 架空配电线路带电作业专项培训，考试合格并持有上岗证	1
	4	地面作业人员	应通过 10kV 架空配电线路带电作业专项培训，考试合格并持有上岗证	1

3.1.2　作业人员分工

√	序号	责任人	分　　工	责任人签名
	1	×××	工作负责人（监护人）	
	2	×××	杆上 1 号作业人员	
	3	×××	杆上 2 号作业人员	
	4	×××	地面作业人员	

3.2 工器具

出库时应对工器具进行外观检查，并确定是在合格的试验周期内。

3.2.1 个人安全防护用具

√	序号	名　　称	规格/编号	单位	数量	备　注
	1	绝缘安全帽		顶	2	
	2	绝缘手套（带防护手套）		副	2	
	3	绝缘安全带		根	2	

3.2.2 常备器具

√	序号	名　　称	规格/编号	单位	数量	备　注
	1	电动液压钳		把	1	
	2	防潮垫		块	1	
	3	绝缘电阻测试仪	2500V	台	1	
	4	风速仪		只	1	
	5	温度、湿度计		只	1	
	6	安全遮栏、安全围绳、标示牌		副	若干	
	7	干燥清洁布		块	若干	

3.2.3 绝缘遮蔽工具

√	序号	名　　称	规格/编号	单位	数量	备　注
	1	导线遮蔽罩		块	4	

3.2.4 绝缘工具

√	序号	名　　称	规格/编号	单位	数量	备　注
	1	绝缘叉杆		副	1	
	2	绝缘测距杆		副	1	
	3	线夹传送杆		副	1	
	4	绝缘锁杆		副	1	
	5	套筒操作杆		根	1	
	6	绝缘吊绳	15m	根	1	

3.2.5 工器具

常规的线路施工所需工器具，如扳手等。

√	序号	名　　称	规格/编号	单位	数量	备　注
	1	个人工具		套/人	1	
	2	钢卷尺		把	1	
	3	棘轮扳手		把	1	

3.3 材料

包括装置性材料和消耗性材料。

√	序号	名　　称	规格/编号	单位	数量	备　注
	1	铜铝接线端子		个	3	
	2	绝缘引线		根	3	
	3	异型线夹		只	6	

4 作业程序

4.1 开工准备

√	序号	作业内容	步骤及要求	危险点控制措施、注意事项
	1	工作负责人现场复勘	工作负责人核对工作线路双重命名、杆号	
			工作负责人检查环境是否符合作业要求	
			工作负责人检查线路装置是否具备带电作业条件	1. 电杆杆根、埋深应符合登杆要求； 2. 应确认跌落式熔断器处于拉开状态，熔管已取下； 3. 确认主干线扎线绑扎牢固； 4. 确认分支线已挂好接地线
			工作负责人检查气象条件	1. 天气应晴好，无雷、雨、雪、雾； 2. 气温：－5～35℃； 3. 风力：＜5 级； 4. 空气相对湿度：＜80％
			检查工作票所列安全措施是否齐全，必要时在工作票上补充安全技术措施	
	2	工作负责人执行工作许可制度	工作负责人与调度联系，获得调度工作许可，确认线路重合闸已停用	
	3	工作负责人召开现场站班会	工作负责人宣读工作票	
			工作负责人检查工作班组成员精神状态、交代工作任务进行分工、交代工作中的安全事项和措施	工作班成员应佩戴袖标
			工作负责人检查班组各成员对工作任务分工、工作中的安全和措施是否明确	
			班组各成员在工作票和作业卡上签名确认	
	4	布置工作现场	工作现场设置安全护栏、作业标志和相关警示标志	
	5	工作负责人组织班组成员检查工器具	班组成员按要求将绝缘工器具摆放在防潮垫（毯）上	1. 防潮垫（毯）应清洁、干燥； 2. 绝缘工器具不能与金属工具、材料混放

4.2 作业过程

√	序号	作业内容	步骤及要求	危险点控制措施、注意事项
	1	杆上1、2号作业人员登杆	杆上1、2号作业人员携带绝缘吊绳及工具袋登杆至合适位置	1. 对安全带、脚扣进行冲击试验合格后，并应在距离地面不高于0.5m的高度开始登杆； 2. 杆上作业人员应交错登杆； 3. 杆上作业人员应注意保持与带电体间有足够的作业安全距离
	2	测量、制作引线	杆上1号作业人员用绝缘测距杆测量跌落式熔断器上接线板到相应导线的距离	1. 杆上1号作业人员测距时应戴绝缘手套； 2. 杆上1号作业人员测距时与带电体保持足够的距离，绝缘测距杆有效绝缘长度应大于0.7m
			地面作业人员按照需要制作3根引线，并圈好；并在每根引线端头做好色相标志	引线制作完毕，应圈好，防止杆上作业人员安装时引线发生弹跳，失去空气安全距离
	3	安装引流线	杆上2号作业人员登杆至适当位置	
			杆上1号作业人员在杆上2号作业人员配合下把三相引流线安装在对应的跌落式熔断器的接线板上	1. 杆上作业人员安装引线时应注意保持与带电体间有足够的作业安全距离； 2. 安装引线时，防止引线弹跳使与带电导线之间的空气距离小于0.4m
	4	设置绝缘遮蔽	杆上1号作业人员用绝缘叉杆将导线遮蔽罩设置在（需搭接中间相引线一侧的）两边相导线上进行绝缘遮蔽	1. 上下传递工器具应使用绝缘吊绳； 2. 杆上1号作业人员设置绝缘遮蔽措施时应戴绝缘手套；与带电体保持足够的距离（大于0.4m），绝缘叉杆的有效绝缘长度应大于0.7m； 3. 绝缘遮蔽应严实、牢固，导线遮蔽罩间重叠部分应大于15cm； 4. 防止高空落物
	5	搭接引流线	杆上1号作业人员用绝缘锁杆试搭三相引线，调整好三相引线的长度，并将三相引线自然垂放，尾端进行固定防止跳动	1. 杆上1号作业人员在试搭时，应戴绝缘手套；与带电体保持足够的距离（大于0.4m），绝缘叉杆的有效绝缘长度应大于0.7m； 2. 注意两边相引线应向装置外部垂放，避免中间相引线搭接后，取边相引线时安全距离不够

续表

√	序号	作业内容	步骤及要求	危险点控制措施、注意事项
	5	搭接引流线	杆上1号作业人员与杆上2号作业人员配合搭接中间相引线： 1. 每相引线使用2个异型线夹； 2. 引线与电杆之间的距离应大于30cm。 搭接方法如下： 用线夹传送杆将异型线夹传送到主导线上，用绝缘锁杆将引线放入异型线夹线槽内，最后用套筒操作杆固定	1. 杆上作业人员在搭接引线时，应戴绝缘手套；与带电体保持足够的距离（大于0.4m），绝缘杆的有效绝缘长度应大于0.7m； 2. 防止高空落物
			杆上1号作业人员与杆上2号作业人员配合搭接邻相引线： 1. 每相引线使用2个异型线夹； 2. 引线与电杆之间的距离应大于30cm	1. 杆上作业人员在搭接引线时，应戴绝缘手套；与带电体保持足够的距离（大于0.4m），绝缘杆的有效绝缘长度应大于0.7m； 2. 防止高空落物
			杆上1号作业人员与杆上2号作业人员配合搭接另边相引线： 1. 每相引线使用2个异型线夹； 2. 引线与电杆之间的距离应大于30cm	1. 杆上作业人员在搭接引线时，应戴绝缘手套；与带电体保持足够的距离（大于0.4m），绝缘杆的有效绝缘长度应大于0.7m； 2. 防止高空落物
	6	撤除绝缘遮蔽措施	杆上1号作业人员用绝缘叉杆撤除导线上的导线遮蔽罩	1. 上下传递工器具应使用绝缘吊绳； 2. 杆上1号作业人员撤除绝缘遮蔽措施时应戴绝缘手套；与带电体保持足够的距离（大于0.4m），绝缘叉杆的有效绝缘长度应大于0.7m； 3. 防止高空落物
			杆上作业人员确认杆上无遗留物，逐次下杆	防止高空跌落

4.3 工作结束

√	序号	作业内容	步骤及要求	危险点控制措施、注意事项
	1	工作负责人组织班组成员清理工具和现场	整理工具、材料，将工器具清洁后放入专用的箱（袋）中，清理现场	
	2	工作负责人办理工作终结	向调度汇报工作结束，并终结工作票	
	3	工作负责人召开收工会		
	4	作业人员撤离现场		

5 验收记录

记录检修中发现的问题	
存在问题及处理意见	

6 现场标准化作业指导书执行情况评估

评估内容	符合性	优		可操作项	
		良		不可操作项	
	可操作性	优		修改项	
		良		遗漏项	
存在问题					
改进意见					

7 附录

三、带电作业用架空绝缘导线剥皮器

在配电线路架空绝缘导线上进行引线搭接、安装接地环等工作时，往往有采取穿刺线夹或直接剥除架空绝缘导线的部分绝缘层的方式。这两种方式在施工和运行时各有优缺点。以下简要介绍一种常见的剥皮器。

青岛兴利电力器具厂的带电架空电缆剥皮器，其外形如图 2-2-8 和图 2-2-9 所示。

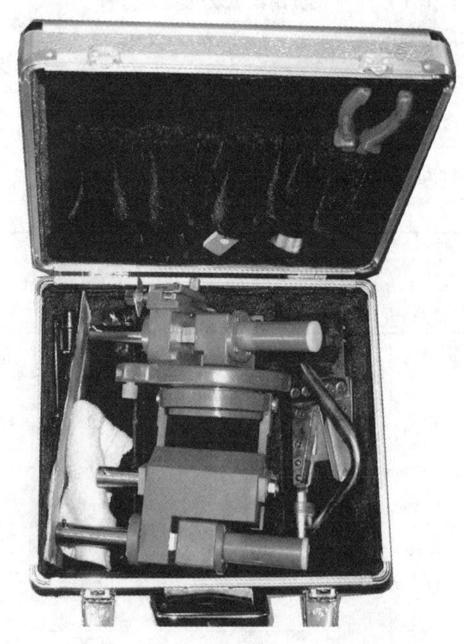

图 2-2-8 剥皮器操作头

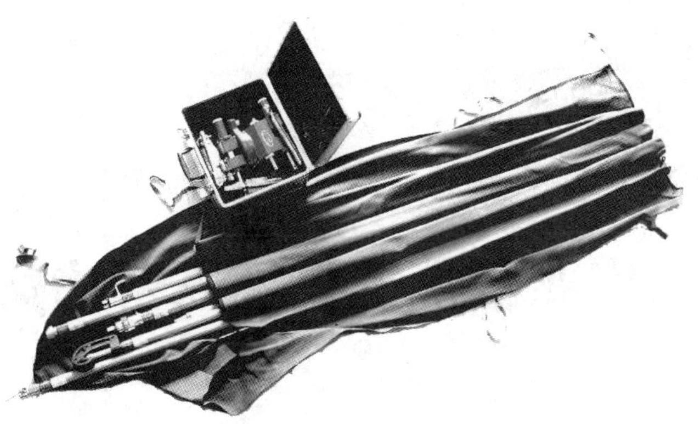

图 2-2-9　剥皮器

该剥皮器主要组成部件见表 2-2-3。

表 2-2-3　　**剥皮器主要组成部件**

类别	序号	名称	规　格	单位	数量	备　注
一、操作工具	1	主机	DDX—240	台	1	
	2	测线尺	ϕ5～30mm 质量：0.25kg 长度：250mm	只	1	
	3	360°转向套筒、杆	最大扭矩 300kg·cm 紧固螺母 M6～M20，长 1.7m	套	1	
	4	卡支杆	ϕ25mm×1.7m 头部质量：0.4kg	根	1	
	5	操作杆	ϕ25mm×1.7m	节	3	
	6	接杆	ϕ25mm×1m	节	3	
	7	S勾		件	1	
	8	拉杆头		件	1	
	9	四筒杆包	2100mm×600mm	件	1	
	10	主机箱	300mm×330mm×160mm	只	1	
	11	反光镜	任意角度	件	1	
二、备件	1	削皮刀		件	3	
三、维修工具	1	活络扳手	150mm	把	1	
	2	尖嘴钳	150mm	把	1	
	3	一字螺钉旋具	ϕ4mm×75mm	把	1	
	4	十字螺钉旋具	ϕ4mm×75mm	把	1	
	5	扁磨石	100mm×10mm×5mm	块	2	
	6	圆磨石	ϕ6mm×100mm	块	2	
四、模拟架空电缆样板尺寸	架空电缆外径　200mm　50mm　导体直径					
	注：此样板由使用单位采用本地区架空电缆自备，尺寸见上图					

绝缘杆作业法带电更换跌落式熔断器

一、项目简介

负荷刀闸、柱上断路器或柱上负荷开关等形体较大、质量较重，在更换或安装时较为费劲。如作业中使用滑轮进行吊装，工作人员的站位较高，安全距离不易保证。另外间接作业法作业中的遮蔽、隔离用具一般使用遮蔽罩和绝缘挡板，在更换负荷刀闸、柱上断路器或柱上负荷开关时遮蔽措施难以到位，如安装绝缘挡板没有较合适的位置。负荷刀闸、柱上断路器或柱上负荷开关的设备引线的搭接部位也靠向装置较远的位置，拆卸、安装引线时工作人员身体须探出较远，难度较大，安全隐患也较大。本章节主要讲述绝缘杆作业法带电更换跌落式熔断器。

跌落式熔断器是配电线路开关的一种，一般在以下几种情况下，需要更换跌落式熔断器，见表 2-3-1。

表 2-3-1　　更换跌落式熔断器中的注意事项

序号	更换原因	注意事项
1	跌落式熔断器上、下接线板与引线搭接接触电阻大，运行中发热锈蚀	可能无法在上下接线板处拆卸引线，需要在主导线处将跌落式熔断器与主回路脱离。作业中必须注意：人体站位高度和姿势；与带电的跌落式熔断器上接线板保持安全距离；绝缘杆有效绝缘长度（绝缘杆可能与上接线板接触，所以从上接线板的部位到手持部位的有效绝缘长度应大于 0.7m）
2	跌落式熔断器上接线板压簧失去弹性，或配件损坏，熔管接触压力不够，容易掉落。由于接触电阻过大，或接触部分存在间隙，容易过热，甚至有跳火灼伤的痕迹	
3	跌落式熔断器的绝缘子有放电痕迹、碎裂，绝缘性能降低	跌落式熔断器绝缘子有损伤，内部受潮，绝缘性能下降，泄漏电流增大。所以更换绝缘子有损伤的跌落式熔断器，要注意必须避免在梅雨季节或多日雨后绝缘子内部潮气未完全散发的情况下进行； 泄漏电流通过跌落式熔断器上引线、跌落式熔断器绝缘子、横担、电杆构成的通道，在原本为地电位的装置构件上产生一定的压降。作业人员应穿戴全套的绝缘防护用具才能登杆作业，以防止接触电压、跨步电压的触电
4	设备更新	在条件允许时，可以在上下接线板处拆卸引线，以使作业人员处于一较低的作业位置，便于保持安全距离和绝缘杆有效绝缘长度

通常间接作业法更换跌落式熔断器采用不带负荷电流的方式，现场工作前应确认跌落式熔断器已断开，熔管已取下以及分支线（或分支设备）侧已挂好接地线。

接到工作任务，工作票签发人和工作负责人应对现场装置、环境等情况进行地全面勘察，充分分析缺陷类型，以制订措施完备、方法正确的作业方案和准备合适的工器具。应避免工作人员在杆上作业时间过长而引起工作人员体能下降和产生焦躁的心理，从而产生安全隐患。

不同的装置结构，作业中采用的登高承载工具不一样，作业中的危险点和注意事项也就不一样，见表2-3-2。

表2-3-2　　不同登高方式下的注意事项

序号	装置结构	登高承载工具	注 意 事 项
1	电缆分支线路	脚扣	作业人员在登杆前应充分检查登高工具的机械性能，在登杆和作业过程中应正确使用登高工具和安全带（后备保护绳）及加强配合，以免发生高空摔跌
2	架空分支线路	登高板、脚扣	
3	配变台架	人字绝缘梯	绝缘梯高度一般在5m左右，应设置2～4根稳固梯身的绝缘拉绳索。拉绳索对地夹角应在30°～45°之间。严禁以人作为拉绳索的锚固点。根据其长度应增设横撑支承，以增加刚度。同时应注意绝缘梯的架设位置，以保证作业人员有一合适的工作位置和保持作业中的安全距离和绝缘杆有效绝缘长度

1. 更换直线杆架空分支线（或直线杆电缆分支线）跌落式熔断器

本作业内容是使用并沟线夹拆装杆拆引线和搭接引线工作的组合，危险点、注意事项基本相同，所以在此不再赘述。

2. 更换变压器台跌落式熔断器

由于变压器台上跌落式熔断器安装高度较低，且变压器台结构不适合采用脚扣或登高板登杆作业，因此通常使用人字梯。在上接线板部位将跌落式熔断器从带电的上引线脱开，然后将上引线妥善固定。根据变压器台结构，作业时绝缘遮蔽、隔离的范围和作业复杂程度也不同。

由于三相跌落式熔断器的安装距离（中心距）一般都在50cm，考虑到上下接线板金属部分的宽度以及操作杆金属操作头的大小和长度，作业中相间的距离会大大缩小，另外上引线拆卸后在向上传送并固定时可能引发相间短路事故，所以需要在各相跌落式熔断器之间做好绝缘遮蔽、隔离措施。绝缘杆作业法作业中，设置绝缘遮蔽隔离措施较为复杂，通常要用到挡板、硬质绝缘遮蔽罩等，图2-3-1所示为本作业内容中常用到的一款绝缘挡板。

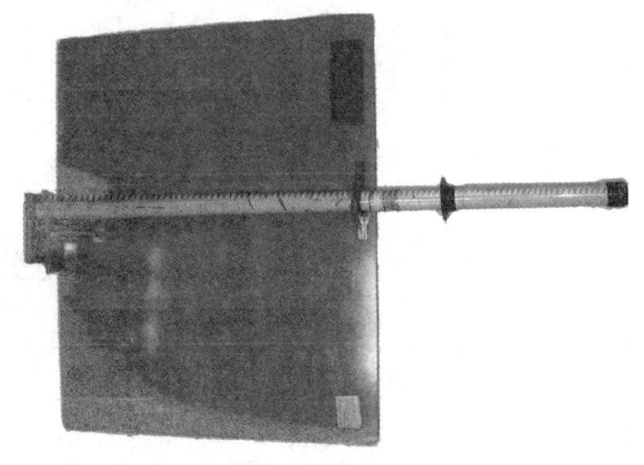

图2-3-1　跌落式熔断器相间遮蔽用绝缘挡板

该绝缘挡板设置在跌落式熔断器横担上，即可实现各相跌落式熔断器相间的绝缘遮蔽、隔离。该挡板一套共2块，材质为环氧树脂，全绝缘设计，每块大小为700mm×600mm，厚度为3mm左右，手柄长度一般为1.4～1.8m。

二、配电线路带电作业（典型装置）典型项目现场标准化作业指导书示例

编号：DDZY/×××

绝缘杆作业法带电更换跌落式熔断器

10kV×××线××杆带电更换变压器台跌落式熔断器❶

编写：________ ________年______月______日

审核：________ ________年______月______日

批准：________ ________年______月______日

作业负责人：________

作业时间：____年___月___日___时至____年___月___日___时

××供电公司×××

❶ 装置说明：双杆变压器台。

1 范围

本现场标准化作业指导书针对“10kV××线××杆”使用绝缘杆作业法“更换变压器台跌落式熔断器”工作编写而成，仅适用于该项工作。

2 引用文件

下列文件中的条款通过本作业指导书的引用而成为本作业指导书的条款。

GB 50173—1992《电气装置安装工程 35kV 及以下架空电力线路施工及验收规范》

GB/T 18857—2003《配电线路带电作业技术导则》

GB/T 2900.55—2002《作业人员术语　带电作业》

DL 409—1991《电业安全工作规程（电力线路部分）》

DL/T 601—1996《架空绝缘配电线路设计技术规程》

DL/T 602—1996《架空绝缘配电线路施工及验收规程》

《国家电网公司电力安全工作规程（线路部分）》

2007《国家电网公司带电作业工作管理规定（试行）》

2004.9《现场标准化作业指导书编制导则》（国家电网公司）

3 前期准备

3.1 作业人员

3.1.1 作业人员要求

√	序号	责任人	资质	人数
	1	工作负责人（监护人）	应具有配电线路带电作业资格，并具备 3 年以上的配电带电作业实际工作经验，熟悉设备状况，有一定组织能力和事故处理能力，并经工作负责人的专门培训，考试合格	1
	2	杆上 1 号作业人员	应通过 10kV 架空配电线路带电作业专项培训，考试合格并持有上岗证	1
	3	杆上 2 号作业人员	应通过 10kV 架空配电线路带电作业专项培训，考试合格并持有上岗证	1
	4	地面作业人员	应通过 10kV 架空配电线路带电作业专项培训，考试合格并持有上岗证	3

3.1.2 作业人员分工

√	序号	责任人	分工	责任人签名
	1	×××	工作负责人（监护人）	
	2	×××	杆上 1 号作业人员	
	3	×××	杆上 2 号作业人员	
	4	×××	地面作业人员	

3.2 工器具

出库时应对工器具进行外观检查，并确定是在合格的试验周期内。

3.2.1 个人安全防护用具

√	序号	名　　称	规格/编号	单位	数量	备　注
	1	绝缘安全帽		顶	2	
	2	绝缘披肩		件	2	
	3	绝缘手套（带防护手套）		副	2	
	4	绝缘安全带		根	2	

3.2.2 常备器具

√	序号	名　　称	规格/编号	单位	数量	备　注
	1	防潮垫		块	1	
	2	绝缘高阻表	2500V	只	1	
	3	风速仪		只	1	
	4	温度、湿度计		只	1	
	5	对讲机		部	2	
	6	安全遮栏、安全围绳、标示牌		副	若干	
	7	干燥清洁布		块	若干	

3.2.3 绝缘遮蔽工具

√	序号	名　　称	规格/编号	单位	数量	备　注
	1	绝缘跌落挡板		块	4	

3.2.4 绝缘工具

√	序号	名　　称	规格/编号	单位	数量	备　注
	1	绝缘锁杆		副	4	
	2	套筒操作杆		副	1	
	3	绝缘尖嘴钳		副	1	
	4	绝缘吊绳		根	1	
	5	绝缘绳		根	2	
	6	绝缘梯		架	1	

3.2.5 普通工器具

常规的线路施工所需工器具，如扳手等。

√	序号	名　　称	规格/编号	单位	数量	备　注
	1	个人工具		套	1	
	2	铁桩	1.5m	只	2	
	3	榔头	12P	只	1	

3.3 材料

包括装置性材料和消耗性材料。

√	序号	名　　称	规格/编号	单位	数量	备　注
	1	跌落式熔断器		只	3	

4 作业程序

4.1 开工准备

√	序号	作业内容	步骤及要求	危险点控制措施、注意事项
	1	工作负责人现场复勘	工作负责人核对工作线路双重命名、杆号	
			工作负责人检查环境是否符合作业要求	
			工作负责人检查线路装置是否具备带电作业条件	1. 应确认跌落式熔断器确已断开，熔管已取下； 2. 有防倒送电措施
			工作负责人检查气象条件	1. 天气应晴好，无雷、雨、雪、雾； 2. 气温：−5～35℃； 3. 风力：≤10.7m/s； 4. 气相对湿度：<80%
			检查工作票所列安全措施是否齐全，必要时在工作票上补充安全技术措施	
	2	工作负责人执行工作许可制度	工作负责人与调度联系，获得调度工作许可	确定作业线路重合闸已退出。必须注意的是：需事先判明作业线路所在配电网络的中性点运行方式，如是以电缆为主的城市电网，则必须退出该线路的重合闸
	3	工作负责人召开现场站班会	工作负责人宣读工作票	
			工作负责人检查工作班组成员精神状态、交代工作任务进行分工、交代工作中的安全事项和措施	工作班成员应佩戴袖标
			工作负责人检查班组各成员对工作任务分工、工作中的安全和措施是否明确	
			班组各成员在工作票和作业卡上签字确认	
	4	布置工作现场	工作现场设置安全护栏、作业标志和相关警示标志	
	5	工作负责人组织班组成员检查工器具	班组成员按要求将绝缘工器具摆放在防潮垫（毯）上	1. 防潮垫（毯）应清洁、干燥； 2. 绝缘工器具不能与金属工具、材料混放

续表

√	序号	作业内容	步骤及要求	危险点控制措施、注意事项
	5	工作负责人组织班组成员检查工器具	班组成员对绝缘工器具进行外观检查：绝缘工具应不变形损坏，操作灵活，测量准确；个人安全防护用具和遮蔽、隔离用具应无针孔、砂眼、裂纹；检查绝缘安全带外观，并作冲击试验	检查人员应戴清洁、干燥的手套
			使用绝缘高阻表对绝缘工器具进行表面绝缘电阻检测：阻值不得低于700MΩ	1. 正确使用绝缘高阻表； 2. 测量电极应符合规程要求
	6	检查跌落式熔断器	外观检查合格；绝缘电阻合格	阻值不得低于300MΩ
	7	检查绝缘梯	外观检查合格；表面绝缘电阻检测合格	阻值不得低于700MΩ

4.2 作业过程

√	序号	作业内容	步骤及要求	危险点控制措施、注意事项
	1	固定绝缘梯	班组成员选择合适工作位置架设绝缘梯，在绝缘梯两侧固定绝缘拉绳索	1. 绝缘拉绳索应对地夹角应在30°～45°之间； 2. 地锚桩应向受力的反方向倾斜，使用时应有4/5打入地面
	2	登梯	杆上作业人员穿戴好绝缘披肩携带绝缘吊绳和其他工器具登梯	1. 防止高空跌落，应及时扣好安全带； 2. 注意2位杆上作业人员的站位
	3	设置绝缘遮蔽、隔离措施	杆上1号作业人员将绝缘隔离挡板依次设置在跌落式熔断器角铁横担和瓷横担角铁横担的适当位置上，使得不同相跌落式熔断器及其上引线之间得到有效隔离	1. 杆上作业人员设置绝缘遮蔽措施时，应使用绝缘手套； 2. 杆上作业人员设置绝缘遮蔽措施时，应握在绝缘隔离挡板的手持部位；与高压带电设备必须保持足够的距离，大于0.4m； 3. 上下传递工器具应使用绝缘吊绳； 4. 防止高空落物
	4	拆除跌落式熔断器上桩头三相引流线	杆上作业人员互相配合拆卸一侧的跌落式熔断器上引线，并将其固定。方法如下： 1. 用绝缘锁杆锁住跌落式熔断器上引线； 2. 用套筒操作杆取下跌落式熔断器上接线板的螺帽； 3. 用绝缘尖嘴钳取下跌落式熔断器上接线板的垫片； 4. 将引线牵引至瓷横担上方自身引线固定	1. 杆上作业人员作业时，应使用绝缘手套； 2. 杆上作业人员作业时动作应平稳，与高压带电设备必须保持足够的距离，大于0.4m；绝缘杆的有效绝缘长度应大于0.7m； 3. 上下传递工器具应使用绝缘吊绳； 4. 防止高空落物

续表

√	序号	作业内容	步骤及要求	危险点控制措施、注意事项
	4	拆除跌落式熔断器上桩头三相引流线	杆上作业人员互相配合拆卸另一侧的跌落式熔断器上引线，并将其固定	1. 杆上作业人员作业时，应使用绝缘手套； 2. 杆上作业人员作业时动作应平稳，杆上作业人员与高压带电设备必须保持足够的距离，大于0.4m；绝缘杆的有效绝缘长度应大于0.7m； 3. 上下传递工器具应使用绝缘吊绳； 4. 防止高空落物
			杆上作业人员互相配合拆卸中间相的跌落式熔断器上引线，并将其固定	1. 杆上作业人员作业时，应使用绝缘手套； 2. 杆上作业人员作业时动作应平稳，杆上作业人员与高压带电设备必须保持足够的距离，大于0.4m；绝缘杆的有效绝缘长度应大于0.7m； 3. 上下传递工器具应使用绝缘吊绳； 4. 防止高空落物
	5	更换跌落式熔断器	杆上作业人员互相配合更换三相跌落式熔断器，并安装好三相下引线	1. 更换跌落式熔断器前应确认跌落式熔断器和四周带电体的安全距离满足要求； 2. 更换时，注意站位，保持与带电体间的安全距离应大于0.4m； 3. 幅度不能太大； 4. 防止高空落物
	6	恢复跌落式熔断器上引线	杆上作业人员互相配合恢复中间相跌落式熔断器上引线。方法如下： 1. 用绝缘锁杆将上引线接线端子套进跌落式熔断器上接线板螺栓； 2. 用绝缘尖嘴钳装上垫片； 3. 用套筒操作杆把螺栓拧紧	1. 杆上作业人员作业时，应使用绝缘手套； 2. 杆上作业人员作业时动作应平稳，防止引线与跌落式熔断器安装板或角铁横担触及； 3. 杆上作业人员与高压带电设备必须保持足够的距离，大于0.4m；绝缘杆的有效绝缘长度应大于0.7m； 4. 上下传递工器具应使用绝缘吊绳； 5. 防止高空落物
			杆上作业人员互相配合恢复一侧的跌落式熔断器上引线	1. 杆上作业人员作业时，应使用绝缘手套； 2. 杆上作业人员作业时动作应平稳，防止引线与跌落式熔断器安装板或角铁横担触及； 3. 杆上作业人员与高压带电设备必须保持足够的距离，大于0.4m；绝缘杆的有效绝缘长度应大于0.7m； 4. 上下传递工器具应使用绝缘吊绳； 5. 防止高空落物
			杆上作业人员互相配合恢复另一侧跌落式熔断器上引线	1. 杆上作业人员作业时，应使用绝缘手套； 2. 杆上作业人员作业时动作应平稳，防止引线与跌落式熔断器安装板或角铁横担触及； 3. 杆上作业人员与高压带电设备必须保持足够的距离，大于0.4m；绝缘杆的有效绝缘长度应大于0.7m； 4. 上下传递工器具应使用绝缘吊绳； 5. 防止高空落物

续表

√	序号	作业内容	步骤及要求	危险点控制措施、注意事项
	7	撤除绝缘遮蔽	杆上作业人员互相配合撤除绝缘隔离挡板	1. 杆上作业人员撤除绝缘遮蔽措施时，应使用绝缘手套； 2. 杆上作业人员撤除绝缘遮蔽措施时，应握在绝缘隔离挡板的手持部位；与高压带电设备必须保持足够的距离，大于0.4m； 3. 上下传递工器具应使用绝缘吊绳； 4. 防止高空落物
	8	撤离杆塔	杆上作业人员确认杆上无遗留物，逐次下杆	防止高空跌落
			撤除绝缘梯	

4.3 工作结束

√	序号	作业内容	步骤及要求	危险点控制措施、注意事项
	1	工作负责人组织班组成员清理工具和现场	整理工具、材料，将工器具清洁后放入专用的箱（袋）中，清理现场	
	2	工作负责人进行工作终结	向调度汇报工作结束，并终结工作票	
	3	工作负责人召开收工会		
	4	作业人员撤离现场		

5 验收记录

记录检修中发现的问题	
存在问题及处理意见	

6 现场标准化作业指导书执行情况评估

评估内容	符合性	优		可操作项	
		良		不可操作项	
	可操作性	优		修改项	
		良		遗漏项	
存在问题					
改进意见					

7 附录

编号：DDZY/×××

绝缘杆作业法带电更换跌落式熔断器

10kV×××线××杆带电更换分支杆跌落式熔断器[1]

编写：________ ________年______月______日

审核：________ ________年______月______日

批准：________ ________年______月______日

作业负责人：________

作业时间：____年___月___日___时至____年___月___日___时

××供电公司×××

[1] 装置说明：主干线为裸导线、单回路三角排列；分支线为90°分支，引线采用异型并沟线夹搭接。

1 范围

本现场标准化作业指导书针对“10kV××线××杆”使用绝缘杆作业法“更换分支杆跌落式熔断器”工作编写而成，仅适用于该项工作。

2 引用文件

下列文件中的条款通过本作业指导书的引用而成为本作业指导书的条款。

GB 50173—1992《电气装置安装工程 35kV 及以下架空电力线路施工及验收规范》

GB/T 18857—2003《配电线路带电作业技术导则》

GB/T 2900.55—2002《作业人员术语　带电作业》

DL 409—1991《电业安全工作规程（电力线路部分）》

DL/T 601—1996《架空绝缘配电线路设计技术规程》

DL/T 602—1996《架空绝缘配电线路施工及验收规程》

《国家电网公司电力安全工作规程（线路部分）》

2007《国家电网公司带电作业工作管理规定（试行）》

2004.9《现场标准化作业指导书编制导则》（国家电网公司）

3 前期准备

3.1 作业人员

3.1.1 作业人员要求

√	序号	责任人	资质	人数
	1	工作负责人（监护人）	应具有配电线路带电作业资格，并具备3年以上的配电带电作业实际工作经验，熟悉设备状况，有一定组织能力和事故处理能力，并经工作负责人的专门培训，考试合格	1
	2	杆上1号作业人员	应通过10kV架空配电线路带电作业专项培训，考试合格并持有上岗证	1
	3	杆上2号作业人员	应通过10kV架空配电线路带电作业专项培训，考试合格并持有上岗证	1
	4	地面作业人员	应通过10kV架空配电线路带电作业专项培训，考试合格并持有上岗证	1

3.1.2 作业人员分工

√	序号	责任人	分工	责任人签名
	1	×××	工作负责人（监护人）	
	2	×××	杆上1号作业人员	
	3	×××	杆上2号作业人员	
	4	×××	地面作业人员	

3.2 工器具

出库时应对工器具进行外观检查，并确定是在合格的试验周期内。

3.2.1 个人安全防护用具

√	序号	名　　称	规格/编号	单位	数量	备　注
	1	绝缘安全帽		顶	2	
	2	绝缘手套（带防护手套）		副	2	
	3	安全带		根	2	

3.2.2 常备器具

√	序号	名　　称	规格/编号	单位	数量	备　注
	1	防潮垫		块	1	
	2	绝缘高阻表	2500V	只	1	
	3	风速仪		只	1	
	4	温度、湿度计		只	1	
	5	对讲机		部	2	
	6	安全遮栏、安全围绳、标示牌		副	若干	
	7	干燥清洁布		块	若干	

3.2.3 绝缘遮蔽工具

√	序号	名　　称	规格/编号	单位	数量	备　注
	1	导线遮蔽罩		只	4	
	2	直线绝缘子遮蔽罩		只	2	

3.2.4 绝缘工具

√	序号	名　　称	规格/编号	单位	数量	备　注
	1	线夹传送杆		副	1	
	2	绝缘锁杆		副	1	
	3	套筒操作杆		副	1	
	4	绝缘测距杆		支	1	
	5	绝缘吊绳	15m	根	1	
	6	绝缘叉杆		根	1	
	7	绝缘棘轮扳手		把	2	

3.2.5 普通工器具

√	序号	名　　称	规格/编号	单位	数量	备　注
	1	压接钳		把	1	
	2	绝缘导线剥皮器		把	1	
	3	断线钳		把	1	
	4	脚扣		双	2	

3.3 材料

包括装置性材料和消耗性材料。

√	序号	名　　称	规格/编号	单位	数量	备　注
	1	跌落式熔断器		只	3	
	2	绝缘导线		m	5	
	3	铜铝接线端子		只	5	
	4	异型并沟线夹		只	6	

4 作业程序

4.1 开工准备

√	序号	作业内容	步骤及要求	危险点控制措施、注意事项
	1	工作负责人现场复勘	工作负责人核对工作线路双重命名、杆号	
			工作负责人检查环境是否符合作业要求	
			工作负责人检查线路装置是否具备带电作业条件	1. 电杆杆根、埋深应符合登杆要求； 2. 应确认跌落式熔断器处于拉开状态，熔管已取下； 3. 确认主干线扎线绑扎牢固； 4. 确认分支线已挂好接地线
			工作负责人检查气象条件	1. 天气应晴好，无雷、雨、雪、雾； 2. 气温：−5～35℃； 3. 风力：≤10.7m/s； 4. 气相对湿度：<80%
			检查工作票所列安全措施是否齐全，必要时在工作票上补充安全技术措施	
	2	工作负责人执行工作许可制度	工作负责人与调度联系，获得调度工作许可	确定作业线路重合闸已退出。必须注意的是： 1. 如为多回路线路，必要时应同时停用重合闸； 2. 如为作业点联络开关，应同时停用两侧线路的重合闸； 3. 需事先判明作业线路所在配电网络的中性点运行方式，如是以电缆为主的城市电网，则必须退出该线路的重合闸

续表

√	序号	作业内容	步骤及要求	危险点控制措施、注意事项
	3	工作负责人召开现场站班会	工作负责人宣读工作票	
			工作负责人检查工作班组成员精神状态、交代工作任务进行分工、交代工作中的安全事项和措施	工作班成员应佩戴袖标
			工作负责人检查班组各成员对工作任务分工、工作中的安全和措施是否明确	
			班组各成员在工作票和作业卡上签字确认	
	4	布置工作现场	工作现场设置安全护栏、作业标志和相关警示标志	
	5	工作负责人组织班组成员检查工器具	班组成员按要求将绝缘工器具摆放在防潮垫（毯）上	1. 防潮垫（毯）应清洁、干燥； 2. 绝缘工器具不能与金属工具、材料混放
			班组成员对绝缘工器具进行外观检查：绝缘工具应不变形损坏，操作灵活，测量准确；个人安全防护用具和遮蔽、隔离用具应无针孔、砂眼、裂纹； 对安全带、脚扣作冲击试验	检查人员应戴清洁、干燥的手套
			使用绝缘高阻表对绝缘工器具进行表面绝缘电阻检测：阻值不得低于700MΩ	1. 正确使用绝缘高阻表； 2. 测量电极应符合规程要求
	6	检查跌落式熔断器	外观检查合格；绝缘摇测合格	阻值不得低于300MΩ

4.2 作业过程

√	序号	作业内容	步骤及要求	危险点控制措施、注意事项
	1	登杆	杆上作业人员携带绝缘吊绳及工具袋登杆至合适位置	1. 对安全带、脚扣进行冲击试验合格后，并应在距离地面不高于0.5m的高度开始登杆； 2. 杆上作业人员应交错登杆； 3. 杆上作业人员应注意保持与带电体间有足够的作业安全距离
	2	拆除两边相跌落式熔断器上引线	杆上作业人员相互配合拆除两边相跌落式熔断器上引线的异型并沟线夹。方法如下： 1. 用绝缘锁杆夹紧引线； 2. 用套筒操作杆拆下异型并沟线夹； 3. 将引线牵引至跌落式熔断器下方并固定	1. 上下传递工器具应使用绝缘吊绳； 2. 杆上作业人员应戴绝缘手套，注意动作幅度，应与带电体保持足够的安全距离（0.4m及以上），绝缘杆的有效绝缘长度应大于0.7m； 3. 引流线拆除过程中应防止触碰带电体

续表

√	序号	作业内容	步骤及要求	危险点控制措施、注意事项
	3	设置绝缘遮蔽、隔离措施	杆上1号作业人员在2号作业人员的配合下，用导线遮蔽罩、直线绝缘子遮蔽罩对中间相引线两侧的边相主导线进行绝缘遮蔽	1. 上下传递工器具应使用绝缘吊绳； 2. 杆上作业人员应戴绝缘手套，注意动作幅度，应与带电体保持足够的安全距离（0.4m及以上），绝缘杆的有效绝缘长度应大于0.7m； 3. 绝缘遮蔽材料之间的重叠部分不能少于15cm； 4. 防止高空落物
	4	拆除中间相跌落式熔断器上引线	杆上作业人员相互配合拆除中间相跌落式熔断器上引线的异型并沟线夹，将引线牵引至跌落式熔断器下方并固定	1. 上下传递工器具应使用绝缘吊绳； 2. 杆上作业人员应戴绝缘手套，注意动作幅度，应与带电体保持足够的安全距离（0.4m及以上），绝缘杆的有效绝缘长度应大于0.7m； 3. 引流线拆除过程中应防止触碰带电体
	5	更换跌落式熔断器	杆上2号作业人员配合1号作业人员更换三相跌落式熔断器	1. 更换跌落式熔断器时，杆上作业人员应注意站位高度，应与带电体保持足够的安全距离（0.4m及以上）； 2. 杆上作业人员幅度不能太大； 3. 防止高空落物
	6	制作、安装三相跌落式熔断器上引线	地面作业人员根据旧引线长度制作三相引线，做好标识后圈好	
			杆上1号作业人员安装三相跌落式熔断器上引线	1. 安装引线时，杆上作业人员应注意站位高度，应与带电体保持足够的安全距离（0.4m及以上）； 2. 杆上作业人员幅度不能太大，防止引线发生弹跳； 3. 防止高空落物
	7	搭接中间相跌落式熔断器上引线	杆上1号作业人员与杆上2号作业人员相互配合用两只异型并沟线夹搭接中间相跌落式熔断器上引线。方法如下： 1. 用线夹传送杆将异型并沟线夹传送到中相导线上； 2. 用绝缘锁杆将中相跌落式熔断器上引线放入异型线夹线槽； 3. 用套筒操作杆将异型并沟线夹紧固	1. 上下传递工器具应使用绝缘吊绳； 2. 杆上作业人员应戴绝缘手套，注意动作幅度，应与带电体保持足够的安全距离（0.4m及以上），绝缘杆的有效绝缘长度应大于0.7m； 3. 防止高空落物

续表

√	序号	作业内容	步骤及要求	危险点控制措施、注意事项
	8	撤除两边相的绝缘遮蔽、隔离措施	杆上1号作业人员在2号作业人员的配合下，拆除两边相导线绝缘遮蔽	1. 上下传递工器具应使用绝缘吊绳； 2. 杆上作业人员应戴绝缘手套，注意动作幅度，应与带电体保持足够的安全距离（0.4m及以上），绝缘杆的有效绝缘长度应大于0.7m； 3. 防止高空落物
	9	搭接两边相跌落式熔断器上引线	杆上1号作业人员与杆上2号作业人员相互配合用两只异型并沟线夹搭接中间相跌落式熔断器上引线	1. 上下传递工器具应使用绝缘吊绳； 2. 杆上作业人员应戴绝缘手套，注意动作幅度，应与带电体保持足够的安全距离（0.4m及以上），绝缘杆的有效绝缘长度应大于0.7m； 3. 防止高空落物
	10	撤离杆塔	杆上作业人员确认杆上无遗留物，逐次下杆	防止高空跌落

4.3 工作结束

√	序号	作业内容	步骤及要求	危险点控制措施、注意事项
	1	工作负责人组织班组成员清理工具和现场	整理工具、材料。将工器具清洁后放入专用的箱（袋）中。清理现场	
	2	工作负责人进行工作终结	向调度汇报工作结束，并终结工作票	
	3	工作负责人召开收工会		
	4	作业人员撤离现场		

5 验收记录

记录检修中发现的问题	
存在问题及处理意见	

6 现场标准化作业指导书执行情况评估

<table>
<tr><td rowspan="4">评估内容</td><td rowspan="2">符合性</td><td>优</td><td></td><td>可操作项</td><td></td></tr>
<tr><td>良</td><td></td><td>不可操作项</td><td></td></tr>
<tr><td rowspan="2">可操作性</td><td>优</td><td></td><td>修改项</td><td></td></tr>
<tr><td>良</td><td></td><td>遗漏项</td><td></td></tr>
<tr><td>存在问题</td><td colspan="5"></td></tr>
<tr><td>改进意见</td><td colspan="5"></td></tr>
</table>

7 附录

第四章 配电线路带电作业技术与管理

绝缘杆作业法带电更换直线杆组件

一、项目简介

电杆装置有直线杆和耐张杆之分。由于耐张杆装置结构较复杂，横担与绝缘子承担导线的张力，无法通过绝缘杆作业法安全可靠地来更换，所以本章围绕更换直线杆组件（横担、绝缘子）来展开。

（一）项目应用

在以下几种情况下，需要更换直线杆组件。

1. 直线杆组件（绝缘子、横担）损伤

线路运行环境较差，绝缘子容易积污，在雨、雾等空气湿度较大的气候条件下泄漏电流较大，易发生放电现象，使绝缘子损伤和横担（特别是与电杆的接触部位）锈蚀。应充分考虑泄漏电流的影响，必须在空气干燥晴朗的气候下、绝缘子内部潮气充分散发的条件下进行。在工作前必须对绝缘子或横担的损伤情况进行评估，防止绝缘子碎片或横担在作业中散落。

2. 组件（绝缘子、横担）更新

线路改造，将线路原有的针式绝缘子更换成柱式或其他型式的绝缘子，以及将单横担改成双横担等。

（二）基本注意事项

不论哪种情况，均应注意以下几点：

（1）在拆、装绝缘子以及横担时，由于杆上作业人员站位较高，可能通过人体同时触及导线和横担等异电位物体，所以必须穿戴全套个人绝缘防护用具；

（2）绝缘抱杆应有足够的机械强度，安装位置合适并安装牢固；

（3）在拆除、绑扎绝缘子绑扎线时，应注意绑扎线展放的长度，避免扎线与横担、绝缘子下部等金属件之间造成相对地接地，应对横担、绝缘子下部金属件设置绝缘遮蔽、隔离措施；

（4）拆除绝缘子绑扎线后，带电导线撑起（或吊起）的高度应足够（大于等于40cm），并作好相应的遮蔽、隔离措施；

（5）作业中严禁触摸绝缘挡板和绝缘遮蔽罩保护有效区外的部位和超越挡板的遮挡范围；

（6）防止高空落物。

（三）常用绝缘工器具介绍

以下简单介绍几种常见的间接作业法更换直线杆支持绝缘子用的绝缘工器具。有些生产单位为使工作的效率、安全性得到提高，自主开发了一些更先进实用的工器具，在此不做介绍。

1. 多功能绝缘抱杆

多功能绝缘抱杆（见图 2-4-1）作更换边相直线支持绝缘子用。杆上作业人员将导线作绝缘遮蔽后，地面人员组装多功能抱杆，并相互配合将抱杆起吊到一定高度，使其③靠在电杆上（如横担为单横担，抱杆应在单横担的对侧），然后用④围绕电杆固定，两边相导线应卡入多功能抱杆的绝缘臂①上的槽口。用绝缘尖嘴钳、绝缘扎线剪和绝缘扎线杆拆除导线上的扎线后，用棘轮操作手柄使②中的螺杆伸出，从而将导线升起，在绝缘臂基本水平的状态下，导线升起的高度有 40cm 左右。

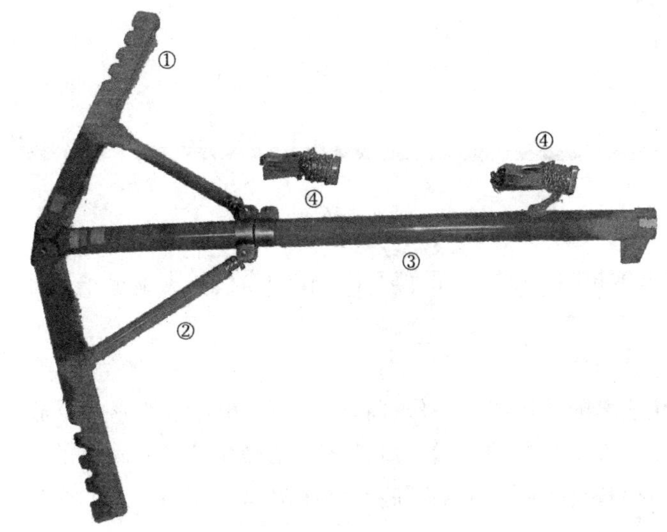

图 2-4-1　多功能绝缘抱杆

2. 中相绝缘抱杆

中相绝缘抱杆（见图 2-4-2）作更换中间相直线支持绝缘子用。安装方式与多功能抱杆相同，但使抱杆伸出提升导线的操作部位在抱杆的底部。

图 2-4-2　中相绝缘抱杆

3. 绝缘尖嘴钳、绝缘扎线剪、绝缘扎线杆

绝缘尖嘴钳、绝缘扎线剪、绝缘扎线杆分别如图 2-4-3～图 2-4-5 所示。

在拆扎线时可用绝缘扎线剪先在绝缘子线槽部位将扎线的一股剪断，然后用绝缘尖嘴钳将扎线绕着导线和绝缘子一股一股松开。在拆扎线时，为避免扎线碰到横担或绝缘子下部金属引起接地短路，应控制扎线的展放长度，一般大于 10cm 即用绝缘扎线剪将扎线剪短。

新安装的支持绝缘子应预先绑好扎线，扎线绕成小圈并呈帽翅状，小圈的大小要合适，便于绝缘扎线杆的三个齿插入牵扯。在绑扎线时为保证工艺，可适当使用绝缘尖嘴钳，但应

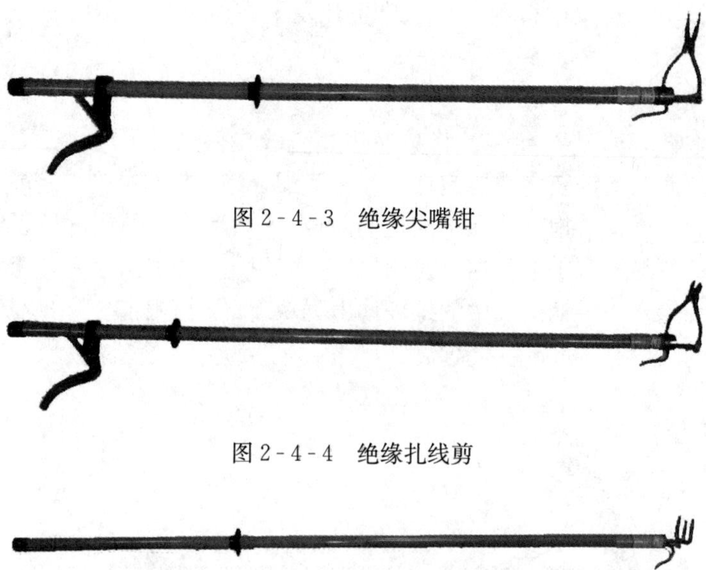

图2-4-3 绝缘尖嘴钳

图2-4-4 绝缘扎线剪

图2-4-5 绝缘扎线杆

注意避免损伤扎线影响其机械强度。同样要注意扎线与横担、绝缘子下部金属部分之间的距离，防止发生接地短路。

4. 专用遮蔽罩

在拆除和绑扎扎线之前，用绝缘操作杆将图2-4-6所示的遮蔽罩放置在横担上，并轻轻推动使支持绝缘子卡入遮蔽罩的立式开口，然后用操作杆使遮蔽罩的立式开口闭合。该遮蔽罩可以有效地对横担和支持绝缘子根部起到绝缘隔离的作用，从而避免由于拆除、绑扎扎线时扎线展放过长而发生接地短路。

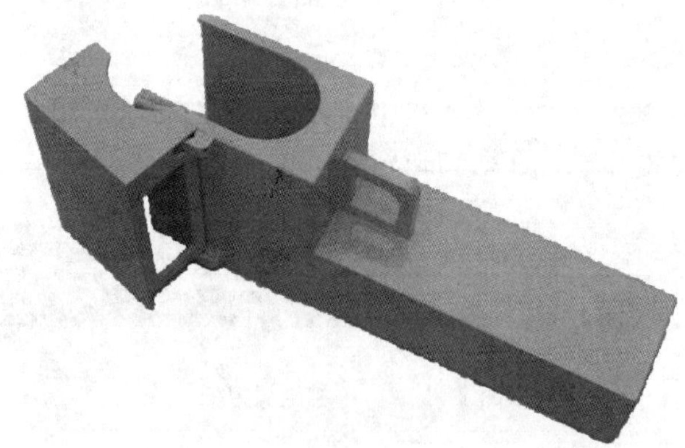

图2-4-6 柱式绝缘子、横担组合遮蔽罩

二、配电线路带电作业（典型装置）典型项目现场标准化作业指导书示例

编号：DDZY/×××

绝缘杆作业法带电更换直线杆组件

10kV×××线××杆带电更换直线杆边相绝缘子[1]

编写：________ ________年______月______日

审核：________ ________年______月______日

批准：________ ________年______月______日

作业负责人：________

作业时间：____年___月___日___时至____年___月___日___时

××供电公司×××

❶ 装置说明：单回路、三角排列直线杆。

1 范围

本现场标准化作业指导书针对“10kV××线××杆”使用绝缘杆作业法“更换直线杆绝缘子”工作编写而成，仅适用于该项工作。

2 引用文件

下列文件中的条款通过本作业指导书的引用而成为本作业指导书的条款。

GB 50173—1992《电气装置安装工程35kV及以下架空电力线路施工及验收规范》

GB/T 18857—2003《配电线路带电作业技术导则》

GB/T 2900.55—2002《作业人员术语　带电作业》

DL 409—1991《电业安全工作规程（电力线路部分）》

DL/T 601—1996《架空绝缘配电线路设计技术规程》

DL/T 602—1996《架空绝缘配电线路施工及验收规程》

《国家电网公司电力安全工作规程（电力线路部分）》

2007《国家电网公司带电作业工作管理规定（试行）》

2004.9《现场标准化作业指导书编制导则》（国家电网公司）

3 前期准备

3.1 作业人员

本项目作业人员不少于4人。

3.1.1 作业人员要求

√	序号	责任人	资质	人数
	1	工作负责人（监护人）	应具有配电线路带电作业资格，并具备3年以上的配电带电作业实际工作经验，熟悉设备状况，有一定组织能力和事故处理能力，并经工作负责人的专门培训，考试合格	1
	2	杆上1号作业人员	应通过10kV架空配电线路带电作业专项培训，考试合格并持有上岗证	1
	3	杆上2号作业人员	应通过10kV架空配电线路带电作业专项培训，考试合格并持有上岗证	1
	4	地面作业人员	应通过10kV架空配电线路带电作业专项培训，考试合格并持有上岗证	1

3.1.2 作业人员分工

√	序号	责任人	分工	责任人签名
	1	×××	工作负责人（监护人）	
	2	×××	杆上1号作业人员	
	3	×××	杆上2号作业人员	
	4	×××	地面作业人员	

3.2 工器具

出库时应对工器具进行外观检查，并确定是在合格的试验周期内。

3.2.1 个人安全防护用具

√	序号	名　　称	规格/编号	单位	数量	备　注
	1	绝缘安全帽		顶	2	
	2	绝缘披肩		件	2	
	3	绝缘手套（带防护手套）		副	2	
	4	安全带		副	2	
	5	登杆工具		副	2	

3.2.2 常备器具

√	序号	名　　称	规格/编号	单位	数量	备　注
	1	防潮垫		块	1	
	2	绝缘高阻表	2500V	只	1	
	3	风速仪		只	1	
	4	温度、湿度计		只	1	
	5	对讲机		部	2	
	6	安全遮栏、安全围绳、标示牌		副	若干	
	7	干燥清洁布		块	若干	

3.2.3 绝缘遮蔽工具

√	序号	名　　称	规格/编号	单位	数量	备　注
	1	导线遮蔽罩		只	4	
	2	柱式绝缘子、横担组合遮蔽罩❶		只	2	

3.2.4 绝缘工具

√	序号	名　　称	规格/编号	单位	数量	备　注
	1	绝缘叉杆		副	1	
	2	绝缘尖嘴钳		副	1	
	3	绝缘扎线剪		副	1	
	4	扎线杆		副	1	
	5	多功能绝缘抱杆		副	1	
	6	绝缘吊绳		根	1	

3.2.5 普通工器具

常规的线路施工所需工器具，如扳手等。

---

❶ 可同时对横担和直线绝缘子下部铁件遮蔽。

√	序号	名　　称	规格/编号	单位	数量	备　注
	1	普通棕绳		根	1	
	2	个人工具		套	1	

3.3 材料

包括装置性材料和消耗性材料。

√	序号	名　　称	规格/编号	单位	数量	备　注
	1	直线绝缘子		只	2	
	2	绑扎线		卷	若干	

4 作业程序

4.1 开工准备

√	序号	作业内容	步骤及要求	危险点控制措施、注意事项
	1	工作负责人现场复勘	工作负责人核对工作线路双重名称、杆号	
			工作负责人检查工作环境是否符合带电作业要求	
			工作负责人检查线路装置是否具备带电作业条件	1. 电杆杆根、埋深应符合登杆要求； 2. 导线应无断股现象
			工作负责人检查气象条件	1. 天气应良好，无雷声及闪电、雪雹、雨雾； 2. 气温：－5～35℃； 3. 风力：≤10.7m/s（5级）； 4. 气体相对湿度：＜80%
			检查工作票所列安全措施是否齐全，必要时在工作票上补充安全技术措施	
	2	工作负责人执行工作许可制度	工作负责人与调度联系，经值班调度员许可	确定作业线路重合闸已退出。必须注意的是：需事先判明作业线路所在配电网络的中性点运行方式，如是以电缆为主的城市电网，则必须退出该线路的重合闸
	3	工作负责人召开现场站班会	工作负责人宣读工作票	
			工作负责人检查工作班组成员精神状态、交代工作任务并进行分工、交代工作中的安全措施和注意事项	工作班成员应佩戴袖标
			工作负责人检查工作班成员对工作任务分工、工作中的安全措施和注意事项是否明确	不得有含糊或不清的事项
			工作班成员在工作票和作业卡上签名确认	

续表

√	序号	作业内容	步骤及要求	危险点控制措施、注意事项
	4	布置工作现场	工作现场设置安全护栏、作业标志和相关警示标志	
	5	工作负责人组织班组成员检查工器具	工作班成员按要求将绝缘工器具摆放在防潮垫（毯）上	1. 防潮垫（毯）应清洁、干燥； 2. 绝缘工器具不能与金属工具、材料混放
			工作班成员对绝缘工器具进行外观检查：绝缘工具应不变形损坏，操作灵活，测量准确；个人安全防护用具和遮蔽、隔离用具应无针孔、砂眼、裂纹；对安全带、脚扣作冲击试验	检查人员应戴清洁、干燥的手套
			使用绝缘高阻表对绝缘工器具进行表面绝缘电阻检测：阻值不得低于700MΩ	1. 正确使用绝缘高阻表； 2. 测量电极应符合规程的相关要求
	6	检查直线绝缘子	绝缘子表面应光滑、无裂痕	
	7	杆上作业人员穿戴安全防护用具	杆上1号、2号作业人员穿戴安全防护用具	应戴好绝缘帽、绝缘手套、绝缘披肩等个人安全防护用具

4.2 作业过程

√	序号	作业内容	步骤及要求	危险点控制措施、注意事项
	1	登杆	杆上1、2号作业人员携带绝缘吊绳及工具袋登杆至合适位置	1. 对安全带、脚扣进行冲击试验合格后，并应在距离地面不高于0.5m的高度开始登杆； 2. 杆上作业人员应交错登杆； 3. 杆上作业人员应注意保持与带电体间有足够的作业安全距离
	2	设置绝缘遮蔽措施	杆上1号作业人员用导线遮蔽罩对两边相绝缘子两侧的架空线进行绝缘遮蔽；用“柱式绝缘子、横担组合遮蔽罩”对横担及绝缘子铁件进行绝缘遮蔽	1. 杆上1号作业人员必须戴好绝缘手套，与带电体保持400mm以上的安全距离，并保证绝缘杆的有效绝缘长度在0.7m以上； 2. 绝缘遮蔽应严实、牢固；遮蔽材料的重叠部分应有15cm及以上； 3. 上下传递工器具应使用绝缘吊绳； 4. 防止高空落物
	3	安装多功能绝缘抱杆	杆上2号作业人员配合杆上1号作业人员将多功能绝缘抱杆安装在电杆的合适位置	1. 边相绝缘抱杆起吊过程中应防止碰撞电杆； 2. 杆上作业人员安装多功能绝缘抱杆时，应注意站位高度和动作幅度； 3. 边相绝缘抱杆的安装位置应考虑到抱杆撑起导线后与绝缘子之间有足够的距离，0.4m及以上； 4. 多功能绝缘抱杆应安装在横担的对面侧，以便于杆件的拆装

续表

√	序号	作业内容	步骤及要求	危险点控制措施、注意事项
	4	拆除直线绝缘子绑扎线	调整多功能绝缘抱杆，将两边相导线放入多功能绝缘抱杆支撑臂线槽内，并使导线轻微受力	1. 杆上作业人员必须戴好绝缘手套； 2. 杆上作业人员应注意站位高度，与裸露的带电体保持足够的0.4m及以上安全距离
			杆上1号作业人员和杆上2号作业人员相互配合，用绝缘工具逐相拆除绝缘子绑扎线	1. 上下传递工器具应使用绝缘吊绳； 2. 杆上作业人员必须戴好绝缘手套，并保证绝缘杆的有效绝缘长度在0.7m及以上； 3. 杆上作业人员应与带电体保持0.4m及以上的安全距离； 4. 应控制扎线的展放长度； 5. 防止高空落物
	5	更换直线绝缘子	杆上作业人员操作绝缘抱杆丝杠将两边相导线撑起，撑起高度距绝缘子在0.4m及以上	1. 杆上作业人员应与带电体保持0.4m及以上的安全距离； 2. 杆上作业人员必须戴好绝缘手套，操作多功能绝缘抱杆丝杠时应握在手持部位； 3. 在撑起导线的过程中应交替操作多功能绝缘抱杆的2根丝杠，均匀升起两边相的导线。并时刻注意多功能绝缘抱杆的受力情况
			杆上1号作业人员更换两边相直线绝缘子	1. 上下传递绝缘子应避免与电杆碰撞，使绝缘子损坏； 2. 在更换前，应将导线上的绝缘措施推至抱杆的支撑臂处，减少带电体的裸露范围； 3. 杆上作业人员应注意站位高度
	6	绑扎、固定导线	杆上作业人员操作多功能绝缘抱杆将两边相导线放入绝缘子线槽，并使多功能绝缘抱杆支撑臂轻微受力	1. 杆上作业人员必须戴好绝缘手套，操作多功能绝缘抱杆时应握在手持部位； 2. 杆上作业人员应与带电体保持0.4m及以上的安全距离
			杆上1号作业人员和杆上2号作业人员相互配合用绝缘工具绑扎线，固定导线，扎线长度应符合工艺要求	1. 上下传递工器具应使用绝缘吊绳； 2. 杆上作业人员必须戴好绝缘手套，并保证绝缘杆的有效绝缘长度在0.7m及以上； 3. 杆上作业人员应与带电体保持0.4m及以上的安全距离； 4. 应控制扎线的展放长度； 5. 防止高空落物
			杆上作业人员放下多功能绝缘抱杆支撑臂，恢复两边相的绝缘遮蔽措施	1. 杆上作业人员必须戴好绝缘手套，操作多功能绝缘抱杆时应握在手持部位； 2. 杆上作业人员应与带电体保持0.4m及以上的安全距离
	7	拆除多功能绝缘抱杆	杆上作业人员互相配合拆除边相绝缘抱杆	1. 边相绝缘抱杆传递过程中应防止碰撞电杆； 2. 杆上作业人员拆卸多功能绝缘抱杆时，应注意站位高度和动作幅度

续表

√	序号	作业内容	步骤及要求	危险点控制措施、注意事项
	8	拆除绝缘遮蔽措施	杆上1号作业人员拆除两边相的绝缘遮蔽、隔离措施	1. 杆上1号作业人员必须戴好绝缘手套，与带电体保持400mm以上的安全距离，并保证绝缘杆的有效绝缘长度在0.7m以上； 2. 上下传递工器具应使用绝缘吊绳； 3. 防止高空落物

4.3 工作结束

√	序号	作业内容	步骤及要求	危险点控制措施、注意事项
	1	工作负责人组织班组成员清理工具和现场	整理工具、材料。将工器具清洁后放入专用的箱（袋）中。清理现场	
	2	工作负责人进行工作终结	向调度汇报工作结束，并终结工作票	
	3	工作负责人召开收工会		
	4	作业人员撤离现场		

5 验收记录

记录检修中发现的问题	
存在问题及处理意见	

6 现场标准化作业指导书执行情况评估

<table>
<tr><td rowspan="4">评估内容</td><td rowspan="2">符合性</td><td>优</td><td></td><td>可操作项</td><td></td></tr>
<tr><td>良</td><td></td><td>不可操作项</td><td></td></tr>
<tr><td rowspan="2">可操作性</td><td>优</td><td></td><td>修改项</td><td></td></tr>
<tr><td>良</td><td></td><td>遗漏项</td><td></td></tr>
<tr><td>存在问题</td><td colspan="5"></td></tr>
<tr><td>改进意见</td><td colspan="5"></td></tr>
</table>

7 附录

第五章　配电线路带电作业技术与管理

绝缘斗臂车绝缘手套作业法临近带电作业

一、项目简介

所谓临近带电作业，是指作业人员采用工具或任何其他物件进入带电作业区域近旁进行的作业，即在带电杆塔上工作，不接触带电体，但作业安全距离小于0.7m，使用带电作业工作票的作业，在作业时需要采取绝缘隔离、遮蔽措施。

本项目的关键在于实施具体的工作（并不直接或间接地接触带电部位，如更换跌落式熔断器的下引线、安装分支横担、更换拉线等）前怎样安全、有效地做好绝缘隔离和遮蔽措施（可能接触带电部位），并且在实施具体工作时怎样确保工作人员的活动范围。

本章节主要介绍“绝缘斗臂车绝缘手套作业法临近带电作业——更换跌落式熔断器下引线”。在更换跌落式熔断器下引线时，上部接线板和引线仍旧带电，并且离下接线板的空气距离很小不足40cm。考虑到工作人员的动作范围，作业前必须对上接线板和可能触及范围内的上引线进行绝缘遮蔽或隔离。遮蔽或隔离的措施既可以使用绝缘挡板也可以使用绝缘包毯和绝缘软管等。

1. 使用绝缘挡板对带电体进行隔离

绝缘挡板应设置在跌落式熔断器安装支架的下方，在绝缘挡板和上接线板等带电体间形成一较大的空气间隙，保证作业中的安全（见图2-5-1）。作业时，严禁超越挡板的遮挡范围，并注意动作幅度，避免将挡板顶落。三块绝缘挡板安装的顺序为“先两边相，最后中间相”。

图2-5-1　令克绝缘挡板安装示意图

2. 使用绝缘包毯、绝缘软管对带电体进行遮蔽

使用绝缘包毯、绝缘软管对带电体进行遮蔽的顺序为“先两边相，最后中间相”，每相的遮蔽顺序为“先绝缘软管对上引线，再绝缘包毯对上接线板和上静触座等带电体”，绝缘包毯与绝缘软管间应该有15cm的重叠部分，遮蔽应严密可靠。遮蔽时，应注意绝缘斗臂车绝缘斗位置应合适，并注意动作幅度。

不论采取何种绝缘遮蔽、隔离措施，对带电体进行绝缘遮蔽后，在更换下引线时工作人员不得除下个人绝缘安全防护用具，并注意动作幅度，严禁工作人员长时间接触包毯等绝缘遮蔽措施。

二、配电线路带电作业（典型装置）典型项目现场标准化作业指导书示例

编号：DDZY/×××

绝缘斗臂车绝缘手套作业法临近带电作业

10kV×××线××杆[1]带电更换配电变压器跌落式熔断器下引线

编写：________ ________年______月______日

审核：________ ________年______月______日

批准：________ ________年______月______日

作业负责人：________

作业时间：____年___月___日___时至____年___月___日___时

××供电公司×××

---

[1] 装置说明：90°架空分支杆。

1 范围

本现场标准化作业指导书针对"10kV××线××杆"使用绝缘斗臂车绝缘手套作业法"更换跌落式熔断器下桩头引线"工作编写而成，仅适用于该项工作。

2 引用文件

下列文件中的条款通过本作业指导书的引用而成为本作业指导书的条款。

GB 50173—1992《电气装置安装工程 35kV 及以下架空电力线路施工及验收规范》

GB/T 18857—2003《配电线路带电作业技术导则》

GB/T 2900.55—2002《作业人员术语　带电作业》

DL 409—1991《电业安全工作规程（电力线路部分）》

DL/T 601—1996《架空绝缘配电线路设计技术规程》

DL/T 602—1996《架空绝缘配电线路施工及验收规程》

《国家电网公司电力安全工作规程（线路部分）》

2007《国家电网公司带电作业工作管理规定（试行）》

2004.9《现场标准化作业指导书编制导则》（国家电网公司）

3 前期准备

3.1 作业人员

本项目作业人员要求不少于 3 人。

3.1.1 作业人员要求

√	序号	责任人	资　质	人　数
	1	工作负责人（监护人）	应具有配电线路带电作业资格，并具备 3 年以上的配电带电作业实际工作经验，熟悉设备状况，有一定组织能力和事故处理能力，并经工作负责人的专门培训，考试合格。经本单位总工程师批准	1
	2	斗内作业人员	应通过 10kV 架空配电线路带电作业专项培训，考试合格并持有上岗证	1
	3	地面作业人员	应通过 10kV 架空配电线路带电作业专项培训，考试合格并持有上岗证	1

3.1.2 作业人员分工

√	序号	责任人	分　工	责任人签名
	1	×××	工作负责人（监护人）	
	2	×××	斗内作业人员	
	3	×××	地面作业人员	

3.2 工器具

出库时应对工器具进行外观检查，并确定是在合格的试验周期内。

3.2.1 个人安全防护用具

√	序号	名 称	规格/编号	单位	数量	备 注
	1	绝缘安全帽		顶	1	
	2	绝缘披肩（或绝缘服）		件	1	
	3	绝缘手套（带防护手套）		副	1	
	4	绝缘安全带		根	1	

3.2.2 常备器具

√	序号	名 称	规格/编号	单位	数量	备 注
	1	防潮垫		块	1	
	2	绝缘高阻表	2500V	只	1	
	3	风速仪		只	1	
	4	温度、湿度计		只	1	
	5	对讲机		部	2	
	6	安全遮栏、安全围绳、标示牌		副	若干	
	7	干燥清洁布		块	若干	

3.2.3 绝缘遮蔽工具

√	序号	名 称	规格/编号	单位	数量	备 注
	1	跌落式熔断器绝缘挡板❶		块	3	

3.2.4 绝缘工具

√	序号	名 称	规格/编号	单位	数量	备 注
	1	绝缘斗臂车		辆	1	
	2	绝缘吊绳	15m	根	1	

3.2.5 普通工器具

常规的线路施工所需工器具，如扳手等。

√	序号	名 称	规格/编号	单位	数量	备 注
	1	活络扳手		把	1	
	2	断线钳		把	1	
	3	剥皮刀		把	1	
	4	卷尺	5m	把	1	
	5	电动液压钳		把	1	

❶ 可固定在跌落式熔断器上下桩头间的绝缘支架上，起到隔离上下桩头的作用。

3.3 材料

包括装置性材料和消耗性材料。

√	序号	名称	规格/编号	单位	数量	备注
	1	铜铝接线端子❶		只	6	
	2	绝缘导线❷		m	若干	

4 作业程序

4.1 开工准备

√	序号	作业内容	步骤及要求	危险点控制措施、注意事项
	1	工作负责人现场复勘	工作负责人核对工作线路双重命名、杆号	
			工作负责人检查环境是否符合作业要求	
			工作负责人检查线路装置是否具备带电作业条件	1. 应检查电杆、杆根埋深等情况，防止工作中倒杆事故的发生； 2. 应确认跌落式熔断器已拉开，并已取下熔管； 3. 应确认变压器低压侧空气开关和刀开关已断开，并且高低压侧均已做好接地措施，防止倒送电
			工作负责人检查气象条件	1. 天气应晴好，无雷、雨、雪、雾； 2. 气温：−5～35℃； 3. 风力：≤10.7m/s； 4. 气相对湿度：＜80％
			检查工作票所列安全措施是否齐全，必要时在工作票上补充安全技术措施	
	2	工作负责人执行工作许可制度❸	工作负责人与调度联系，获得调度工作许可	
	3	工作负责人召开现场站班会	工作负责人宣读工作票	
			工作负责人检查工作班组成员精神状态、交代工作任务并进行分工，交代工作中的安全措施和技术措施	工作班成员应佩戴袖标
			工作负责人检查班组各成员对工作任务分工、工作中的安全措施和技术措施是否明确	
			班组各成员在工作票和作业卡上签名确认	

❶ 规格由现场引线线径的具体情况确定。

❷ 导线线径根据现场要求确定。

❸ 本项目可不停用线路重合闸。

续表

√	序号	作业内容	步骤及要求	危险点控制措施、注意事项
	4	布置工作现场	工作现场设置安全护栏、作业标志和相关警示标志	
	5	斗臂车操作人员停放绝缘斗臂车	斗臂车操作人员将绝缘斗臂车停放到最佳位置	1. 应便于绝缘斗臂车工作斗达到作业位置，避开附近电力线和障碍物； 2. 避免停放在沟道盖板上； 3. 软土地面应使用垫块或枕木，垫放时垫板重叠不超过 2 块，呈 45°角； 4. 停放位置如为坡地，停放位置坡度应不大于 7°，绝缘斗臂车车头应朝下坡方向停放
			斗臂车操作人员操作绝缘斗臂车，支腿	1. 支腿顺序应正确：H 形支腿的车型应先伸出水平支腿，再伸出垂直支腿； 2. 在坡地停放，应先支前支腿，后支后支腿； 3. 支撑应到位，车辆前后、左右呈水平；H 形支腿的车型四轮应离地。坡地停放调整水平后，车辆前后水平度应不大于 3°
			斗臂车操作人员将绝缘斗臂车可靠接地	临时接地体埋深应不少于 0.6m
	6	工作负责人组织班组成员检查工器具	班组成员按要求将绝缘工器具摆放在防潮垫（毯）上	1. 防潮垫（毯）应清洁、干燥； 2. 绝缘工器具不能与金属工具、材料混放
			班组成员对绝缘工器具进行外观检查：绝缘工具应不变形损坏，操作灵活，测量准确；个人安全防护用具和遮蔽、隔离用具应无针孔、砂眼、裂纹；检查绝缘安全带外观，并作冲击试验	检查人员应戴清洁、干燥的手套
			使用绝缘高阻表对绝缘工器具进行表面绝缘电阻检测：阻值不得低于 700MΩ	1. 应正确使用绝缘高阻表； 2. 测量电极应符合规程要求（电极极宽 2cm、电极极间 2cm）
	7	绝缘斗臂车操作人员检查绝缘斗臂车	检查绝缘斗臂车表面状况：绝缘部分应清洁、无裂纹损伤	
			进行试操作，试操作时间不少于 5min，应有回转、升降、伸缩的过程，确认液压、机械、电气系统正常可靠，制动装置可靠	试操作必须空斗进行

续表

√	序号	作业内容	步骤及要求	危险点控制措施、注意事项
	8	斗内作业人员进入绝缘斗臂车工作斗	斗内作业人员穿戴个人安全防护用具	应戴好绝缘帽、绝缘披肩、绝缘手套等个人安全防护用具，并由工作负责人检查
			斗内作业人员携带工器具进入工作斗，将工器具分类放置在绝缘斗和工具袋中	金属材料、化学物品、金属部分超出工作斗的绝缘工器具禁止带入工作斗
			斗内作业人员系好绝缘安全带	应系在斗内专用挂钩上

4.2 作业过程

√	序号	作业内容	步骤及要求	危险点控制措施、注意事项
	1	设置绝缘遮蔽、隔离措施	斗内作业人员转移工作斗到达近边相引线的合适工作位置	1. 应注意绝缘斗臂车周围杆塔、线路等情况，转移工作斗时，绝缘臂的金属部位与带电体和地电位物体的距离大于1m； 2. 靠近带电体或地电位物体时应放慢速度； 3. 作业时，如绝缘斗臂车绝缘臂为“直臂伸缩式”结构，上节绝缘臂的伸出长度应大于等于1m； 4. 作业时，绝缘斗、绝缘臂离带电体、地电位物体的距离应大于0.4m； 5. 工作斗靠近装置后，人体与跌落式熔断器上接线卡板和邻相跌落式熔断器应有足够的距离，便于设置跌落式熔断器绝缘挡板和保证安全距离
			斗内作业人员在跌落式熔断器绝缘子上安装跌落式熔断器绝缘挡板。 要求：绝缘挡板安装在跌落式熔断器安装板上方最近的绝缘子伞裙上	1. 斗内作业人员与地面作业人员传递绝缘挡板时，应使用绝缘吊绳； 2. 上下传递工具物品时，应捆绑牢固，防止高空落物； 3. 斗内作业人员安装绝缘挡板时应戴绝缘手套，并且握在绝缘挡板手柄的手持区域
			斗内作业人员转移工作斗到达远边相引线的合适工作位置	1. 应注意绝缘斗臂车周围杆塔、线路等情况，转移工作斗时，绝缘臂的金属部位与带电体和地电位物体的距离大于1m； 2. 靠近带电体或地电位物体时应放慢速度； 3. 作业时，如绝缘斗臂车绝缘臂为“直臂伸缩式”结构，上节绝缘臂的伸出长度应大于等于1m； 4. 作业时，绝缘斗、绝缘臂离带电体、地电位物体的距离应大于0.4m； 5. 工作斗靠近装置后，人体与跌落式熔断器上接线卡板和邻相跌落式熔断器应有足够的距离，便于设置跌落式熔断器绝缘挡板和保证安全距离

续表

√	序号	作业内容	步骤及要求	危险点控制措施、注意事项
	1	设置绝缘遮蔽、隔离措施	斗内作业人员在跌落式熔断器瓷瓶上安装跌落式熔断器绝缘挡板 要求：绝缘挡板安装在跌落式熔断器安装板上方最近的绝缘子伞裙上	1. 斗内作业人员与地面作业人员传递绝缘挡板时，应使用绝缘吊绳； 2. 上下传递工具物品时，应捆绑牢固，防止高空落物； 3. 斗内作业人员安装绝缘挡板时应戴绝缘手套，并且握在绝缘挡板手柄的手持区域
			斗内作业人员转移工作斗到达中间相引线的合适工作位置	1. 应注意绝缘斗臂车周围杆塔、线路等情况，转移工作斗时，绝缘臂的金属部位与带电体和地电位物体的距离大于1m； 2. 靠近带电体或地电位物体时应放慢速度； 3. 作业时，如绝缘斗臂车绝缘臂为“直臂伸缩式”结构，上节绝缘臂的伸出长度应大于等于1m； 4. 作业时，绝缘斗、绝缘臂离带电体、地电位物体的距离应大于0.4m； 5. 工作斗靠近装置后，人体与跌落式熔断器上接线卡板和邻相跌落式熔断器应有足够的距离，便于设置跌落式熔断器绝缘挡板和保证安全距离
			斗内作业人员在跌落式熔断器绝缘子上安装跌落式熔断器绝缘挡板。 要求：绝缘挡板安装在跌落式熔断器安装板上方最近的绝缘子伞裙上	1. 斗内作业人员与地面作业人员传递绝缘挡板时，应使用绝缘吊绳； 2. 上下传递工具物品时，应捆绑牢固，防止高空落物； 3. 斗内作业人员安装绝缘挡板时应戴绝缘手套，并且握在绝缘挡板手柄的手持区域
	2	更换跌落式熔断器下引线	斗内作业人员拆卸三相下引线，拆卸时按下面部位顺序进行： 1. 先跌落式熔断器下接线卡板部位； 2. 再变压器高压侧接地线和带脚磁横担或避雷器上固定引线的固定件； 3. 最后配电变压器10kV出线套管连接部位	1. 工作斗停位应合适，严禁斗内作业人员的身体任何部位超越绝缘挡板； 2. 在跌落式熔断器下接线卡板部位拆卸时，应按照先近边相、再远边相，最后中间相的顺序依次进行； 3. 应防止螺钉、螺帽、垫片等掉落，造成变压器高低压出线绝缘套管损伤； 4. 在变压器套管部位拆卸时，应防止扳手撞击变压器高低压出线绝缘套管造成损伤
			地面作业人员根据拆下的旧引线长度制作新的引线	
			斗内作业人员安装新的跌落式熔断器下引线，安装时按下面的部位顺序进行： 1. 先配电变压器10kV出线套管连接部位； 2. 带脚磁横担或避雷器部位，固定后并挂好接地线上； 3. 跌落式熔断器下接线卡板部位	1. 工作斗停位应合适，严禁斗内作业人员的身体任何部位超越绝缘挡板； 2. 在跌落式熔断器下接线卡板部位安装时，应按照先中间相、再远边相，最后近边相的顺序依次进行； 3、应按照要求将螺钉、螺帽、垫片等组合后进行安装，并防止掉落，造成变压器高低压出线绝缘套管损伤，应防止扳手撞击变压器高低压出线绝缘套管造成损伤
			检查、调整三相引线间、引线与构架间的距离	

续表

√	序号	作业内容	步骤及要求	危险点控制措施、注意事项
	3	撤除绝缘遮蔽、隔离措施	斗内作业人员转移工作斗到达中间相引线的合适工作位置	1. 应注意绝缘斗臂车周围杆塔、线路等情况，转移工作斗时，绝缘臂的金属部位与带电体和地电位物体的距离大于1m； 2. 靠近带电体或地电位物体时应放慢速度； 3. 作业时，如绝缘斗臂车绝缘臂为“直臂伸缩式”结构，上节绝缘臂的伸出长度应大于等于1m； 4. 作业时，绝缘斗、绝缘臂离带电体、地电位物体的距离应大于0.4m； 5. 工作斗靠近装置后，人体与跌落式熔断器上接线卡板和邻相跌落式熔断器应有足够的距离，便于撤除跌落式熔断器绝缘挡板和保证安全距离
			斗内作业人员撤除中间相跌落式熔断器绝缘挡板	1. 斗内作业人员撤除绝缘挡板时应戴绝缘手套，并且握在绝缘挡板手柄的手持区域； 2. 斗内作业人员与地面作业人员传递绝缘挡板时，应使用绝缘吊绳； 3. 上下传递工具物品时，应捆绑牢固，防止高空落物
			斗内作业人员转移工作斗到达远边相引线的合适工作位置	1. 应注意绝缘斗臂车周围杆塔、线路等情况，转移工作斗时，绝缘臂的金属部位与带电体和地电位物体的距离大于1m； 2. 靠近带电体或地电位物体时应放慢速度； 3. 作业时，如绝缘斗臂车绝缘臂为“直臂伸缩式”结构，上节绝缘臂的伸出长度应大于等于1m； 4. 作业时，绝缘斗、绝缘臂离带电体、地电位物体的距离应大于0.4m； 5. 工作斗靠近装置后，人体与跌落式熔断器上接线卡板和邻相跌落式熔断器应有足够的距离，便于撤除跌落式熔断器绝缘挡板和保证安全距离
			斗内作业人员撤除远边相跌落式熔断器绝缘挡板	1. 斗内作业人员撤除绝缘挡板时应戴绝缘手套，并且握在绝缘挡板手柄的手持区域； 2. 斗内作业人员与地面作业人员传递绝缘挡板时，应使用绝缘吊绳； 3. 上下传递工具物品时，应捆绑牢固，防止高空落物
			斗内作业人员转移工作斗到达近边相引线的合适工作位置	1. 应注意绝缘斗臂车周围杆塔、线路等情况，转移工作斗时，绝缘臂的金属部位与带电体和地电位物体的距离大于1m； 2. 靠近带电体或地电位物体时应放慢速度； 3. 作业时，如绝缘斗臂车绝缘臂为“直臂伸缩式”结构，上节绝缘臂的伸出长度应大于等于1m； 4. 作业时，绝缘斗、绝缘臂离带电体、地电位物体的距离应大于0.4m； 5. 工作斗靠近装置后，人体与跌落式熔断器上接线卡板和邻相跌落式熔断器应有足够的距离，便于设置跌落式熔断器绝缘挡板和保证安全距离
			斗内作业人员撤除近边相跌落式熔断器绝缘挡板	1. 斗内作业人员撤除绝缘挡板时应戴绝缘手套，并且握在绝缘挡板手柄的手持区域； 2. 斗内作业人员与地面作业人员传递绝缘挡板时，应使用绝缘吊绳； 3. 上下传递工具物品时，应捆绑牢固，防止高空落物

续表

√	序号	作业内容	步骤及要求	危险点控制措施、注意事项
	3	撤除绝缘遮蔽、隔离措施	斗内作业人员检查确认线路设备运行正常，无遗漏或缺陷后，撤离有电区域，返回地面	下降工作斗、收回绝缘臂时应注意绝缘斗臂车周围杆塔、线路等情况

4.3 工作结束

√	序号	作业内容	步骤及要求	危险点控制措施、注意事项
	1	工作负责人组织班组成员清理工具和现场	绝缘斗臂车各部件复位，收回绝缘斗臂车支腿	1. 在坡地停放时，应先收后支腿，后收前支腿； 2. 支腿收回顺序应正确：H 形支腿的车型应先收回垂直支腿，再收回水平支腿
			整理工具、材料。将工器具清洁后放入专用的箱（袋）中。清理现场	
	2	工作负责人进行工作终结	向调度汇报工作结束，并终结工作票	
	3	工作负责人召开收工会		
	4	作业人员撤离现场		

5 验收记录

记录检修中发现的问题	
存在问题及处理意见	

6 现场标准化作业指导书执行情况评估

评估内容	符合性	优		可操作项	
		良		不可操作项	
	可操作性	优		修改项	
		良		遗漏项	
存在问题					
改进意见					

7 附录

编号：DDZY/×××

绝缘斗臂车绝缘手套作业法
临近带电作业
10kV×××线××杆[1]带电更换拉线

编写：________ ________年______月______日

审核：________ ________年______月______日

批准：________ ________年______月______日

作业负责人：________

作业时间：____年___月___日___时至____年___月___日___时

××供电公司×××

[1] 装置说明：终端杆。

1 范围

本现场标准化作业指导书针对“10kV××线××杆（终端杆）”使用绝缘斗臂车绝缘手套作业法“更换拉线”工作编写而成，仅适用于该项工作。

2 引用文件

下列文件中的条款通过本作业指导书的引用而成为本作业指导书的条款。

GB 50173—1992《电气装置安装工程　35kV及以下架空电力线路施工及验收规范》

GB/T 18857—2003《配电线路带电作业技术导则》

GB/T 2900.55—2002《作业人员术语　带电作业》

DL 409—1991《电业安全工作规程（电力线路部分）》

DL/T 601—1996《架空绝缘配电线路设计技术规程》

DL/T 602—1996《架空绝缘配电线路施工及验收规程》

《国家电网公司电力安全工作规程（线路部分）》

2007《国家电网公司带电作业工作管理规定（试行）》

2004.9《现场标准化作业指导书编制导则》（国家电网公司）

3 前期准备

3.1 作业人员

本项目作业人员不少于4人。

3.1.1 作业人员要求

√	序号	责任人	资　质	人　数
	1	工作负责人（监护人）	应具有配电线路带电作业资格，并具备3年以上的配电带电作业实际工作经验，熟悉设备状况，有一定组织能力和事故处理能力，并经工作负责人的专门培训，考试合格。经本单位总工程师批准	1
	2	斗内作业人员	应通过10kV架空配电线路带电作业专项培训，考试合格并持有上岗证	2
	3	地面作业人员	应通过10kV架空配电线路带电作业专项培训，考试合格并持有上岗证	1

3.1.2 作业人员分工

√	序号	责任人	分　工	责任人签名
	1	×××	工作负责人（监护人）	
	2	×××	斗内1号作业人员	
	3	×××	斗内2号作业人员	
	4	×××	地面作业人员	

3.2 工器具

出库时应对工器具进行外观检查，并确定是在合格的试验周期内。

3.2.1 个人安全防护用具

√	序号	名 称	规格/编号	单位	数量	备 注
	1	绝缘安全帽		顶	2	
	2	绝缘披肩（或绝缘服）		件	2	
	3	绝缘手套（带防护手套）		副	2	
	4	绝缘安全带		根	2	

3.2.2 常备器具

√	序号	名 称	规格/编号	单位	数量	备 注
	1	防潮垫		块	1	
	2	绝缘高阻表	2500V	只	1	
	3	风速仪		只	1	
	4	温度、湿度计		只	1	
	5	对讲机		部	2	
	6	安全遮栏、安全围绳、标示牌		副	若干	
	7	干燥清洁布		块	若干	

3.2.3 绝缘遮蔽工具

√	序号	名 称	规格/编号	单位	数量	备 注
	1	导线遮蔽管	2.5m	根	3	
	2	绝缘毯		块	3	

3.2.4 绝缘工具

√	序号	名 称	规格/编号	单位	数量	备 注
	1	绝缘斗臂车		辆	1	
	2	绝缘吊绳	15m	根	1	

3.2.5 普通工器具

常规的线路施工所需工器具，如扳手等。

√	序号	名 称	规格/编号	单位	数量	备 注
	1	活络扳手		把	1	

4 作业程序

4.1 开工准备

√	序号	作业内容	步骤及要求	危险点控制措施、注意事项
	1	工作负责人现场复勘	工作负责人核对工作线路双重命名、杆号	
			工作负责人检查环境是否符合作业要求	
			工作负责人检查线路装置是否具备带电作业条件	现场新拉线已制作完毕
			工作负责人检查气象条件	1. 天气应晴好，无雷、雨、雪、雾； 2. 气温：－5～35℃； 3. 风力：≤10.7m/s； 4. 气相对湿度：＜80％
			检查工作票所列安全措施是否齐全，必要时在工作票上补充安全技术措施	
	2	工作负责人执行工作许可制度❶	工作负责人与调度联系，获得调度工作许可	
	3	工作负责人召开现场站班会	工作负责人宣读工作票	
			工作负责人检查工作班组成员精神状态，交代工作任务并进行分工，交代工作中的安全措施和技术措施	工作班组成员应佩戴袖标
			工作负责人检查班组各成员对工作任务分工、工作中的安全措施和技术措施是否明确	
			班组各成员在工作票和作业卡上签名确认	
	4	布置工作现场	工作现场设置安全护栏、作业标志和相关警示标志	
	5	斗臂车操作人员停放绝缘斗臂车	斗臂车操作人员将绝缘斗臂车位置停放到最佳位置	1. 应便于绝缘斗臂车工作斗达到作业位置，避开附近电力线和障碍物； 2. 避免停放在沟道盖板上； 3. 软土地面应使用垫块或枕木，垫放时垫板重叠不超过2块，呈45°角； 4. 停放位置如为坡地，停放位置坡度不大于7°，绝缘斗臂车车头应朝下坡方向停放
			斗臂车操作人员操作绝缘斗臂车，支腿	1. 支腿顺序应正确：H形支腿的车型应先伸出水平支腿，再伸出垂直支腿； 2. 在坡地停放，应先支前支腿，后支后支腿； 3. 支撑应到位，车辆前后、左右呈水平；H形支腿的车型四轮应离地。坡地停放调整水平后，车辆前后水平度应不大于3°
			斗臂车操作人员将绝缘斗臂车可靠接地	临时接地体埋深应不少于0.6m

❶ 本作业可以不停用线路重合闸。

续表

√	序号	作业内容	步骤及要求	危险点控制措施、注意事项
	6	工作负责人组织班组成员检查工器具	班组成员按要求将绝缘工器具摆放在防潮垫（毯）上	1. 防潮垫（毯）应清洁、干燥； 2. 绝缘工器具不能与金属工具、材料混放
			班组成员对绝缘工器具进行外观检查：绝缘工具应不变形损坏，操作灵活，测量准确；个人安全防护用具和遮蔽、隔离用具应无针孔、砂眼、裂纹；检查绝缘安全带外观，并作冲击试验	检查人员应戴清洁、干燥的手套
			使用绝缘高阻表对绝缘工器具进行表面绝缘电阻检测：阻值不得低于700MΩ	1. 正确使用绝缘高阻表； 2. 测量电极应符合规程要求
	7	绝缘斗臂车操作人员检查绝缘斗臂车	检查绝缘斗臂车表面状况：绝缘部分应清洁、无裂纹损伤	
			进行试操作，试操作时间不少于5min，应有回转、升降、伸缩的过程，确认液压、机械、电气系统正常可靠，制动装置可靠	试操作必须空斗进行
	8	斗内作业人员进入绝缘斗臂车工作斗	斗内作业人员穿戴个人安全防护用具	应戴好绝缘帽、绝缘披肩、绝缘手套等个人安全防护用具
			斗内作业人员携带工器具进入工作斗，将工器具分类放置在绝缘斗和工具袋中	金属材料、化学物品、金属部分超出工作斗的绝缘工器具禁止带入工作斗
			斗内作业人员系好绝缘安全带	应系在斗内专用挂钩上

4.2 作业过程

√	序号	作业内容	步骤及要求	危险点控制措施、注意事项
	1	斗内作业人员设置绝缘遮蔽、隔离措施	斗内1号作业人员转移工作斗到拉线抱箍附近	1. 应注意绝缘斗臂车周围杆塔、线路等情况，转移工作斗时，绝缘臂的金属部位与带电体和地电位物体的距离大于1m； 2. 靠近带电体或地电位物体时应放慢速度； 3. 作业时，如绝缘斗臂车绝缘臂为“直臂伸缩式”结构，上节绝缘臂的伸出长度应大于等于1m； 4. 作业时，绝缘斗、绝缘臂离带电体、地电位物体的距离应大于0.4m
			斗内2号作业人员对距拉线较近的导线等带电体按照“由近及远、由下至上、先小后大”的顺序设置绝缘遮蔽、隔离措施	1. 斗内作业人员设置绝缘遮蔽、隔离措施时必须穿戴绝缘手套； 2. 斗内作业人员与地面作业人员传递绝缘工器具时，应使用绝缘吊绳； 3. 上下传递工具物品时，应捆绑牢固，防止高空落物； 4. 斗内作业人员应注意站位，在设置绝缘遮蔽、隔离措施时与地电位物体应保持足够安全距离（0.4m）； 5. 若拉线靠近低压线时，必须在低压线上做好绝缘遮蔽措施

续表

√	序号	作业内容	步骤及要求	危险点控制措施、注意事项
	2	更换拉线	斗内作业人员在合适位置安装好新的拉线抱箍	
			将连接好线夹的新拉线连接在拉线抱箍上，并检查各部位连接是否可靠	
			地面作业人员与斗内1号作业人员配合拆卸旧拉线	应先由地面作业人员用紧线器收紧新拉线，然后将旧拉线地面端稍松开一些。接着斗内作业人员才能松开旧拉线抱箍，并进行拆卸
			地面作业人员卸下旧拉线的地面端，并连接好新拉线的地面端	
	3	斗内作业人员撤除绝缘遮蔽、隔离措施	斗内作业人员按照“由远及近、由上至下、先小后大”的顺序撤除带电体上的绝缘遮蔽、隔离措施	1. 应注意绝缘斗臂车周围杆塔、线路等情况，转移工作斗时，绝缘臂的金属部位与带电体和地电位物体的距离大于1m； 2. 靠近带电体或地电位物体时应放慢速度； 3. 作业时，如绝缘斗臂车绝缘臂为“直臂伸缩式”结构，上节绝缘臂的伸出长度应大于等于1m； 4. 作业时，绝缘斗、绝缘臂离带电体、地电位物体的距离应大于0.4m
			斗内作业人员确认线路设备运行正常，无遗漏或缺陷后，撤离有电区域，返回地面	下降工作斗、收回绝缘臂时应注意绝缘斗臂车周围杆塔、线路等情况

4.3 工作结束

√	序号	作业内容	步骤及要求	危险点控制措施、注意事项
	1	工作负责人组织班组成员清理工具和现场	绝缘斗臂车各部件复位，收回绝缘斗臂车支腿	1. 在坡地停放时，应先收后支腿，后收前支腿； 2. 支腿收回顺序应正确：H形支腿的车型应先收回垂直支腿，再收回水平支腿
			整理工具、材料。将工器具清洁后放入专用的箱（袋）中。清理现场	
	2	工作负责人进行工作终结	向调度汇报工作结束，并终结工作票	
	3	工作负责人召开收工会		
	4	作业人员撤离现场		

5 验收记录

记录检修中发现的问题	
存在问题及处理意见	

6 现场标准化作业指导书执行情况评估

<table>
<tr><td rowspan="4">评估内容</td><td rowspan="2">符合性</td><td>优</td><td></td><td>可操作项</td><td></td></tr>
<tr><td>良</td><td></td><td>不可操作项</td><td></td></tr>
<tr><td rowspan="2">可操作性</td><td>优</td><td></td><td>修改项</td><td></td></tr>
<tr><td>良</td><td></td><td>遗漏项</td><td></td></tr>
<tr><td>存在问题</td><td colspan="5"></td></tr>
<tr><td>改进意见</td><td colspan="5"></td></tr>
</table>

7 附录

绝缘斗臂车绝缘手套作业法带电简易安装、测量、调试、消缺

一、项目简介

本项目包含的常见工作内容有安装接地环、修补导线、取异物等。以上内容在项目分类时较难归类，所以项目名称统称为“建议安装、测量、调试、消缺”。不同的工作内容有不同的关键点和危险点，下面进行分述。

1. 简易安装

简易安装如接地环的安装，接地环在安装时不需对绝缘导线进行剥皮处理，工序简单，操作流程简易、快速。工作人员的安全距离较易控制，也没有引线等容易引起短路事故的物件。特别是在边相绝缘导线上安装时，绝缘斗臂车绝缘斗有较好的停位（停在线路外侧）。在中间相的绝缘导线上安装时，适当控制绝缘斗臂车绝缘斗的停位和对临近的边相带电体做好简易的绝缘遮蔽措施就可保证工作人员的安全。

2. 修补导线

导线损伤情况在表 2-6-1 所列情况下允许缠绕法或修补金具处理。

表 2-6-1　　修补导线的处理方法

处理方法＼导线类型	钢芯铝绞线	铝绞线
缠绕法	同一截面处铝股损伤超过导线部分（铝）总截面积的 5%，而在 7%以内时	同一截面处损伤超过总截面积的 5%，而在 7%以内时
修补金具处理	同一截面处铝股损伤超过导线部分（铝）总截面积的 7%，而在 25%以内时	同一截面处损伤超过总截面积的 7%，而在 17%以内时

下列几种情况不允许采用带电作业的方式来修补导线：

(1) 钢芯铝绞线铝股损伤超过 25%、铝绞线损伤超过 17%，或损伤截面虽在允许范围内，但损伤长度已超过一个修补金具所能修补的长度；

(2) 钢芯铝绞线的钢芯断股；

(3) 钢芯或内层线股形成无法修复的永久变形。

在修补过程中，为防止导线损伤处突然断裂并在断裂时拉弧，可以在修补前，用两把紧线器在损伤部位两侧对拉防止导线断裂。作业中应注意动作幅度，避免修补条晃动过大造成短路事故。

3. 取异物

在 10kV 配电线路上，常见的异物有风筝等，如图 2-6-1 所示。如异物较小，在作业过程中不会由于物体的晃动造成短路事故的，可以采取直接作业法进行。当异物在边相导线上时工作较简单易行，但当异物在中间相导线或横担、绝缘子处，应有一定的绝缘遮蔽、隔离措施，并注意动作幅度。作业中异物的晃动可能造成短路事故的，应在绝缘斗臂车绝缘斗中采取间接作业法，使用一根或多根操作杆将异物取下。

图 2-6-1 架空线路上的风筝

二、配电线路带电作业（典型装置）典型项目现场标准化作业指导书示例

编号：DDZY/×××

绝缘斗臂车绝缘手套作业法带电简易安装、测量、调试、消缺

10kV×××线××杆[1]带电安装接地环

编写：________ ________年______月______日

审核：________ ________年______月______日

批准：________ ________年______月______日

作业负责人：________

作业时间：____年___月___日___时至____年___月___日___时

××供电公司×××

---

[1] 装置说明：绝缘导线，单回路三角排列。

1 范围

本现场标准化作业指导书针对“10kV××线××杆”使用绝缘斗臂车绝缘手套作业法“安装接地环”工作编写而成，仅适用于该项工作。

2 引用文件

下列文件中的条款通过本作业指导书的引用而成为本作业指导书的条款。

GB 50173—1992《电气装置安装工程35kV及以下架空电力线路施工及验收规范》

GB/T 18857—2003《配电线路带电作业技术导则》

GB/T 2900.55—2002《作业人员术语　带电作业》

DL 409—1991《电业安全工作规程（电力线路部分）》

DL/T 601—1996《架空绝缘配电线路设计技术规程》

DL/T 602—1996《架空绝缘配电线路施工及验收规程》

《国家电网公司电力安全工作规程（线路部分）》

2007《国家电网公司带电作业工作管理规定（试行）》

2004.9《现场标准化作业指导书编制导则》（国家电网公司）

3 前期准备

3.1 作业人员

3.1.1 作业人员要求

√	序号	责任人	资　质	人　数
	1	工作负责人（监护人）	应具有配电线路带电作业资格，并具备3年以上的配电带电作业实际工作经验，熟悉设备状况，有一定组织能力和事故处理能力，并经工作负责人的专门培训，考试合格	1
	2	斗内1号作业人员	应通过10kV架空配电线路带电作业专项培训，考试合格并持有上岗证	1
	3	斗内2号作业人员	应通过10kV架空配电线路带电作业专项培训，考试合格并持有上岗证	1
	4	地面作业人员	应通过10kV架空配电线路带电作业专项培训，考试合格并持有上岗证	1

3.1.2 作业人员分工

√	序号	责任人	分　工	责任人签名
	1	×××	工作负责人（监护人）	
	2	×××	斗内1号作业人员	
	3	×××	斗内2号作业人员	
	4	×××	地面作业人员	

3.2 工器具

出库时应对工器具进行外观检查，并确定是在合格的试验周期内。

3.2.1 个人安全防护用具

√	序号	名　称	规格/编号	单位	数量	备　注
	1	绝缘安全帽		顶	2	
	2	绝缘披肩（或绝缘服）		件	2	
	3	绝缘手套（带防护手套）		副	5	
	4	绝缘安全带		根	2	
	5	绝缘靴		双	3	

3.2.2 常备器具

√	序号	名　称	规格/编号	单位	数量	备　注
	1	防潮垫		块	1	
	2	绝缘高阻表	2500V	只	1	
	3	风速仪		只	1	
	4	温度、湿度计		只	1	
	5	对讲机		部	2	
	6	安全遮栏、安全围绳、标示牌		副	若干	
	7	干燥清洁布		块	若干	

3.2.3 绝缘遮蔽工具

√	序号	名　称	规格/编号	单位	数量	备　注
	1	绝缘毯		块	4	
	2	导线遮蔽管		根	1	
	3	绝缘夹		只	若干	

3.2.4 绝缘工具

√	序号	名　称	规格/编号	单位	数量	备　注
	1	绝缘斗臂车		辆	1	

3.2.5 普通工器具

常规的线路施工所需工器具，如扳手等。

√	序号	名　称	规格/编号	单位	数量	备　注
	1	个人工具		套	1	

3.3 材料

包括装置性材料和消耗性材料。

√	序号	名　称	规格/编号	单位	数量	备　注
	1	接地环		只	3	

4 作业程序

4.1 开工准备

√	序号	作业内容	步骤及要求	危险点控制措施、注意事项
	1	工作负责人现场复勘	工作负责人核对工作线路双重命名、杆号	
			工作负责人检查环境是否符合作业要求	
			工作负责人检查线路装置是否具备带电作业条件	扎线无断线现象
			工作负责人检查气象条件	1. 天气应晴好，无雷、雨、雪、雾； 2. 气温：−5～35℃； 3. 风力：≤10.7m/s； 4. 气相对湿度：<80%
			检查工作票所列安全措施是否齐全，必要时在工作票上补充安全技术措施	
	2	工作负责人执行工作许可制度	工作负责人与调度联系，获得调度工作许可	确定作业线路重合闸已退出。必须注意的是： 1. 如为多回路线路，必要时应同时停用重合闸； 2. 如作业点联络开关，应同时停用两侧线路的重合闸
	3	工作负责人召开现场站班会	工作负责人宣读工作票	
			工作负责人检查工作班组成员精神状态、交代工作任务进行分工、交代工作中的安全事项和措施	工作班成员应佩戴袖标
			工作负责人检查班组各成员对工作任务分工、工作中的安全和措施是否明确	
			班组各成员在工作票和作业卡上签字确认	
	4	布置工作现场	工作现场设置安全护栏、作业标志和相关警示标志	

续表

√	序号	作业内容	步骤及要求	危险点控制措施、注意事项
	5	斗臂车操作人员停放绝缘斗臂车	斗臂车操作人员将绝缘斗臂车位置停放到最佳位置	1. 应便于绝缘斗臂车工作斗达到作业位置，避开附近电力线和障碍物； 2. 避免停放在沟道盖板上； 3. 软土地面应使用垫块或枕木，垫放时垫板重叠不超过2块，呈45°角； 4. 停放位置如为坡地，停放位置坡度不大于7°，绝缘斗臂车车头应朝下坡方向停放
			斗臂车操作人员操作绝缘斗臂车，支腿	1. 支腿顺序应正确：H形支腿的车型应先伸出水平支腿，再伸出垂直支腿； 2. 在坡地停放，应先支前支腿，后支后支腿； 3. 支撑应到位，车辆前后、左右呈水平；H形支腿的车型四轮应离地。坡地停放调整水平后，车辆前后高度应不大于3°
			斗臂车操作人员将绝缘斗臂车可靠接地	临时接地体埋深应不少于0.6m
	6	检查接地环	检查接地环质量符合要求	所安装的接地环应与绝缘导线相配套
	7	工作负责人组织班组成员检查工器具	班组成员按要求将绝缘工器具摆放在防潮垫（毯）上	1. 防潮垫（毯）应清洁、干燥； 2. 绝缘工器具不能与金属工具、材料混放
			班组成员对绝缘工器具进行外观检查：绝缘工具应不变形损坏，操作灵活；个人安全防护用具和遮蔽、隔离用具应无针孔、砂眼、裂纹；检查绝缘安全带外观，并作冲击试验	检查人员应戴清洁、干燥的手套
			使用绝缘高阻表对绝缘工器具进行表面绝缘电阻检测：阻值不得低于700MΩ	1. 正确使用绝缘高阻表； 2. 测量电极应符合规程要求
	8	绝缘斗臂车操作人员检查绝缘斗臂车	检查绝缘斗臂车表面状况：绝缘部分应清洁、无裂纹损伤	
			进行试操作，试操作时间不少于5min，应有回转、升降、伸缩的过程，确认液压、机械、电气系统正常可靠，制动装置可靠	试操作必须空斗进行
	9	斗内作业人员进入绝缘斗臂车工作斗	斗内作业人员穿戴个人安全防护用具	应戴好绝缘帽、绝缘手套等个人安全防护用具
			斗内作业人员携带工器具进入工作斗，将工器具分类放置在斗中和工具袋中	金属材料、化学物品、金属部分超出工作斗的绝缘工器具禁止带入工作斗
			斗内作业人员系好绝缘安全带	应系在斗内专用挂钩上

4.2 作业过程

√	序号	作业内容	步骤及要求	危险点控制措施、注意事项
	1	设置导线绝缘遮蔽	斗内1号作业人员对内边相导线进行绝缘遮蔽	1. 转移工作斗时应注意绝缘斗臂车周围杆塔、线路等情况，绝缘臂的金属部位与带电体和地电位物体的距离大于1m； 2. 作业时，如绝缘斗臂车绝缘臂为“直臂伸缩式”结构，上节绝缘臂的伸出长度应大于等于1m； 3. 斗内作业人员与地面作业人员传递绝缘工器具时，应使用绝缘吊绳，并捆绑牢固，防止高空落物； 4. 斗内作业人员设置绝缘遮蔽、隔离措施时必须穿戴绝缘手套，并应注意站位，在设置绝缘遮蔽、隔离措施时与地电位物体应保持足够安全距离（0.4m）
	2	安装接地环	斗内1号作业人员在中间相导线离电杆约0.6m处安装接地环	1. 转移工作斗时应注意绝缘斗臂车周围杆塔、线路等情况，绝缘臂的金属部位与带电体和地电位物体的距离大于1m； 2. 安装接地环时，应防止工作斗压到内边相导线，并注意工作斗与横担、绝缘子之间保持足够的距离； 3. 斗内作业人员安装接地环时必须穿戴绝缘手套，并应注意站位，在安装接地环时与地电位物体应保持足够安全距离（0.4m）
			斗内1号作业人员在外边相导线离电杆约0.6m处安装接地环	1. 转移工作斗时应注意绝缘斗臂车周围杆塔、线路等情况，绝缘臂的金属部位与带电体和地电位物体的距离大于1m； 2. 安装接地环时，应防止工作斗压到内边相导线，并注意工作斗与横担、绝缘子之间保持足够的距离； 3. 斗内作业人员安装接地环时必须穿戴绝缘手套，并应注意站位，在安装接地环时与地电位物体应保持足够安全距离（0.4m）
			斗内1号作业人员在内边相导线离电杆约0.6m处安装接地环	1. 转移工作斗时应注意绝缘斗臂车周围杆塔、线路等情况，绝缘臂的金属部位与带电体和地电位物体的距离大于1m； 2. 安装接地环时，应防止工作斗压到内边相导线，并注意工作斗与横担、绝缘子之间保持足够的距离； 3. 斗内作业人员安装接地环时必须穿戴绝缘手套，并应注意站位，在安装接地环时与地电位物体应保持足够安全距离（0.4m）
	3	撤除绝缘遮蔽、隔离措施	斗内1号作业人员撤除内边相绝缘遮蔽、隔离措施	
			斗内作业人员检查确认线路设备运行正常，无遗漏或缺陷后，撤离有电区域，返回地面	下降工作斗、收回绝缘臂时应注意绝缘斗臂车周围杆塔、线路等情况

4.3 工作结束

√	序号	作业内容	步骤及要求	危险点控制措施、注意事项
	1	工作负责人组织班组成员清理工具和现场	绝缘斗臂车各部件复位，收回绝缘斗臂车支腿	1. 在坡地停放，应先收后支腿，后收前支腿； 2. 支腿收回顺序应正确：H形支腿的车型应先收回垂直支腿，再收回水平支腿
			整理工具、材料。将工器具清洁后放入专用的箱（袋）中。清理现场	
	2	工作负责人进行工作终结	向调度汇报工作结束，并终结工作票	
	3	工作负责人召开收工会		
	4	作业人员撤离现场		

5 验收记录

记录检修中发现的问题	
存在问题及处理意见	

6 现场标准化作业指导书执行情况评估

评估内容	符合性	优		可操作项	
		良		不可操作项	
	可操作性	优		修改项	
		良		遗漏项	
存在问题					
改进意见					

7 附录

绝缘斗臂车绝缘手套作业法带电断、接引线

一、项目简介

断、接引线的技能是带电作业工作人员必须掌握的最基本的技能，在许多带电作业工作中都得到应用，如更换开关等。只有熟练掌握了该项技能，才能进一步开展其他的作业项目。这里所指的引线包括各类开关设备（跌落式熔断器、断路器、隔离开关等）的引线、避雷器引线等，也包括未经开关分段的架空或电缆分支线的引线。不同的作业对象和工作内容，在作业中危险点有所不同，采取的技术手段或措施也不同。

1. 分支线引线

对于未经开关分段的架空或电缆分支线的引线，由于有一定的空载电容电流，应在不同的长度情况下采取不同的措施。

（1）当分支线路较短（电缆线路小于100m，架空线路小于3500m）时，采用绝缘杆使引线与主导线接通、脱离或采用绝缘斗臂车绝缘杆作业法进行断接引线（另见绝缘斗臂车绝缘杆作业法进行断接引线）。

（2）当分支线路较长（电缆线路大于100m，架空线路大于3500m）时，应采用专用的消弧设备进行断、接引线。

另外应禁止带负荷断接引线，带接地线或接地故障接引线。

（1）断引线工作。在到达现场后应首先检查分支线路的负荷侧各断开点的开关设备均已断开，并挂好“线路有人工作，禁止合闸”的标志牌，避免带负荷断引和分支线倒送电引起触电事故。登杆作业前应进一步确认引线没有负荷电流，避免带负荷断引线。

（2）搭接引线工作。在到达现场后应首先检查分支线路的负荷侧各断开点的开关设备均已断开，并挂好“线路有人工作，禁止合闸”的标志牌，避免带负荷接引线。登杆作业前应进行验电，避免分支线倒送电引起触电事故。最后应确认分支线没有接地，避免带接地线或接地故障接引线，接引线前可以通过现场或检测分支长线的绝缘电阻来判断有无接地。

断接引线作业时应戴防弧眼镜或防弧面罩。

2. 开关设备引线

开关设备的引线较短，在断、接时可以不考虑引线的空载电容电流。但必须注意当设备的绝缘有损伤的情况下，在断、接引线时泄漏电流较大会产生较大的电弧，会影响作业人员的精神状态和技术动作，甚至对作业人员造成伤害。所以在搭接引线前，应对设备的绝缘部分进行检查，在断引线（包括更换设备拆除旧设备的引线）前，还必须对设备支架等进行验电，并且采用绝缘操作杆拆除引线，使作业人员与设备有一定的距离，作业人员作业时要果断、迅速，以保证人员安全。

断、接开关设备的引线时，应避免分支线（或分支设备）倒送电引起触电：①要在工作前确认跌落式熔断器已断开，熔管并已取下（还可避免引线在脱离主导线时有拉弧现象）；②确认分支线（或分支设备）侧已挂好接地线。

3. 避雷器引线

新增避雷器在安装前应须检查非线性电阻的性能，避免内部非线性电阻性能损坏，在搭接避雷器引线时泄漏电流过大而拉弧。

图 2-7-1　损坏的避雷器

安装有避雷器的电杆装置的设备构件间、引线间的间距通常非常紧凑，带电作业时的安全距离很难得到保障。在登杆更换避雷器前应先对避雷器安装支架进行验电，避免支架带电而工作人员安全意识不够以及绝缘遮蔽措施不足而造成触电事故。当安装支架有电时，应使用绝缘操作杆将引线脱离避雷器上桩头。作业中除了严密的绝缘遮蔽措施外，工作人员还应穿戴使用全套个人绝缘防护用具。

更换避雷器及其引线时，应特别注意避雷器对系统的绝缘水平有重要的影响，当避雷器退出运行时，被保护的设备处过电压水平会明显升高。如更换避雷器采用先拆除旧设备然后安装新设备的方法，在旧避雷器拆除后，一旦线路有过电压，由于没有避雷器释放过电压，对被保护的设备和作业人员都带来不利的影响。所以更换避雷器时，应先选择合适的位置安装新的避雷器支架和避雷器及其接地引下线部分，然后搭接避雷器引线，最后拆除旧的避雷器。

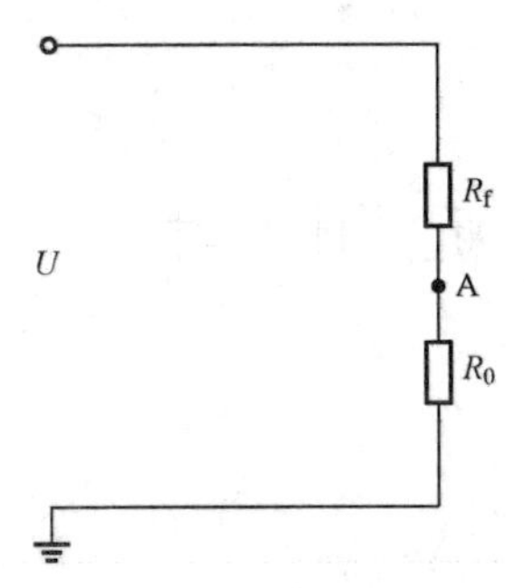

图 2-7-2　运行避雷器回路等值电路

U—相线对地电压；R_f—避雷器电阻；R_0—避雷器支架至大地之间的电阻；A—避雷器安装支架

在避雷器的内部非线性电阻、外绝缘或接地引下线有损伤时，其安装支架通常具有一定的电位，现简单分析如下（见图 2-7-2）：

（1）当避雷器性能良好和避雷器接地引下装置良好的情况下，$R_f \gg R_0$，避雷器支架上的电位 $U_A=\frac{R_0}{R_0+R_f}U\approx 0$，用验电器进行验电时应没有响应。

（2）当避雷器性能损伤或避雷器接地引下装置被破坏或接触不良的情况下，如 $R_f \approx R_0$，避雷器支架上的电位 $U_A=\frac{R_0}{R_0+R_f}U\approx\frac{U}{2}$，用验电器进行验电时应有响应。

二、配电线路带电作业（典型装置）典型项目现场标准化作业指导书示例

编号：DDZY/×××

绝缘斗臂车绝缘手套作业法
带电断、接引线

10kV×××线××杆带电搭接跌落式熔断器上引线❶

编写：________ ________年______月______日

审核：________ ________年______月______日

批准：________ ________年______月______日

作业负责人：________

作业时间：____年___月___日___时至____年___月___日___时

××供电公司×××

❶ 装置说明：绝缘导线，单回路三角排列、直线杆；分支线路为90°分支，分支横担单只侧跌落式熔断器的上引线搭接在内边相。

1 范围

本现场标准化作业指导书针对“10kV××线××杆”使用绝缘斗臂车绝缘手套作业法“搭接跌落式熔断器上引线”工作编写而成，仅适用于该项工作。

2 引用文件

下列文件中的条款通过本作业指导书的引用而成为本作业指导书的条款。

GB 50173—1992《电气装置安装工程 35kV 及以下架空电力线路施工及验收规范》

GB/T 18857—2003《配电线路带电作业技术导则》

GB/T 2900.55—2002《作业人员术语　带电作业》

DL 409—1991《电业安全工作规程（电力线路部分）》

DL/T 601—1996《架空绝缘配电线路设计技术规程》

DL/T 602—1996《架空绝缘配电线路施工及验收规程》

《国家电网公司电力安全工作规程（线路部分）》

2007《国家电网公司带电作业工作管理规定（试行）》

2004.9《现场标准化作业指导书编制导则》（国家电网公司）

3 前期准备

3.1 作业人员

3.1.1 作业人员要求

√	序号	责任人	资　　质	人　数
	1	工作负责人（监护人）	应具有配电线路带电作业资格，并具备 3 年以上的配电带电作业实际工作经验，熟悉设备状况，有一定组织能力和事故处理能力，并经工作负责人的专门培训，考试合格	1
	2	斗内 1 号作业人员	应通过 10kV 架空配电线路带电作业专项培训，考试合格并持有上岗证	1
	3	斗内 2 号作业人员	应通过 10kV 架空配电线路带电作业专项培训，考试合格并持有上岗证	1
	4	地面作业人员	应通过 10kV 架空配电线路带电作业专项培训，考试合格并持有上岗证	1

3.1.2 作业人员分工

√	序号	责任人	分　　工	责任人签名
	1	×××	工作负责人（监护人）	
	2	×××	斗内 1 号作业人员	
	3	×××	斗内 2 号作业人员	
	4	×××	地面作业人员	

3.2 工器具

出库时应对工器具进行外观检查，并确定是在合格的试验周期内。

3.2.1 个人安全防护用具

√	序号	名称	规格/编号	单位	数量	备注
	1	绝缘安全帽		顶	1/人	
	2	绝缘披肩（或绝缘服）		件	2	
	3	绝缘手套（带防护手套）		副	2	
	4	绝缘安全带		根	2	

3.2.2 常备器具

√	序号	名称	规格/编号	单位	数量	备注
	1	绝缘斗臂车		台	1	
	2	防潮垫		块	1	
	3	绝缘电阻测试仪	2500V	台	1	
	4	风速仪		只	1	
	5	温度、湿度计		只	1	
	6	对讲机		部	2	
	7	安全遮栏、安全围绳、标示牌		副	若干	
	8	干燥清洁布		块	若干	

3.2.3 绝缘遮蔽工具

√	序号	名称	规格/编号	单位	数量	备注
	1	绝缘软管		根	3	
	2	导线遮蔽管		根	2	
	3	绝缘挡板		块	1	
	4	柱式绝缘子罩		只	2	

3.2.4 绝缘工具

√	序号	名称	规格/编号	单位	数量	备注
	1	绝缘斗臂车		辆	1	

3.2.5 工器具

常规的线路施工所需工器具，如扳手等。

√	序号	名　称	规格/编号	单位	数量	备　注
	1	个人工具		套/人	1	
	2	断线钳		把	1	
	3	棘轮扳手		把	1	

3.3 材料

包括装置性材料和消耗性材料。

√	序号	名　称	规格/编号	单位	数量	备　注
	1	异型并沟线夹		只	6	

4 作业程序

4.1 开工准备

√	序号	作业内容	步骤及要求	危险点控制措施、注意事项
	1	工作负责人现场复勘	工作负责人核对工作线路双重命名、杆号	
			工作负责人检查环境是否符合作业要求	
			工作负责人检查线路装置是否具备带电作业条件	应确认三相跌落式熔断器已拉开，并取下熔管
			工作负责人检查气象条件	1. 天气应晴好，无雷、雨、雪、雾； 2. 气温：－5～35℃； 3. 风力：＜5 级； 4. 空气相对湿度：＜80％
			检查工作票所列安全措施是否齐全，必要时在工作票上补充安全技术措施	
	2	工作负责人执行工作许可制度	工作负责人与调度联系，获得调度工作许可	
	3	上作负责人召开现场站班会	工作负责人宣读工作票	
			工作负责人检查工作班组成员精神状态、交代工作任务并进行分工、交代工作中的安全事项和措施	工作班成员应佩戴袖标
			工作负责人检查班组各成员对工作任务分工、工作中的安全和措施是否明确	
			班组各成员在工作票和作业卡上签名确认	
	4	布置工作现场	工作现场设置安全护栏、作业标志和相关警示标志	

续表

√	序号	作业内容	步骤及要求	危险点控制措施、注意事项
	5	斗臂车操作人员停放绝缘斗臂车	斗臂车操作人员将绝缘斗臂车位置停放到最佳位置	1. 应便于绝缘斗臂车工作斗达到作业位置，避开附近电力线和障碍物； 2. 避免停放在沟道盖板上； 3. 软土地面应使用垫块或枕木，垫放时垫板重叠不超过2块，呈45°角； 4. 停放位置如为坡地，停放位置坡度不大于7°，绝缘斗臂车车头应朝下坡方向停放
			斗臂车操作人员操作绝缘斗臂车，支腿	1. 支腿顺序应正确：H形支腿的车型应先伸出水平支腿，再伸出垂直支腿； 2. 在坡地停放，应先支前支腿，后支后支腿； 3. 支撑应到位，车辆前后、左右呈水平；H形支腿的车型四轮应离地。坡地停放调整水平后，车辆前后高度应不大于3°
			斗臂车操作人员将绝缘斗臂车可靠接地	临时接地体埋深应不少于0.6m
	6	工作负责人组织班组成员检查工器具	班组成员按要求将绝缘工器具摆放在防潮垫（毯）上	防潮垫（毯）应清洁、干燥；绝缘工器具不能与金属工具、材料混放
			班组成员对绝缘工器具进行外观检查：绝缘工具应不变形损坏，操作灵活，测量准确；个人安全防护用具和遮蔽、隔离用具应无针孔、砂眼、裂纹；检查绝缘安全带外观，并作冲击试验	检查人员应戴清洁、干燥的手套
			使用绝缘电阻测试仪对绝缘工器具进行表面绝缘电阻检测：阻值不得低于700MΩ	1. 正确使用绝缘电阻测试仪； 2. 测量电极应符合规程要求
	7	绝缘斗臂车操作人员检查绝缘斗臂车	检查绝缘斗臂车表面状况，绝缘部分应清洁、无裂纹损伤	
			进行试操作，试操作时间不少于5min，应有回转、升降、伸缩的过程，确认液压、机械、电气系统正常可靠，制动装置可靠	试操作必须空斗进行
	8	斗内作业人员进入绝缘斗臂车工作斗	斗内作业人员穿戴个人安全防护用具	应戴好绝缘帽、绝缘手套等个人安全防护用具
			斗内作业人员携带工器具进入工作斗，将工器具分类放置在斗中和工具袋中	金属材料、化学物品、金属部分超出工作斗的绝缘工器具禁止带入工作斗
			斗内作业人员系好绝缘安全带	应系在斗内专用挂钩上

4.2 作业过程

√	序号	作业内容	步骤及要求	危险点控制措施、注意事项
	1	设置绝缘遮蔽	斗内2号作业人员转移工作斗至双只跌落式熔断器侧，斗内1号作业人员对内边相导线设置绝缘遮蔽措施	1. 转移工作斗时应注意绝缘斗臂车周围杆塔、线路等情况，绝缘臂的金属部位与带电体和地电位物体的距离大于1m； 2. 作业时，如绝缘斗臂车绝缘臂为“直臂伸缩式”结构，上节绝缘臂的伸出长度应大于等于1m； 3. 斗内作业人员与地面作业人员传递绝缘工器具时，应使用绝缘吊绳，并捆绑牢固，防止高空落物； 4. 斗内作业人员设置绝缘遮蔽、隔离措施时必须穿戴绝缘手套，并应注意站位，在设置绝缘遮蔽、隔离措施时与地电位物体应保持足够安全距离（0.4m）
	2	搭接中间相跌落式熔断器上引线	斗内2号作业人员转移工作斗，斗内1号作业人员搭接中间相跌落式熔断器上引线：引线与电杆及金具的距离应大于等于0.3m，使用2个并沟线夹	1. 转移工作斗时应注意绝缘斗臂车周围杆塔、线路等情况，绝缘臂的金属部位与带电体和地电位物体的距离大于1m； 2. 搭接引线时，应注意工作斗不能压到边相导线，并与横担、绝缘子之间保持足够的距离； 3. 斗内作业人员搭接时必须穿戴绝缘手套，注意站位，与地电位物体应保持足够安全距离（0.4m）
	3	补充遮蔽、隔离措施	斗内2号作业人员转移工作斗，斗内1号作业人员将绝缘挡板设置在分支横担上，作为跌落式熔断器之间的隔离，并使用绝缘软管对中相引线进行绝缘遮蔽	1. 转移工作斗时应注意绝缘斗臂车周围杆塔、线路等情况，绝缘臂的金属部位与带电体和地电位物体的距离大于1m； 2. 作业时，如绝缘斗臂车绝缘臂为“直臂伸缩式”结构，上节绝缘臂的伸出长度应大于等于1m； 3. 斗内作业人员与地面作业人员传递绝缘工器具时，应使用绝缘吊绳，并捆绑牢固，防止高空落物； 4. 斗内作业人员设置绝缘遮蔽、隔离措施时必须穿戴绝缘手套，并应注意站位，在设置绝缘遮蔽、隔离措施时与地电位物体应保持足够安全距离（0.4m）
	4	搭接外边相引流线	斗内2号作业人员转移工作斗，斗内1号作业人员搭接外边相跌落式熔断器上引线：引线与中间相引线的距离应大于等于0.3m，使用2个并沟线夹	1. 转移工作斗时应注意绝缘斗臂车周围杆塔、线路等情况，绝缘臂的金属部位与带电体和地电位物体的距离大于1m； 2. 搭接引线时，工作斗在外边相导线的外侧，并与横担、绝缘子之间保持足够的距离； 3. 斗内作业人员搭接时必须穿戴绝缘手套，注意站位，与地电位物体应保持足够安全距离（0.4m）
	5	撤除绝缘遮蔽、隔离措施	斗内2号作业人员转移工作斗，斗内1号作业人员按由远到近”的顺序撤除装置上的绝缘遮蔽、隔离措施：先中相引线绝缘软管，再绝缘挡板，最后导线遮蔽管	1. 转移工作斗时应注意绝缘斗臂车周围杆塔、线路等情况，绝缘臂的金属部位与带电体和地电位物体的距离大于1m； 2. 作业时，如绝缘斗臂车绝缘臂为“直臂伸缩式”结构，上节绝缘臂的伸出长度应大于等于1m； 3. 斗内作业人员与地面作业人员传递绝缘工器具时，应使用绝缘吊绳，并捆绑牢固，防止高空落物； 4. 斗内作业人员撤除绝缘遮蔽、隔离措施时必须穿戴绝缘手套，并应注意站位，在设置绝缘遮蔽、隔离措施时与地电位物体应保持足够安全距离（0.4m）

续表

√	序号	作业内容	步骤及要求	危险点控制措施、注意事项
	6	搭接内边相引流线	斗内2号作业人员转移工作斗，斗内1号作业人员搭接内边相跌落式熔断器上引线：引线与电杆及金具的距离应大于等于0.3m，使用2个并沟线夹	1. 转移工作斗时应注意绝缘斗臂车周围杆塔、线路等情况，绝缘臂的金属部位与带电体和地电位物体的距离大于1m； 2. 搭接引线时，工作斗在外边相导线的内侧，并与横担、绝缘子之间保持足够的距离； 3. 斗内作业人员搭接时必须穿戴绝缘手套，注意站位，与地电位物体应保持足够安全距离（0.4m）
	7	撤离杆塔	斗内作业人员检查装置符合运行要求，确认无遗留物后，撤离有电区域，返回地面	下降工作斗、收回绝缘臂时应注意绝缘斗臂车周围杆塔、线路等情况

4.3 工作结束

√	序号	作业内容	步骤及要求	危险点控制措施、注意事项
	1	工作负责人组织班组成员清理工具和现场	整理工具、材料，将工器具清洁后放入专用的箱（袋）中，清理现场，撤除现场设置的安全护栏、作业标志和相关警示标志	
			绝缘斗臂车各部件复位，收回绝缘斗臂车支腿	1. 在坡地停放时，应先收后支腿，后收前支腿； 2. 支腿收回顺序应正确：H形支腿的车型，应先收回垂直支腿，再收回水平支腿
	2	工作负责人办理工作终结	向调度汇报工作结束，并终结工作票	
	3	工作负责人召开收工会		
	4	作业人员撤离现场		

5 验收记录

记录检修中发现的问题	
存在问题及处理意见	

6 现场标准化作业指导书执行情况评估

<table>
<tr><td rowspan="4">评估内容</td><td rowspan="2">符合性</td><td>优</td><td></td><td>可操作项</td><td></td></tr>
<tr><td>良</td><td></td><td>不可操作项</td><td></td></tr>
<tr><td rowspan="2">可操作性</td><td>优</td><td></td><td>修改项</td><td></td></tr>
<tr><td>良</td><td></td><td>遗漏项</td><td></td></tr>
<tr><td>存在问题</td><td colspan="5"></td></tr>
<tr><td>改进意见</td><td colspan="5"></td></tr>
</table>

7 附录

编号：DDZY/×××

绝缘斗臂车绝缘手套作业法
带电断、接引线

10kV×××线××杆带电更换避雷器[1]

编写：________ ________年______月______日

审核：________ ________年______月______日

批准：________ ________年______月______日

作业负责人：________

作业时间：____年___月___日___时至____年___月___日___时

××供电公司×××

[1] 装置说明：单回路三角排列，终端杆。

1 范围

本现场标准化作业指导书针对“10kV××线××杆”使用绝缘斗臂车绝缘手套作业法“更换避雷器”工作编写而成，仅适用于该项工作。

2 引用文件

下列文件中的条款通过本作业指导书的引用而成为本作业指导书的条款。

GB 50173—1992《电气装置安装工程 35kV 及以下架空电力线路施工及验收规范》

GB/T 18857—2003《配电线路带电作业技术导则》

GB/T 2900.55—2002《作业人员术语　带电作业》

DL 409—1991《电业安全工作规程（电力线路部分）》

DL/T 601—1996《架空绝缘配电线路设计技术规程》

DL/T 602—1996《架空绝缘配电线路施工及验收规程》

《国家电网公司电力安全工作规程（线路部分）》

2007《国家电网公司带电作业工作管理规定（试行）》

2004.9《现场标准化作业指导书编制导则》（国家电网公司）

3 前期准备

3.1 作业人员

3.1.1 作业人员要求

√	序号	责任人	资　质	人　数
	1	工作负责人（监护人）	应具有配电线路带电作业资格，并具备 3 年以上的配电带电作业实际工作经验，熟悉设备状况，有一定组织能力和事故处理能力，并经工作负责人的专门培训，考试合格	1
	2	斗内 1 号作业人员	应通过 10kV 架空配电线路带电作业专项培训，考试合格并持有上岗证	1
	3	斗内 2 号作业人员	应通过 10kV 架空配电线路带电作业专项培训，考试合格并持有上岗证	1
	4	地面作业人员	应通过 10kV 架空配电线路带电作业专项培训，考试合格并持有上岗证	1

3.1.2 作业人员分工

√	序号	责任人	分　工	责任人签名
	1	×××	工作负责人（监护人）	
	2	×××	斗内 1 号作业人员	
	3	×××	斗内 2 号作业人员	
	4	×××	地面作业人员	

3.2 工器具

出库时应对工器具进行外观检查，并确定是在合格的试验周期内。

3.2.1 个人安全防护用具

√	序号	名 称	规格/编号	单位	数量	备 注
	1	绝缘安全帽		顶	2	
	2	绝缘披肩（或绝缘服）		件	2	
	3	绝缘手套（带防护手套）		副	2	
	4	绝缘安全带		根	2	

3.2.2 常备器具

√	序号	名 称	规格/编号	单位	数量	备 注
	1	防潮垫		块	1	
	2	绝缘高阻表	2500V	只	1	
	3	风速仪		只	1	
	4	温度、湿度计		只	1	
	5	对讲机		部	2	
	6	安全遮栏、安全围绳、标示牌		副	若干	
	7	干燥清洁布		块	若干	

3.2.3 绝缘遮蔽工具

√	序号	名 称	规格/编号	单位	数量	备 注
	1	绝缘软管		根	12	
	2	绝缘毯		块	21	
	3	绝缘毯夹		只	若干	

3.2.4 绝缘工具

√	序号	名 称	规格/编号	单位	数量	备 注
	1	绝缘斗臂车		辆	1	
	2	高压验电器		支	1	
	3	绝缘绳		根	1	
	4	绝缘绳套		根	3	

3.2.5 普通工器具

√	序号	名　称	规格/编号	单位	数量	备　注
	1	电动扳手		把	1	
	2	个人常用工具		套	1	

3.3 材料

包括装置性材料和消耗性材料。

√	序号	名　称	规格/编号	单位	数量	备　注
	1	氧化锌避雷器		只	3	
	2	导线绑扎线		卷	若干	

4 作业程序

4.1 开工准备

√	序号	作业内容	步骤及要求	危险点控制措施、注意事项
	1	工作负责人现场复勘	工作负责人核对工作线路双重命名、杆号	
			工作负责人检查环境是否符合作业要求	
			工作负责人检查线路装置是否具备带电作业条件	避雷器接地引下线应连接良好
			工作负责人检查气象条件	1. 天气应晴好，无雷、雨、雪、雾； 2. 气温：−5～35℃； 3. 风力：≤10.7m/s； 4. 气相对湿度：＜80%
			检查工作票所列安全措施是否齐全，必要时在工作票上补充安全技术措施	
	2	工作负责人执行工作许可制度	工作负责人与调度联系，获得调度工作许可	确定作业线路重合闸已退出
	3	工作负责人召开现场站班会	工作负责人宣读工作票	
			工作负责人检查工作班组成员精神状态、交代工作任务进行分工、交代工作中的安全事项和措施	工作班成员应佩戴袖标
			工作负责人检查班组各成员对工作任务分工、工作中的安全和措施是否明确	
			班组各成员在工作票和作业卡上签名确认	

续表

√	序号	作业内容	步骤及要求	危险点控制措施、注意事项
	4	布置工作现场	工作现场设置安全护栏、作业标志和相关警示标志	
	5	斗臂车操作人员停放绝缘斗臂车	斗臂车操作人员将绝缘斗臂车位置停放到最佳位置	1. 应便于绝缘斗臂车工作斗达到作业位置，避开附近电力线和障碍物； 2. 避免停放在沟道盖板上； 3. 软土地面应使用垫块或枕木，垫放时垫板重叠不超过2块，呈45°角； 4. 停放位置如为坡地，停放位置坡度不大于7°，绝缘斗臂车车头应朝下坡方向停放
			斗臂车操作人员操作绝缘斗臂车，支腿	1. 支腿顺序应正确：H形支腿的车型应先伸出水平支腿，再伸出垂直支腿； 2. 在坡地停放，应先支前支腿，后支后支腿； 3. 支撑应到位，车辆前后、左右呈水平；H形支腿的车型四轮应离地。坡地停放调整水平后，车辆前后高度应不大于3°
			斗臂车操作人员将绝缘斗臂车可靠接地	临时接地体埋深应不少于0.6m
	6	工作负责人组织班组成员检查工器具	班组成员按要求将绝缘工器具摆放在防潮垫（毯）上	防潮垫（毯）应清洁、干燥；绝缘工器具不能与金属工具、材料混放
			班组成员对绝缘工器具进行外观检查：绝缘工具应不变形损坏，操作灵活，测量准确；个人安全防护用具和遮蔽、隔离用具应无针孔、砂眼、裂纹；检查绝缘安全带外观，并作冲击试验	检查人员应戴清洁、干燥的手套
			使用绝缘高阻表对绝缘工器具进行表面绝缘电阻检测：阻值不得低于700MΩ	1. 正确使用绝缘高阻表； 2. 测量电极应符合规程要求
	7	绝缘斗臂车操作人员检查绝缘斗臂车	检查绝缘斗臂车表面状况：绝缘部分应清洁、无裂纹损伤	
			进行试操作，试操作时间不少于5min，应有回转、升降、伸缩的过程，确认液压、机械、电气系统正常可靠，制动装置可靠	试操作必须空斗进行
	8	斗内作业人员进入绝缘斗臂车工作斗	斗内作业人员穿戴个人安全防护用具	应戴好绝缘帽、绝缘手套等个人安全防护用具
			斗内作业人员携带工器具进入工作斗，将工器具分类放置在绝缘斗和工具袋中	金属材料、化学物品、金属部分超出工作斗的绝缘工器具禁止带入工作斗
			斗内作业人员系好绝缘安全带	应系在斗内专用挂钩上

4.2 作业过程

√	序号	作业内容	步骤及要求	危险点控制措施、注意事项
	1	验电	斗内2号作业人员转移工作斗，斗内1号作业人员对避雷器横担进行验电	1. 转移工作斗时应注意绝缘斗臂车周围杆塔、线路等情况，绝缘臂的金属部位与带电体和地电位物体的距离大于1m； 2. 作业时，如绝缘斗臂车绝缘臂为“直臂伸缩式”结构，上节绝缘臂的伸出长度应大于等于1m； 3. 验电前应检验高压验电器； 4. 验电时应使用绝缘手套，斗内作业人员与带电体间保持足够的安全距离（大于0.4m），验电器有效绝缘长度应大于0.7m
	2	设置绝缘遮蔽措施	斗内2号作业人员转移工作斗，斗内1号作业人员按照“由下至上、由近至远、由大至小”的原则对内边相在更换避雷器时可能触及的带电体和地电位物体进行绝缘遮蔽、隔离。 部位包括：架空线、引下线、避雷器上引线等带电体和横担、避雷器支架及接地引线等地电位物体	1. 转移工作斗时应注意绝缘斗臂车周围杆塔、线路等情况，绝缘臂的金属部位与带电体和地电位物体的距离大于1m； 2. 作业时，如绝缘斗臂车绝缘臂为“直臂伸缩式”结构，上节绝缘臂的伸出长度应大于等于1m； 3. 斗内作业人员与地面作业人员传递绝缘工器具时，应使用绝缘吊绳，并捆绑牢固，防止高空落物； 4. 斗内作业人员设置绝缘遮蔽、隔离措施时必须穿戴绝缘手套，并应注意站位，与地电位物体应保持足够安全距离（0.4m）； 5. 绝缘遮蔽应严实、牢固，连接处应有15cm及以上的重叠部分
			斗内2号作业人员转移工作斗，斗内1号作业人员按照“由下至上、由近至远、由大至小”的原则对外边相在更换避雷器时可能触及的带电体和地电位物体进行绝缘遮蔽、隔离。 部位包括：架空线、引下线、避雷器上引线等带电体和横担、避雷器支架及接地引线等地电位物体	1. 转移工作斗时应注意绝缘斗臂车周围杆塔、线路等情况，绝缘臂的金属部位与带电体和地电位物体的距离大于1m； 2. 作业时，如绝缘斗臂车绝缘臂为“直臂伸缩式”结构，上节绝缘臂的伸出长度应大于等于1m； 3. 斗内作业人员与地面作业人员传递绝缘工器具时，应使用绝缘吊绳，并捆绑牢固，防止高空落物； 4. 斗内作业人员设置绝缘遮蔽、隔离措施时必须穿戴绝缘手套，并应注意站位，与地电位物体应保持足够安全距离（0.4m）； 5. 绝缘遮蔽应严实、牢固，连接处应有15cm及以上的重叠部分
			斗内2号作业人员转移工作斗，斗内1号作业人员按照“由下至上、由近至远、由大至小”的原则对中间相在更换避雷器时可能触及的带电体和地电位物体进行绝缘遮蔽、隔离。 部位包括：架空线、引下线、避雷器上引线等带电体和横担、避雷器支架及接地引线、电杆、拉线等地电位物体	1. 转移工作斗时应注意绝缘斗臂车周围杆塔、线路等情况，绝缘臂的金属部位与带电体和地电位物体的距离大于1m； 2. 作业时，如绝缘斗臂车绝缘臂为“直臂伸缩式”结构，上节绝缘臂的伸出长度应大于等于1m； 3. 斗内作业人员与地面作业人员传递绝缘工器具时，应使用绝缘吊绳，并捆绑牢固，防止高空落物； 4. 斗内作业人员设置绝缘遮蔽、隔离措施时必须穿戴绝缘手套，并应注意站位，与地电位物体应保持足够安全距离（0.4m）； 5. 绝缘遮蔽应严实、牢固，连接处应有15cm及以上的重叠部分

续表

√	序号	作业内容	步骤及要求	危险点控制措施、注意事项
	3	更换内边相避雷器	斗内2号作业人员转移工作斗，斗内1号作业人员在内边相避雷器接线柱上拆除上引线并临时固定在自身引线上，并恢复避雷器上引线的绝缘措施	1. 转移工作斗时应注意绝缘斗臂车周围杆塔、线路等情况，绝缘臂的金属部位与带电体和地电位物体的距离大于1m； 2. 作业时，如绝缘斗臂车绝缘臂为“直臂伸缩式”结构，上节绝缘臂的伸出长度应大于等于1m； 3. 斗内作业人员必须穿戴绝缘手套，并应注意站位，与地电位物体应保持足够安全距离（0.4m）； 4. 如验电时横担有电，应用操作杆将引线从避雷器脱开，并且在移动引线时注意引线与地电位构架之间有足够的距离（0.3m）； 5. 防止高空落物
			斗内1号作业人员更换内边相避雷器	防止高空落物
			斗内1号作业人员搭接内边相避雷器的上引线，并恢复上桩头引线的绝缘措施	1. 转移工作斗时应注意绝缘斗臂车周围杆塔、线路等情况，绝缘臂的金属部位与带电体和地电位物体的距离大于1m； 2. 作业时，如绝缘斗臂车绝缘臂为“直臂伸缩式”结构，上节绝缘臂的伸出长度应大于等于1m； 3. 斗内作业人员必须穿戴绝缘手套，并应注意站位，与地电位物体应保持足够安全距离（0.4m）； 4. 移动避雷器引线时应注意引线与地电位构架之间有足够的距离（0.3m）； 5. 防止高空落物
	4	更换外边相避雷器	斗内2号作业人员转移工作斗，斗内1号作业人员在外边相避雷器接线柱上拆除上引线并临时固定在自身引线上，并恢复避雷器上引线的绝缘措施。	1. 转移工作斗时应注意绝缘斗臂车周围杆塔、线路等情况，绝缘臂的金属部位与带电体和地电位物体的距离大于1m； 2. 作业时，如绝缘斗臂车绝缘臂为“直臂伸缩式”结构，上节绝缘臂的伸出长度应大于等于1m； 3. 斗内作业人员必须穿戴绝缘手套，并应注意站位，与地电位物体应保持足够安全距离（0.4m）； 4. 如验电时横担有电，应用操作杆将引线从避雷器脱开，并且在移动引线时注意引线与地电位构架之间有足够的距离（0.3m）； 5. 防止高空落物
			斗内1号作业人员更换外边相避雷器	防止高空落物
			斗内1号作业人员搭接外边相避雷器的上引线，并恢复上桩头引线的绝缘措施。	1. 转移工作斗时应注意绝缘斗臂车周围杆塔、线路等情况，绝缘臂的金属部位与带电体和地电位物体的距离大于1m； 2. 作业时，如绝缘斗臂车绝缘臂为“直臂伸缩式”结构，上节绝缘臂的伸出长度应大于等于1m； 3. 斗内作业人员必须穿戴绝缘手套，并应注意站位，与地电位物体应保持足够安全距离（0.4m）； 4. 移动避雷器引线时应注意引线与地电位构架之间有足够的距离（0.3m）； 5. 防止高空落物

续表

√	序号	作业内容	步骤及要求	危险点控制措施、注意事项
	5	更换中相避雷器	斗内2号作业人员转移工作斗，斗内1号作业人员在中间相避雷器接线柱上拆除上引线并临时固定在自身引线上，并恢复避雷器上引线的绝缘措施	1. 转移工作斗时应注意绝缘斗臂车周围杆塔、线路等情况，绝缘臂的金属部位与带电体和地电位物体的距离大于1m； 2. 作业时，如绝缘斗臂车绝缘臂为“直臂伸缩式”结构，上节绝缘臂的伸出长度应大于等于1m； 3. 斗内作业人员必须穿戴绝缘手套，并应注意站位，与地电位物体应保持足够安全距离（0.4m）； 4. 如验电时横担有电，应用操作杆将引线从避雷器脱开，并且在移动引线时注意引线与地电位构架之间有足够的距离（0.3m）； 5. 防止高空落物
			斗内1号作业人员更换中间相避雷器	防止高空落物
			斗内1号作业人员搭接中间相避雷器的上引线，并恢复上桩头引线的绝缘措施	1. 转移工作斗时应注意绝缘斗臂车周围杆塔、线路等情况，绝缘臂的金属部位与带电体和地电位物体的距离大于1m； 2. 作业时，如绝缘斗臂车绝缘臂为“直臂伸缩式”结构，上节绝缘臂的伸出长度应大于等于1m； 3. 斗内作业人员必须穿戴绝缘手套，并应注意站位，与地电位物体应保持足够安全距离（0.4m）； 4. 移动避雷器引线时应注意引线与地电位构架之间有足够的距离（0.3m）； 5. 防止高空落物
	6	撤除绝缘遮蔽措施	斗内2号作业人员转移工作斗，斗内1号作业人员按照“由上至下、由远至近、由小至大”的顺序拆除中间相的绝缘遮蔽措施	1. 转移工作斗时应注意绝缘斗臂车周围杆塔、线路等情况，绝缘臂的金属部位与带电体和地电位物体的距离大于1m； 2. 作业时，如绝缘斗臂车绝缘臂为“直臂伸缩式”结构，上节绝缘臂的伸出长度应大于等于1m； 3. 斗内作业人员与地面作业人员传递绝缘工器具时，应使用绝缘吊绳，并捆绑牢固，防止高空落物； 4. 斗内作业人员撤除绝缘遮蔽、隔离措施时必须穿戴绝缘手套，并应注意站位，与地电位物体应保持足够安全距离（0.4m）
			斗内2号作业人员转移工作斗，斗内1号作业人员按照“由上至下、由远至近、由小至大”的顺序拆除外边相的绝缘遮蔽措施	1. 转移工作斗时应注意绝缘斗臂车周围杆塔、线路等情况，绝缘臂的金属部位与带电体和地电位物体的距离大于1m； 2. 作业时，如绝缘斗臂车绝缘臂为“直臂伸缩式”结构，上节绝缘臂的伸出长度应大于等于1m； 3. 斗内作业人员与地面作业人员传递绝缘工器具时，应使用绝缘吊绳，并捆绑牢固，防止高空落物； 4. 斗内作业人员撤除绝缘遮蔽、隔离措施时必须穿戴绝缘手套，并应注意站位，与地电位物体应保持足够安全距离（0.4m）

续表

√	序号	作业内容	步骤及要求	危险点控制措施、注意事项
	6	撤除绝缘遮蔽措施	斗内2号作业人员转移工作斗，斗内1号作业人员按照“由上至下、由远至近、由小至大”的顺序拆除内边相的绝缘遮蔽措施	1. 转移工作斗时应注意绝缘斗臂车周围杆塔、线路等情况，绝缘臂的金属部位与带电体和地电位物体的距离大于1m； 2. 作业时，如绝缘斗臂车绝缘臂为“直臂伸缩式”结构，上节绝缘臂的伸出长度应大于等于1m； 3. 斗内作业人员与地面作业人员传递绝缘工器具时，应使用绝缘吊绳，并捆绑牢固，防止高空落物； 4. 斗内作业人员撤除绝缘遮蔽、隔离措施时必须穿戴绝缘手套，并应注意站位，与地电位物体应保持足够安全距离(0.4m)
	7	撤离杆塔	斗内作业人员检查确认线路设备运行正常，无遗漏或缺陷后，撤离有电区域，返回地面	下降工作斗、收回绝缘臂时应注意绝缘斗臂车周围杆塔、线路等情况

4.3 工作结束

√	序号	作业内容	步骤及要求	危险点控制措施、注意事项
	1	工作负责人组织班组成员清理工具和现场	绝缘斗臂车各部件复位，收回绝缘斗臂车支腿	1. 在坡地停放，应先收后支腿，后收前支腿； 2. 支腿收回顺序应正确：H形支腿的车型应先收回垂直支腿，再收回水平支腿
			整理工具、材料。将工器具清洁后放入专用的箱（袋）中。清理现场	
	2	工作负责人进行工作终结	向调度汇报工作结束，并终结工作票	
	3	工作负责人召开收工会		
	4	作业人员撤离现场		

5 验收记录

记录检修中发现的问题	
存在问题及处理意见	

6 现场标准化作业指导书执行情况评估

<table>
<tr><td rowspan="4">评估内容</td><td rowspan="2">符合性</td><td>优</td><td></td><td>可操作项</td><td></td></tr>
<tr><td>良</td><td></td><td>不可操作项</td><td></td></tr>
<tr><td rowspan="2">可操作性</td><td>优</td><td></td><td>修改项</td><td></td></tr>
<tr><td>良</td><td></td><td>遗漏项</td><td></td></tr>
<tr><td>存在问题</td><td colspan="5"></td></tr>
<tr><td>改进意见</td><td colspan="5"></td></tr>
</table>

7 附录

编号：DDZY/×××

绝缘斗臂车绝缘手套作业法
带电断、接引线

10kV×××线××杆带电搭接空载电缆[1]

编写：________ ________年______月______日

审核：________ ________年______月______日

批准：________ ________年______月______日

作业负责人：________

作业时间：____年___月___日___时至____年___月___日___时

××供电公司×××

[1] 装置说明：主干线为裸导线，单回路三角排列；电缆顺线路方向登杆，电缆长度大于100m。

1 范围

本现场标准化作业指导书针对“10kV××线××杆”使用绝缘斗臂车绝缘手套作业法“搭接空载电缆”工作编写而成，仅适用于该项工作。

2 引用文件

下列文件中的条款通过本作业指导书的引用而成为本作业指导书的条款。

GB 50173—1992《电气装置安装工程 35kV 及以下架空电力线路施工及验收规范》

GB/T 18857—2003《配电线路带电作业技术导则》

GB/T 2900.55—2002《作业人员术语　带电作业》

DL 409—1991《电业安全工作规程（电力线路部分）》

DL/T 601—1996《架空绝缘配电线路设计技术规程》

DL/T 602—1996《架空绝缘配电线路施工及验收规程》

《国家电网公司电力安全工作规程（线路部分）》

2007《国家电网公司带电作业工作管理规定（试行）》

2004.9《现场标准化作业指导书编制导则》（国家电网公司）

3 前期准备

3.1 作业人员

3.1.1 作业人员要求

√	序号	责任人	资　质	人　数
	1	工作负责人（监护人）	应具有配电线路带电作业资格，并具备 3 年以上的配电带电作业实际工作经验，熟悉设备状况，有一定组织能力和事故处理能力，并经工作负责人的专门培训，考试合格	1
	2	斗内 1 号作业人员	应通过 10kV 架空配电线路带电作业专项培训，考试合格并持有上岗证	1
	3	斗内 2 号作业人员	应通过 10kV 架空配电线路带电作业专项培训，考试合格并持有上岗证	1
	4	地面作业人员	应通过 10kV 架空配电线路带电作业专项培训，考试合格并持有上岗证	1

3.1.2 作业人员分工

√	序号	责任人	分　工	责任人签名
	1	×××	工作负责人（监护人）	
	2	×××	斗内 1 号作业人员	
	3	×××	斗内 2 号作业人员	
	4	×××	地面作业人员	

3.2 工器具

出库时应对工器具进行外观检查，并确定是在合格的试验周期内。

3.2.1 个人安全防护用具

√	序号	名 称	规格/编号	单位	数量	备 注
	1	绝缘安全帽		顶	2	
	2	绝缘披肩（或绝缘服）		件	2	
	3	绝缘手套（带防护手套）		副	2	
	4	绝缘安全带		根	2	

3.2.2 常备器具

√	序号	名 称	规格/编号	单位	数量	备 注
	1	防潮垫		块	1	
	2	绝缘高阻表	2500V	只	1	
	3	风速仪		只	1	
	4	温度、湿度计		只	1	
	5	对讲机		部	2	
	6	安全遮栏、安全围绳、标示牌		副	若干	
	7	干燥清洁布		块	若干	

3.2.3 绝缘遮蔽工具

√	序号	名 称	规格/编号	单位	数量	备 注
	1	绝缘软管		根	16	
	2	绝缘毯		块	3	
	3	绝缘毯夹		只	若干	

3.2.4 绝缘工具

√	序号	名 称	规格/编号	单位	数量	备 注
	1	绝缘斗臂车		辆	1	
	2	绝缘操作棒		副	1	
	3	棒式拉合器		支	1	
	4	绝缘绳		根	1	
	5	绝缘绳套		根	3	

3.2.5 普通工器具

常规的线路施工所需工器具，如扳手等。

√	序号	名　称	规格/编号	单位	数量	备　注
	1	断线钳		把	1	
	2	个人常用工具		套	1	

3.3　材料

包括装置性材料和消耗性材料。

√	序号	名　称	规格/编号	单位	数量	备　注
	1	异型并沟线夹		只	6	
	2	导线绑扎线		卷	若干	

4　作业程序

4.1　开工准备

√	序号	作业内容	步骤及要求	危险点控制措施、注意事项
	1	工作负责人现场复勘	工作负责人核对工作线路双重命名、杆号	
			工作负责人检查环境是否符合作业要求	
			工作负责人检查线路装置是否具备带电作业条件	应确认线路无接地
			工作负责人检查气象条件	1. 天气应晴好，无雷、雨、雪、雾； 2. 气温：－5～35℃； 3. 风力：≤10.7m/s； 4. 气相对湿度：＜80％
			检查工作票所列安全措施是否齐全，必要时在工作票上补充安全技术措施	
	2	工作负责人执行工作许可制度	工作负责人与调度联系，获得调度工作许可	确定作业线路重合闸已退出
	3	工作负责人召开现场站班会	工作负责人宣读工作票	
			工作负责人检查工作班组成员精神状态、交代工作任务进行分工、交代工作中的安全事项和措施	工作班成员应佩戴袖标
			工作负责人检查班组各成员对工作任务分工、工作中的安全和措施是否明确	
			班组各成员在工作票和作业卡上签名确认	

续表

√	序号	作业内容	步骤及要求	危险点控制措施、注意事项
	4	布置工作现场	工作现场设置安全护栏、作业标志和相关警示标志	
	5	斗臂车操作人员停放绝缘斗臂车	斗臂车操作人员将绝缘斗臂车位置停放到最佳位置	1. 应便于绝缘斗臂车工作斗达到作业位置，避开附近电力线和障碍物； 2. 避免停放在沟道盖板上； 3. 软土地面应使用垫块或枕木，垫放时垫板重叠不超过2块，呈45°角； 4. 停放位置如为坡地，停放位置坡度不大于7°，绝缘斗臂车车头应朝下坡方向停放
			斗臂车操作人员操作绝缘斗臂车，支腿	1. 支腿顺序应正确：H形支腿的车型，应先伸出水平支腿，再伸出垂直支腿； 2. 在坡地停放，应先支前支腿，后支后支腿； 3. 支撑应到位，车辆前后、左右呈水平；H形支腿的车型四轮应离地。坡地停放调整水平后，车辆前后高度应不大于3°
			斗臂车操作人员将绝缘斗臂车可靠接地	临时接地体埋深应不少于0.6m
	6	工作负责人组织班组成员检查工器具	班组成员按要求将绝缘工器具摆放在防潮垫（毯）上；	1. 防潮垫（毯）应清洁、干燥； 2. 绝缘工器具不能与金属工具、材料混放
			班组成员对绝缘工器具进行外观检查：绝缘工具应不变形损坏，操作灵活，测量准确；个人安全防护用具和遮蔽、隔离用具应无针孔、砂眼、裂纹；检查绝缘安全带外观，并作冲击试验	检查人员应戴清洁、干燥的手套
			使用绝缘高阻表对绝缘工器具进行表面绝缘电阻检测：阻值不得低于700MΩ	1. 正确使用绝缘高阻表； 2. 测量电极应符合规程要求
	7	绝缘斗臂车操作人员检查绝缘斗臂车	检查绝缘斗臂车表面状况：绝缘部分应清洁、无裂纹损伤	
			进行试操作，试操作时间不少于5min，应有回转、升降、伸缩的过程，确认液压、机械、电气系统正常可靠，制动装置可靠	试操作必须空斗进行
	8	斗内作业人员进入绝缘斗臂车工作斗	斗内作业人员穿戴个人安全防护用具	应戴好绝缘帽、绝缘手套等个人安全防护用具
			斗内作业人员携带工器具进入工作斗，将工器具分类放置在绝缘斗和工具袋中	金属材料、化学物品、金属部分超出工作斗的绝缘工器具禁止带入工作斗
			斗内作业人员系好绝缘安全带	应系在斗内专用挂钩上

4.2 作业过程

√	序号	作业内容	步骤及要求	危险点控制措施、注意事项
	1	设置绝缘遮蔽措施	斗内2号作业人员转移工作斗，斗内1号作业人员按照“由下至下、由近至远、由大至小”的顺序对两边相架空线、电缆支架进行绝缘遮蔽	1. 转移工作斗时应注意绝缘斗臂车周围杆塔、线路等情况，绝缘臂的金属部位与带电体和地电位物体的距离大于1m； 2. 作业时，如绝缘斗臂车绝缘臂为“直臂伸缩式”结构，上节绝缘臂的伸出长度应大于等于1m； 3. 斗内作业人员与地面作业人员传递绝缘工器具时，应使用绝缘吊绳，并捆绑牢固，防止高空落物； 4. 斗内作业人员设置绝缘遮蔽、隔离措施时必须穿戴绝缘手套，并应注意站位，与地电位物体应保持足够安全距离(0.4m)； 5. 绝缘遮蔽应严实、牢固，连接处应有15cm及以上的重叠部分
	2	搭接中间相电缆引线	斗内1号作业人员安装棒式拉合器：先将棒式拉合器引出线夹在中间相电缆接线端子上，再将棒式拉合器挂接在中间相架空线上	1. 安装棒式拉合器前，应确认确其在断开位置； 2. 安装棒式拉合器时，斗内作业人员必须穿戴绝缘手套，握在拉合器的手持部位，并应注意站位，与地电位物体应保持足够安全距离（0.4m）； 3. 棒式拉合器在架空线上的挂接部位应尽量远离装置，避免拉合器引线与构架短路，并留出足够斗内作业人员搭接电缆引线时活动的空间
			斗内1号作业人员拉合棒式拉合器	合拉合器前应确认拉合器引线与装置构架间的距离
			斗内1号作业人员将中相电缆引线搭接在中相架空导线上，引线与构架间的距离应大于等于0.3m	斗内作业人员搭接引线时必须穿戴绝缘手套，并应注意站位，与地电位物体保持足够安全距离（0.4m）
			斗内1号作业人员拉开棒式拉合器	拉开拉合器前应引线搭接牢固，与装置构架间的距离符合要求
			斗内1号作业人员拆除棒式拉合器	
	3	补充中间相绝缘遮蔽措施	斗内1号作业人员对中间相电缆引线、电缆接线端子等设置绝缘遮蔽措施	1. 斗内作业人员设置绝缘遮蔽、隔离措施时必须穿戴绝缘手套，并应注意站位，与地电位物体应保持足够安全距离(0.4m)； 2. 绝缘遮蔽应严实、牢固，连接处应有15cm及以上的重叠部分
	4	搭接外边相电缆引线	斗内1号作业人员安装棒式拉合器：先将棒式拉合器引出线夹在外边相电缆接线端子上，再将棒式拉合器挂接在中间相架空线上	1. 安装棒式拉合器前，应确认确其在断开位置； 2. 安装棒式拉合器时，斗内作业人员必须穿戴绝缘手套，握在拉合器的手持部位，并应注意站位，与地电位物体应保持足够安全距离（0.4m）； 3. 棒式拉合器在架空线上的挂接部位应尽量远离装置，避免拉合器引线与构架短路，并留出足够斗内作业人员搭接电缆引线时活动的空间
			斗内1号作业人员拉合棒式拉合器	合拉合器前应确认拉合器引线与装置构架间的距离

续表

√	序号	作业内容	步骤及要求	危险点控制措施、注意事项
	4	搭接外边相电缆引线	斗内1号作业人员将外边相电缆引线搭接在中相架空导线上，引线与构架间的距离应大于等于0.3m	斗内作业人员搭接引线时必须穿戴绝缘手套，并应注意站位，与地电位物体保持足够安全距离（0.4m）
			斗内1号作业人员拉开棒式拉合器	拉开拉合器前应引线搭接牢固，与装置构架间的距离符合要求
			斗内1号作业人员拆除棒式拉合器	
	5	补充外边相绝缘遮蔽措施	斗内1号作业人员对外边相电缆引线、电缆接线端子等设置绝缘遮蔽措施	1. 斗内作业人员设置绝缘遮蔽、隔离措施时必须穿戴绝缘手套，并应注意站位，与地电位物体应保持足够安全距离（0.4m）； 2. 绝缘遮蔽应严实、牢固，连接处应有15cm及以上的重叠部分
	6	搭接内边相电缆引线	斗内1号作业人员安装棒式拉合器：先将棒式拉合器引出线夹在内边相电缆接线端子上，再将棒式拉合器挂接在中间相架空线上	1. 安装棒式拉合器前，应确认确其在断开位置； 2. 安装棒式拉合器时，斗内作业人员必须穿戴绝缘手套，握在拉合器的手持部位，并应注意站位，与地电位物体应保持足够安全距离（0.4m）； 3. 棒式拉合器在架空线上的挂接部位应尽量远离装置，避免拉合器引线与构架短路，并留出足够斗内作业人员搭接电缆引线时活动的空间
			斗内1号作业人员拉合棒式拉合器	合拉合器前应确认拉合器引线与装置构架间的距离
			斗内1号作业人员将内边相电缆引线搭接在中相架空导线上，引线与构架间的距离应大于等于0.3m	斗内作业人员搭接引线时必须穿戴绝缘手套，并应注意站位，与地电位物体保持足够安全距离（0.4m）
			斗内1号作业人员拉开棒式拉合器	拉开拉合器前应引线搭接牢固，与装置构架间的距离符合要求
			斗内1号作业人员拆除棒式拉合器	
	7	补充内边相绝缘遮蔽措施	斗内1号作业人员对电缆引线、电缆接线端子等设置绝缘遮蔽措施	1. 斗内作业人员设置绝缘遮蔽、隔离措施时必须穿戴绝缘手套，并应注意站位，与地电位物体应保持足够安全距离（0.4m）； 2. 绝缘遮蔽应严实、牢固，连接处应有15cm及以上的重叠部分
	8	撤除绝缘遮蔽措施	斗内2号作业人员转移工作斗，斗内1号作业人员按照“由上至下、由远至近、由小至大”的顺序撤除绝缘遮蔽措施	1. 转移工作斗时应注意绝缘斗臂车周围杆塔、线路等情况，绝缘臂的金属部位与带电体和地电位物体的距离大于1m； 2. 如绝缘斗臂车绝缘臂为“直臂伸缩式”结构，上节绝缘臂的伸出长度应大于等于1m； 3. 斗内作业人员与地面作业人员传递绝缘工器具时，应使用绝缘吊绳，并捆绑牢固，防止高空落物； 4. 斗内作业人员撤除绝缘遮蔽、隔离措施时必须穿戴绝缘手套，并应注意站位，与地电位物体应保持足够安全距离（0.4m）

续表

√	序号	作业内容	步骤及要求	危险点控制措施、注意事项
	9	撤离杆塔	斗内作业人员检查确认线路设备运行正常，无遗漏或缺陷后，撤离有电区域，返回地面	下降工作斗、收回绝缘臂时应注意绝缘斗臂车周围杆塔、线路等情况

4.3 工作结束

√	序号	作业内容	步骤及要求	危险点控制措施、注意事项
	1	工作负责人组织班组成员清理工具和现场	绝缘斗臂车各部件复位，收回绝缘斗臂车支腿	1. 在坡地停放，应先收后支腿，后收前支腿； 2. 支腿收回顺序应正确：H形支腿的车型应先收回垂直支腿，再收回水平支腿
			整理工具、材料。将工器具清洁后放入专用的箱（袋）中。清理现场	
	2	工作负责人进行工作终结	向调度汇报工作结束，并终结工作票	
	3	工作负责人召开收工会		
	4	作业人员撤离现场		

5 验收记录

记录检修中发现的问题	
存在问题及处理意见	

6. 现场标准化作业指导书执行情况评估

<table>
<tr><td rowspan="4">评估内容</td><td rowspan="2">符合性</td><td>优</td><td></td><td>可操作项</td><td></td></tr>
<tr><td>良</td><td></td><td>不可操作项</td><td></td></tr>
<tr><td rowspan="2">可操作性</td><td>优</td><td></td><td>修改项</td><td></td></tr>
<tr><td>良</td><td></td><td>遗漏项</td><td></td></tr>
<tr><td>存在问题</td><td colspan="5"></td></tr>
<tr><td>改进意见</td><td colspan="5"></td></tr>
</table>

7 附录

绝缘斗臂车绝缘手套作业法
带电撤、立杆

一、项目简介

1. 带电立杆

带电立杆适用于新增容项目的用电，在没有合适的落火搭接点的情况下，在直线段新架设电杆并进行T接。该项目能实现增供扩销，减少供电损失，最大限度满足用户的用电需求。带电立杆的简要步骤如下：

（1）对杆坑上方高压导线设置绝缘遮蔽、隔离措施；

（2）提升导线；

（3）地面作业人员对待立电杆杆梢进行绝缘遮蔽，将电杆根部接地，并安装电杆控制绳；

（4）立杆；

（5）安装顶相抱箍、高压横担和支持绝缘子；

（6）对顶相抱箍、横担、绝缘子根部进行绝缘遮蔽；

（7）固定三相导线；

（8）撤除绝缘遮蔽。

图2-8-1　带电立杆

图2-8-2　电杆杆顶绝缘套筒

2. 带电撤杆

（1）对三相导线、横担设置绝缘遮蔽、隔离措施；

（2）拆除导线与导线的帮扎线（应有防止导线突然脱落的措施）；

（3）加强导线上的遮蔽措施，提升导线；

（4）拆除顶相抱箍、横担和支持绝缘子；

（5）地面作业人员对待立电杆杆梢进行绝缘遮蔽，将电杆根部接地，并安装电杆控制绳；

（6）撤杆；

（7）放下导线，撤除导线上的绝缘遮蔽。

3. 撤、立杆的主要注意事项

（1）工作负责人应熟练掌握吊车的指挥信号。

（2）围栏设置的范围应合理，应考虑立杆过程中发生倒杆事故的影响范围，以及遮蔽、隔离措施不完整或失效情况下电杆碰触带电体跨步电压等因素。作业时对交通有影响时，应提前联系交警部门。

（3）在提升导线时，导线上的垂直应力会大大增加，电杆顺线路方向的受力情况也会发生改变，为防止导线发生脱落或断裂以及倒杆造成事故，工作区段导线应没有断股现象，工作区段两侧电杆绝缘子上的导线应绑扎牢固，电杆杆根、埋深符合要求。导线提升或牵引时，应密切注意导线的张弛程度和两侧电杆状况。

（4）提升或牵引导线时应密切观察斗臂车的受力情况。

（5）作业中，除了绝缘斗臂车需用专用接地线接地外，吊车、电杆杆根也应接地。吊车、电杆杆根接地的作用：①可以避免由于静电感应现象引起吊车、电杆上产生感应电压，防止静电电击；②可以在电杆或吊车臂碰触带电导体时，避免工作人员发生接触电压触电。接地线入地点的位置主要应考虑两个方面：①不影响立杆作业；②考虑接地电流流散场的范围，即应在现场围栏之内，防止跨步电压危及行人安全，一旦发生导线通过吊车或电杆接地短路事故，地面人员应注意安全撤离的方法，工作负责人、专责监护人及地面作业人员应穿好绝缘靴，配合立杆的地面作业人员除绝缘靴外，还必须戴好绝缘手套。

（6）绝缘遮蔽组合的范围应足够，措施应严实、牢固。

（7）在起吊电杆时，吊车操作人员与工作负责人应充分注意吊车的吊臂、钢丝绳与高低压导线间的距离。

（8）注意现场地面作业人员的走位，禁止站在吊车起重臂、绝缘斗臂车绝缘臂及电杆的下方。现场人员应听从工作负责人的统一指挥，不直接参与立杆的地面人员应站在离电杆长度 1.2 倍距离以外的地方（离电杆中心距 8m 外）。

二、配电线路带电作业（典型装置）典型项目现场标准化作业指导书示例

编号：DDZY/×××

绝缘斗臂车绝缘手套作业法 带电撤、立杆

10kV×××线××杆带电立杆❶

编写：________ ________年______月______日

审核：________ ________年______月______日

批准：________ ________年______月______日

作业负责人：________

作业时间：____年___月___日___时至____年___月___日___时

××供电公司×××

❶ 装置（线路）说明：120mm² 裸导线、单回路三角排列、高低压同杆架设，采用吊车立杆。

1 范围

本现场标准化作业指导书针对“10kV××线××杆”使用绝缘斗臂车绝缘手套作业法“立杆”工作编写而成，仅适用于该项工作。

2 引用文件

下列文件中的条款通过本作业指导书的引用而成为本作业指导书的条款。

GB 50173—1992《电气装置安装工程 35kV 及以下架空电力线路施工及验收规范》

GB/T 18857—2003《配电线路带电作业技术导则》

GB/T 2900.55—2002《作业人员术语　带电作业》

DL 409—1991《电业安全工作规程（电力线路部分）》

DL/T 601—1996《架空绝缘配电线路设计技术规程》

DL/T 602—1996《架空绝缘配电线路施工及验收规程》

《国家电网公司电力安全工作规程（线路部分）》

2007《国家电网公司带电作业工作管理规定（试行）》

2004.9《现场标准化作业指导书编制导则》（国家电网公司）

3 前期准备

3.1 作业人员

本项目作业人员不少于 8 人。

3.1.1 作业人员要求

√	序号	责任人	资　　质	人　数
	1	工作负责人（监护人）	应具有配电线路带电作业资格，并具备 3 年以上的配电带电作业实际工作经验，熟悉设备状况，有一定组织能力和事故处理能力，并经工作负责人的专门培训，考试合格	1
	2	专职监护人	应经监护人的专门培训，考试合格	1
	3	斗内 1 号作业人员	应通过 10kV 架空配电线路带电作业专项培训，考试合格并持有上岗证	1
	4	斗内 2 号作业人员	应通过 10kV 架空配电线路带电作业专项培训，考试合格并持有上岗证	1
	5	吊车操作人员	有吊车操作证，并应通过 10kV 架空配电线路带电作业专项培训，考试合格并持有上岗证	1
	6	地面作业人员	应通过 10kV 架空配电线路带电作业专项培训，考试合格并持有上岗证	3

3.1.2 作业人员分工

√	序号	责任人	分　工	责任人签名
	1	×××	工作负责人（监护人）	
	2	×××	专职监护人	
	3	×××	斗内1号作业人员	
	4	×××	斗内2号作业人员	
	5	×××	吊车操作人员	
	6	×××	地面作业人员	
	7	×××	地面作业人员	
	8	×××	地面作业人员	

3.2 工器具

出库时应对工器具进行外观检查，并确定是在合格的试验周期内。

3.2.1 个人安全防护用具

√	序号	名　称	规格/编号	单位	数量	备　注
	1	绝缘安全帽		顶	2	
	2	绝缘披肩（或绝缘服）		件	2	
	3	绝缘手套（带防护手套）		副	2	
	4	绝缘安全带		根	2	
	5	绝缘靴		双	5	

3.2.2 常备器具

√	序号	名　称	规格/编号	单位	数量	备　注
	1	防潮垫		块	1	
	2	绝缘高阻表	2500V	只	1	
	3	风速仪		只	1	
	4	温度、湿度计		只	1	
	5	对讲机		部	3	
	6	安全遮栏、安全围绳、标示牌		副	若干	
	7	干燥清洁布		块	若干	

3.2.3 绝缘遮蔽工具

√	序号	名　称	规格/编号	单位	数量	备　注
	1	绝缘毯		块	6	
	2	绝缘电杆包毯		块	2	
	3	导线遮蔽管		根	14	
	4	绝缘夹		只	若干	

3.2.4 绝缘工具

√	序号	名　称	规格/编号	单位	数量	备　注
	1	绝缘斗臂车		辆	1	
	2	绝缘吊绳		根	1	
	3	绝缘绳套		根	1	
	4	绝缘控制绳	30m	根	2	

3.2.5 普通工器具

常规的线路施工所需工器具，如扳手等。

√	序号	名　称	规格/编号	单位	数量	备　注
	1	吊车		辆	1	
	2	吊车接地线		根	1	
	3	电杆接地线		根	1	
	4	个人工具		套	1	

3.3 材料

包括装置性材料和消耗性材料。

√	序号	名　称	规格/编号	单位	数量	备　注
	1	拔梢杆		根	1	
	2	高压横担		副	1	
	3	支持绝缘子		只	3	
	4	螺栓		付	若干	
	5	顶头抱箍		副	1	
	6	低压横担		副	1	
	7	蝶式绝缘子		只	4	
	8	导线绑扎线		卷	若干	

4 作业程序

4.1 开工准备

√	序号	作业内容	步骤及要求	危险点控制措施、注意事项
	1	工作负责人现场复勘	工作负责人核对工作线路双重命名、杆号	
			工作负责人检查环境是否符合作业要求	现场应保证有足够的空间停放绝缘斗臂车和吊车

续表

√	序号	作业内容	步骤及要求	危险点控制措施、注意事项
	1	工作负责人现场复勘	工作负责人检查线路装置是否具备带电立杆的作业条件	1. 现场电杆坑位已挖好，并且杆坑深度偏差、横线路及顺线路方向的位移均符合要求： 1）杆深允许偏差为－50～100mm。 2）位移不超过50mm。 2. 低压线路已停电并挂好接地线。 3. 在工作区段导线没有断股现象。 4. 工作区段两侧装置导线绑扎牢固，电杆杆根、埋深符合要求
			工作负责人检查气象条件	1. 天气应晴好，无雷、雨、雪、雾； 2. 气温：－5～35℃； 3. 风力：≤10.7m/s； 4. 气相对湿度：＜80％
			检查工作票所列安全措施是否齐全，必要时在工作票上补充安全技术措施	
	2	工作负责人执行工作许可制度	工作负责人与调度联系，获得调度工作许可	确定作业线路重合闸已退出。必须注意的是：如为多回路线路，必要时应同时停用重合闸
	3	工作负责人召开现场站班会	工作负责人宣读工作票	
			工作负责人检查工作班组成员精神状态、交代工作任务进行分工，交代工作中的安全措施和技术措施	工作班成员应佩戴袖标
			工作负责人检查班组各成员对工作任务分工、工作中的安全措施和技术措施是否明确	
			班组各成员在工作票和作业卡上签名确认	
	4	布置工作现场	工作现场设置安全护栏、作业标志和相关警示标志	围栏设置的范围应考虑： 1. 立杆过程中发生倒杆和在遮蔽、隔离措施不完整或失效情况下电杆碰触带电体跨步电压的影响区域； 2. 作业时对交通的影响，必要时提前联系交警部门
	5	斗臂车操作人员停放绝缘斗臂车	斗臂车操作人员将绝缘斗臂车位置停放到最佳位置	1. 应便于绝缘斗臂车工作斗达到作业位置，避开附近电力线和障碍物； 2. 避免停放在沟道盖板上； 3. 软土地面应使用垫块或枕木，垫放时垫板重叠不超过2块，呈45°角； 4. 停放位置如为坡地，停放位置坡度不大于7°，绝缘斗臂车车头应朝下坡方向停放
			斗臂车操作人员操作绝缘斗臂车，支腿	1. 支腿顺序应正确：H形支腿的车型应先伸出水平支腿，再伸出垂直支腿； 2. 在坡地停放，应先支前支腿，后支后支腿； 3. 支撑应到位，车辆前后、左右呈水平；H形支腿的车型四轮应离地。坡地停放调整水平后，车辆前后高度应不大于3°
			斗臂车操作人员将绝缘斗臂车可靠接地	临时接地体埋深应不少于0.6m

续表

√	序号	作业内容	步骤及要求	危险点控制措施、注意事项
	6	吊车的准备工作	吊车操作人员将吊车停放到最佳位置	1. 应尽量避开绝缘斗臂车的工作活动范围，在起吊过程中不能与导线发生碰触； 2. 避免停放在沟道盖板上； 3. 软土地面应使用垫块或枕木，垫放时垫板重叠不超过2块，呈45°角； 4. 停放位置如为坡地，停放位置坡度不大于7°，吊车车头应朝下坡方向停放
			吊车操作人员操作吊车，支腿	1. 支腿顺序应正确：H形支腿的车型应先伸出水平支腿，再伸出垂直支腿； 2. 在坡地停放，应先支前支腿，后支后支腿； 3. 支撑应到位，车辆前后、左右呈水平；H形支腿的车型四轮应离地。坡地停放调整水平后，车辆前后高度应不大于3°
			吊车操作人员将吊车可靠接地	临时接地体埋深应不少于0.6m
	7	工作负责人组织班组成员检查工器具、材料	班组成员按要求将绝缘工器具摆放在防潮垫（毯）上	1. 防潮垫（毯）应清洁、干燥； 2. 绝缘工器具不能与金属工具、材料混放
			班组成员对绝缘工器具进行外观检查：绝缘工具应不变形损坏，操作灵活，测量准确；个人安全防护用具和遮蔽、隔离用具应无针孔、砂眼、裂纹；检查绝缘安全带外观，并作冲击试验	检查人员应戴清洁、干燥的手套
			使用绝缘高阻表对绝缘工器具进行表面绝缘电阻检测：阻值不得低于700MΩ	1. 正确使用绝缘高阻表； 2. 测量电极应符合规程要求
			检查水泥杆表面应光滑平整、壁厚均匀、无露筋、跑浆、纵横向裂纹等	
	8	绝缘斗臂车操作人员检查绝缘斗臂车	检查绝缘斗臂车表面状况：绝缘部分应清洁、无裂纹损伤	
			进行试操作，试操作时间不少于5min，应有回转、升降、伸缩的过程，确认液压、机械、电气系统正常可靠，制动装置可靠	试操作必须空斗进行
	9	斗内作业人员进入绝缘斗臂车工作斗	作业人员穿戴个人安全防护用具	1. 斗内作业人员应戴好绝缘帽、绝缘手套、绝缘披肩等个人安全防护用具； 2. 工作负责人、专责监护人及地面作业人员应穿好绝缘靴
			斗内作业人员携带工器具进入工作斗，将工器具分类放置在斗中和工具袋中	金属材料、化学物品、金属部分超出工作斗的绝缘工器具禁止带入工作斗
			斗内作业人员系好绝缘安全带	应系在斗内专用挂钩上

4.2 作业过程

√	序号	作业内容	步骤及要求	危险点控制措施、注意事项
	1	对杆坑上方高压导线设置绝缘遮蔽、隔离措施	斗内1号作业人员对杆坑上方的10kV架空导线用导线遮蔽管进行绝缘遮蔽：先近边相、再远边相，最后中间相	1. 转移工作斗时，应注意： 1）绝缘斗臂车周围杆塔、线路等情况，转移工作斗时，绝缘臂的金属部位与带电体和地电位物体的距离大于1m； 2）靠近带电体或地电位物体时应放慢速度。 2. 设置绝缘遮蔽、隔离措施时应注意： 1）为便于保证斗内作业人员设置绝缘遮蔽、隔离措施时的安全距离，应按照顺序进行； 2）如绝缘斗臂车绝缘臂为“直臂伸缩式”结构，上节绝缘臂的伸出长度应大于等于1m； 3）绝缘斗、绝缘臂离带电体、地电位物体的距离应大于0.4m； 4）每相导线使用3根导线遮蔽管为宜，并应互相重叠锁牢； 5）斗内1号作业人员应注意动作幅度，防止低压导线抖动或跳动剧烈引起相间短路； 6）上下传递工器具应使用绝缘吊绳； 7）防止高空落物
	2	提升中间相导线	斗内2号作业人员操作绝缘斗臂车和小吊将（主干线）中间相导线提升至高于杆高的位置，方法： 1）先将工作斗停在中间相导线上方后，用绝缘短绳绑扎在中间相架空线的导线遮蔽管后挂在小吊吊钩上，并放松吊绳约4m长； 2）然后转移工作斗至架空线的上方3m处，并使小吊吊钩与吊点在同一铅垂线上； 3）最后缓慢提升导线	1. 禁止在小吊受力的情况下移动绝缘斗臂车绝缘臂； 2. 转移工作斗应平稳，绝缘斗停放位置适宜； 3. 提升中间相导线必须缓慢、平稳； 4. 应密切注意导线的张弛程度和两侧电杆状况，以防顺线路前后电杆绝缘子上扎线崩断； 5. 应注意观察斗臂车的受力情况
	3	地面作业人员对待立电杆杆梢进行绝缘遮蔽	吊车操作人员控制吊车吊臂进入作业区，地面作业人员将钢丝绳套套在待立电杆合适的位置处	吊车操作人员与工作负责人应注意吊车吊臂、钢丝绳套与高低压导线间的距离
			吊车操作人员将待立电杆杆梢吊离地面约1m后，地面作业人员用电杆绝缘包毯等对电杆梢头进行绝缘遮蔽：电杆自上而下的遮蔽范围应在5m及以上	1. 起吊应缓慢； 2. 遮蔽措施应严实可靠

续表

√	序号	作业内容	步骤及要求	危险点控制措施、注意事项
	4	地面作业人员将待立电杆根部接地，并安装电杆控制绳	地面作业人员在待立电杆杆根 3m 线位置，用电杆接地线接地，临时接地体埋深应不少于 0.6m	电杆接地线接地体应注意接地的位置，应考虑： 1. 不影响立杆作业； 2. 应考虑接地电流流散场的范围，既应在现场围栏之内
			地面作业人员在电杆上绑好绝缘控制绳	
	5	工作负责人确认立杆前的安全措施	工作负责人确认立杆过程中的地面安全措施，并再次确定电杆起吊过程中的吊车指挥人和监护人	1. 应明确吊车指挥人和监护人的职责； 2. 应再次明确安全措施，地面人员包括工作负责人、专职监护人等必须穿绝缘靴，配合立杆的地面作业人员除绝缘靴外，还必须戴好绝缘手套
	6	立杆	吊车指挥人指挥吊车操作人员开始起吊，由地面作业人员控制绝缘绳、扶住电杆，在吊车操作人员的控制下将电杆缓缓起立，导入杆坑	1. 工作负责人与斗内作业人员应密切注意观察： 1）吊车与带电导线的安全距离； 2）吊车钢丝绳与带电导线的安全距离； 3）电杆与带电导线的安全距离。 2. 注意现场地面作业人员的走位，禁止站在吊车起重臂、绝缘斗臂车绝缘臂及电杆的下方
			电杆正直后，地面作业人员夯实杆坑	
			吊车松开钢丝套，脱离作业区	1. 工作负责人与斗内作业人员应密切注意注意观察： 1）吊车与带电导线的安全距离； 2）吊车钢丝绳与带电导线的安全距离。 2. 注意现场地面作业人员的走位，禁止站在吊车起重臂、绝缘斗臂车绝缘臂及电杆的下方
	7	释放中间相导线、撤除电杆控制绳	斗内 2 号作业人员操作小吊和绝缘斗臂车，将中间相导线释放至自然弧垂状态，收回小吊吊绳，方法如下： 1）先释放小吊吊绳，使之完全松弛； 2）下降工作斗，拆除吊钩并收好小吊吊绳	1. 禁止在小吊受力状态下移动绝缘斗臂车绝缘臂； 2. 释放导线应缓慢，保持导线平稳，导线与电杆之间始终存在导线遮蔽管与电杆绝缘包毯两层绝缘； 3. 转移工作斗应缓慢、平稳，绝缘斗不能压到导线
			斗内 1 号作业人员转移工作斗，撤除电杆控制绳	转移工作斗应缓慢、平稳，绝缘斗不能压到导线
	8	安装顶相抱箍和支持绝缘子	斗内 2 号作业人员转移工作斗，配合斗内 1 号作业人员撤除电杆顶的部分绝缘遮蔽，露出安装顶相抱箍的位置	注意中间相导线的导线遮蔽管与电杆之间保持一定的空气距离（大于等于 30cm，以便于安装顶相抱箍和支持绝缘子）
			斗内 1 号作业人员安装顶相抱箍和支持绝缘子	1. 注意中间相导线的导线遮蔽管与电杆、金具之间保持一定的空气距离（大于等于 20cm）； 2. 防止高空落物
			斗内 1 号作业人员对中间相金具进行绝缘遮蔽	

续表

√	序号	作业内容	步骤及要求	危险点控制措施、注意事项
	9	固定中间相导线	斗内1号作业人员调整中间相导线遮蔽管，露出导线的绑扎位置	1. 应控制移动导线时的动作幅度； 2. 导线用来绑扎的露出部分应合适，范围不宜过大
			斗内1号作业人员将导线放入支持绝缘子槽内，并绑好扎线	绑扎方法和工艺应符合要求
			对中间相导线扎线部位进行绝缘遮蔽	绝缘遮蔽应严实可靠
	10	安装高压横担	斗内2号作业人员转移工作斗，配合斗内1号作业人员撤除电杆上的绝缘遮蔽、隔离措施	防止高空落物
			斗内1号作业人员安装高压横担及两边相支持绝缘子	1. 注意安装横担时不能碰到两边相导线遮蔽管； 2. 防止高空落物
			斗内1号作业人员对横担、支持绝缘子进行绝缘遮蔽（露出绝缘子线槽）	绝缘遮蔽应严实可靠
	11	固定两边相导线	斗内1号作业人员调整内边相导线遮蔽管，露出导线的绑扎位置	1. 转移工作斗应缓慢、平稳； 2. 应控制移动导线时的动作幅度； 3. 导线用来绑扎的露出部分应合适，范围不宜过大
			斗内1号作业人员将导线放入内边相支持绝缘子槽内，并绑好扎线	绑扎方法和工艺应符合要求
			斗内1号作业人员调整外边相导线遮蔽管，露出导线的绑扎位置	1. 转移工作斗应缓慢、平稳； 2. 应控制移动导线时的动作幅度； 3. 导线用来绑扎的露出部分应合适，范围不宜过大
			斗内1号作业人员将导线放入外边相支持绝缘子槽内，并绑好扎线	绑扎方法和工艺应符合要求
	12	安装低压横担、固定低压导线	斗内2号作业人员转移工作斗，配合斗内1号作业人员安装低压横担及低压支持绝缘子	1. 转移工作斗应缓慢、平稳； 2. 防止高空落物
			逐相将导线放入绝缘子槽内，并绑好扎线	
	13	撤除绝缘遮蔽	斗内2号作业人员转移工作斗配合斗内2号作业人员按照“先小后大”的原则撤除中间相遮蔽遮蔽、隔离措施（顺序为：先杆顶金具部位、再扎线部位，最后导线部位）	1. 转移工作斗应缓慢、平稳； 2. 为便于保证安全距离，应严格按照顺序进行； 3. 绝缘遮蔽工具的上下传递使用绝缘吊绳； 4. 防止高空落物

续表

√	序号	作业内容	步骤及要求	危险点控制措施、注意事项
	13	撤除绝缘遮蔽	斗内2号作业人员转移工作斗配合斗内2号作业人员撤除横担、支持绝缘子的绝缘遮蔽、隔离措施	1. 转移工作斗应缓慢、平稳； 2. 绝缘遮蔽工具的上下传递使用绝缘吊绳； 3. 防止高空落物
			斗内2号作业人员转移工作斗配合斗内2号作业人员撤除外边相导线遮蔽管	1. 转移工作斗应缓慢、平稳； 2. 注意工作斗位置应在外边相外侧位置，便于保证安全距离，斗内作业人员正面是外边相导线，背后无架空线； 3. 绝缘遮蔽工具的上下传递使用绝缘吊绳； 4. 防止高空落物
			斗内2号作业人员转移工作斗配合斗内2号作业人员撤除内边相导线遮蔽管	1. 转移工作斗应缓慢、平稳； 2. 注意工作斗位置应在内边相内侧位置，便于保证安全距离：斗内作业人员正面是内边相导线，背后无架空线； 3. 绝缘遮蔽工具的上下传递使用绝缘吊绳； 4. 防止高空落物
	14	撤离杆塔	斗内作业人员检查确认线路设备运行正常，无遗漏或缺陷后，撤离有电区域，返回地面	下降工作斗、收回绝缘臂时应注意绝缘斗臂车周围杆塔、线路等情况

4.3 工作结束

√	序号	作业内容	步骤及要求	危险点控制措施、注意事项
	1	工作负责人组织班组成员清理工具和现场	绝缘斗臂车各部件复位，收回绝缘斗臂车支腿	1. 在坡地停放，应先收后支腿，后收前支腿； 2. 支腿收回顺序应正确：H形支腿的车型应先收回垂直支腿，再收回水平支腿
			整理工具、材料。将工器具清洁后放入专用的箱（袋）中。清理现场	
	2	工作负责人进行工作终结	向调度汇报工作结束，并终结工作票	
	3	工作负责人召开收工会		
	4	作业人员撤离现场		

5 验收记录

记录检修中发现的问题	
存在问题及处理意见	

6 现场标准化作业指导书执行情况评估

<table>
<tr><td rowspan="4">评估内容</td><td rowspan="2">符合性</td><td>优</td><td></td><td>可操作项</td><td></td></tr>
<tr><td>良</td><td></td><td>不可操作项</td><td></td></tr>
<tr><td rowspan="2">可操作性</td><td>优</td><td></td><td>修改项</td><td></td></tr>
<tr><td>良</td><td></td><td>遗漏项</td><td></td></tr>
<tr><td>存在问题</td><td colspan="5"></td></tr>
<tr><td>改进意见</td><td colspan="5"></td></tr>
</table>

7 附录

绝缘斗臂车绝缘手套作业法耐张杆带电耐张作业

一、项目简介

“耐张作业”包括更换耐张横担、更换耐张绝缘子、更换耐张线夹和直线杆开分段改耐张等工作内容。其基本作业原理是用绝缘承力工具（见图 2-9-1～图 2-9-3）代替被更换（或安装）的对象，承受导线张力和相对地电压。作业中应注意：

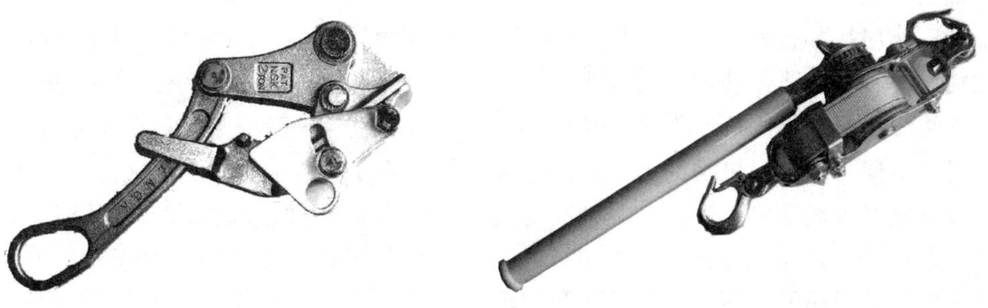

图 2-9-1　夹线器　　图 2-9-2　扁带式绝缘紧线器

图 2-9-3　绝缘拉杆

（1）紧线工具的机械性能。在牵引导线时应充分考虑紧线工具（绝缘承力工具）的机械性能，防止导线逃脱。紧线工具在作业中不仅承担导线的正常运行张力，而且必须满足在允许带电作业的风力、温度等气候条件下收紧导线时所产生的最大过牵引张力，再考虑 1.2 倍的动负载系数和 1.5 倍的安全系数。还应在主紧线工具的外侧做好后备保护措施，后备保护措施在作业过程中应始终处于轻微受力的状态，以防主紧线工具损坏时，导线应力突然向后备保护措施转移引起冲击。紧线时要注意电杆、横担受力平衡。

(2) 紧线工具的绝缘性能。作业中，紧线工具除了担负导线的张力外，还和绝缘子串一起或单独承受相对地电压。所以紧线工具应有良好的绝缘性能，并且其有效绝缘长度不应小于0.4m。

(3) 绝缘遮蔽。由于绝缘子串较短，作业人员在绝缘子串旁作业时，容易通过人体短接带电体和横担、电杆等地电位物体造成事故，所以必须合理、可靠地做好绝缘子串和周围构件的绝缘遮蔽、隔离措施以保证作业安全顺利的进行。另外，绝缘遮蔽措施其实在某种程度上减小了绝缘子的爬电距离，应特别注意各个部件绝缘遮蔽、隔离措施的设置和拆除的顺序。在作业中应及时补强带电体、地电位物体的临时暴露部位的绝缘遮蔽、隔离措施。

对于不同的作业内容，注意事项各有侧重，作业步骤也有所不同。下面简单介绍常见耐张作业不同工作内容。

1. 更换耐张绝缘子

正常运行时，耐张绝缘子串既承受整个耐张段导线的水平应力，同时又承受线路正常运行的最高工作电压和各种过电压。10kV架空线路常见耐张串由2片瓷质或玻璃绝缘子组成，在正常情况下一片绝缘子即可满足10kV架空线路绝缘水平。10kV带电更换耐张绝缘子应用在单片绝缘子有损伤的情况下，严禁更换整体受损的绝缘子串。为避免在作业过程中短接良好绝缘子，应采取整串更换的方式，严禁采取更换单片绝缘子的作业方式。

作业前做好现场勘察工作，准确判断受损绝缘子。绝缘子在交流电场作用下均呈现出电容效应，在正常运行时2片绝缘子对相对地电压进行分压，靠近导线侧的绝缘子电压较大，电场强度较大，损伤的概率也大；横担侧的绝缘子电压较小，电场强度也较小。在绝缘子损伤的情况下，大部分电压由良好绝缘子来承担，作业中应避免短接良好绝缘子。假设横担侧的绝缘子受损，在更换时应先脱离绝缘子串与横担联板的连接，并对横担裸露部分补充绝缘遮蔽措施；导线侧的绝缘子受损，在更换时应先脱离绝缘子串与导线侧碗头的连接，并对碗头和裸露的带电导体补充绝缘遮蔽措施。

新的绝缘子串在地面组装时应注意清洁、干燥，并检查其外观有无受损，禁止直接放置在地面上。

作业时应正确穿戴和使用个人安全防护用具。特别是保护绝缘用羊皮手套可能在保管、使用中没有强调绝缘性能，可能有脏污、潮湿等情况，在工作中会短接良好的绝缘子带来安全隐患。

假设导线侧绝缘子受损，更换时的操作过程为：按照“从下到上、从近到远、从大到小”的顺序对导线、耐张线夹、横担、绝缘子串进行绝缘遮蔽、隔离；组装紧线工具和后备保护措施；同时逐步收紧紧线工具和后备保护，使绝缘子串松弛，后备保护轻微受力；脱开受损绝缘子与导线的连接，并对碗头和裸露的导体做好绝缘遮蔽，再脱开良好绝缘子与横担的连接；安装新组装好的绝缘子串，先连接横担侧并对连接部位做好绝缘遮蔽，再连接导线侧；逐步松开紧线工具和后备保护，使绝缘子串投入正常运行；拆除紧线工具和后备保护；按设置绝缘遮蔽措施的相反顺序拆除各部位的绝缘遮蔽、隔离措施。

2. 更换耐张金具

耐张金具有损伤的情况下，其紧固、牵引的能力有所下降。作业人员在更换时，应注意动作幅度，避免在紧线工具和后备保护设置之前导线逃脱。

更换时的操作过程为：按照“从下到上、从近到远、从大到小”的顺序对导线、耐张金具、绝缘子串、横担进行绝缘遮蔽、隔离；组装紧线工具和后备保护措施；同时逐步收紧紧线工具和后备保护，使绝缘子串松弛，后备保护轻微受力；脱开耐张金具与绝缘子串的连接；更换耐张金具，将耐张金具连接到绝缘子串上；逐步松开紧线工具和后备保护，使耐张金具投入运行状态；拆除紧线工具和后备保护；按设置绝缘遮蔽措施的相反顺序拆除各部位的绝缘遮蔽、隔离措施。

3. 更换耐张横担

作业时需要2辆绝缘斗臂车配合共同完成，作业中要特别注意横担两侧导线的张力要均衡。假设更换三角排列单回路的耐张横担，其操作过程为：按照“从下到上、从近到远、从大到小”的顺序，对耐张横担两侧的带电体和耐张绝缘子进行绝缘遮蔽、隔离（每辆绝缘斗臂车各自负责横担的一侧，三相的遮蔽顺序为“先内边相、次外边相”，每相的遮蔽顺序为“先导线、后绝缘子串”。当三相导线为水平排列时，也应对中间相设置绝缘遮蔽措施）；在旧横担的下方合适位置安装新横担；2辆绝缘斗臂车中的作业人员在外边相横担和导线上组装紧线工具和后备保护；2辆绝缘斗臂车中的作业人员同时收紧导线，使绝缘子串松弛，然后将绝缘子串脱离旧横担后将其连接到新横担的联板上；然后2辆绝缘斗臂车中的作业人员同时缓慢松开紧线工具和后备保护，使新横担两侧均匀受力；按照以上方法将内边相导线转移到新横担上投入运行状态；拆除旧横担；按设置绝缘遮蔽措施相反的顺序拆除各部位的绝缘遮蔽、隔离措施。

4. 直线杆开分段改耐张

作业时需要2辆绝缘斗臂车配合共同完成，本章主要以“绝缘斗臂车绝缘手套作业法直线杆带电开分段该耐张”的工作内容来展开讲述，具体的危险点分析、控制措施、作业过程等可见典型项目现场标准化作业指导书。

二、配电线路带电作业（典型装置）典型项目现场标准化作业指导书示例

编号：DDZY/×××

绝缘斗臂车绝缘手套作业法耐张杆带电耐张作业

10kV×××线××杆直线杆[❶]带电开分段改耐张

编写：________ ________年______月______日

审核：________ ________年______月______日

批准：________ ________年______月______日

作业负责人：________

作业时间：____年___月___日___时至____年___月___日___时

××供电公司×××

❶ 装置说明：绝缘导线，直线杆、单回路三角排列、单横担。

1 范围

本现场标准化作业指导书针对“10kV××线××杆”使用绝缘斗臂车绝缘手套作业法“直线开分段改耐张”工作编写而成，仅适用于该项工作。

2 引用文件

下列文件中的条款通过本作业指导书的引用而成为本作业指导书的条款。

GB 50173—1992《电气装置安装工程 35kV 及以下架空电力线路施工及验收规范》

GB/T 18857—2003《配电线路带电作业技术导则》

GB/T 2900.55—2002《作业人员术语　带电作业》

DL 409—1991《电业安全工作规程（电力线路部分）》

DL/T 601—1996《架空绝缘配电线路设计技术规程》

DL/T 602—1996《架空绝缘配电线路施工及验收规程》

《国家电网公司电力安全工作规程（线路部分）》

2007《国家电网公司带电作业工作管理规定（试行）》

2004.9《现场标准化作业指导书编制导则》（国家电网公司）

3 前期准备

3.1 作业人员

3.1.1 作业人员要求

√	序号	责任人	资　质	人　数
	1	工作负责人（监护人）	应具有配电线路带电作业资格，并具备 3 年以上的配电带电作业实际工作经验，熟悉设备状况，有一定组织能力和事故处理能力，并经工作负责人的专门培训，考试合格	1
	2	工作监护人	应经工作负责人的专门培训，考试合格	1
	3	1 号车斗内 1 号作业人员	应通过 10kV 架空配电线路带电作业专项培训，考试合格并持有上岗证	1
	4	1 号车斗内 2 号作业人员	应通过 10kV 架空配电线路带电作业专项培训，考试合格并持有上岗证	1
	5	2 号车斗内 1 号作业人员	应通过 10kV 架空配电线路带电作业专项培训，考试合格并持有上岗证	1
	6	2 号车斗内 2 号作业人员	应通过 10kV 架空配电线路带电作业专项培训，考试合格并持有上岗证	1
	7	地面作业人员	应通过 10kV 架空配电线路带电作业专项培训，考试合格并持有上岗证	1

3.1.2 作业人员分工

√	序号	责任人	分　工	责任人签名
	1	×××	工作负责人（监护人）	
	2	×××	工作监护人	
	3	×××	1号车斗内1号作业人员	
	4	×××	1号车斗内2号作业人员	
	5	×××	2号车斗内1号作业人员	
	6	×××	2号车斗内2号作业人员	
	7	×××	地面作业人员	

3.2 工器具

出库时应对工器具进行外观检查，并确定是在合格的试验周期内。

3.2.1 个人安全防护用具

√	序号	名　称	规格/编号	单位	数量	备　注
	1	绝缘安全帽		顶/人	1	
	2	绝缘披肩（或绝缘服）		件	4	
	3	绝缘手套（带防护手套）		副	4	
	4	绝缘安全带		根	4	

3.2.2 常备器具

√	序号	名　称	规格/编号	单位	数量	备　注
	1	防潮垫		块	1	
	2	绝缘电阻测试仪	2500V	台	1	
	3	风速仪		只	1	
	4	温度、湿度计		只	1	
	5	对讲机		部	3	
	6	安全遮栏、安全围绳、标示牌		副	若干	
	7	干燥清洁布		块	若干	
	8	电流表		只	1	

3.2.3 绝缘遮蔽工具

√	序号	名　称	规格/编号	单位	数量	备　注
	1	绝缘毯		块	12	
	2	导线遮蔽管		根	6	
	3	绝缘夹		只	若干	

3.2.4 绝缘工具

√	序号	名 称	规格/编号	单位	数量	备 注
	1	绝缘斗臂车		辆	2	
	2	绝缘吊绳		根	2	
	3	绝缘断线剪		把	2	
	4	绝缘引流线		根	1	根据导线型号和载流量适配

3.2.5 工器具

常规的线路施工所需工器具，如扳手等。

√	序号	名 称	规格/编号	单位	数量	备 注
	1	个人工具		套/人	1	
	2	紧线器		副	4	

3.3 材料

包括装置性材料和消耗性材料。

√	序号	名 称	规格/编号	单位	数量	备 注
	1	高压横担		块	1	
	2	拉铁		块	3	
	3	耐张金具及绝缘子		套	6	
	4	对销		根	2	
	5	螺栓		只	若干	根据装置配置
	6	线夹		只	若干	
	7	绝缘引流线		根	3	根据导线型号配置

4 作业程序

4.1 开工准备

√	序号	作业内容	步骤及要求	危险点控制措施、注意事项
	1	工作负责人现场复勘	工作负责人核对工作线路双重命名．杆号	
			工作负责人检查环境是否符合作业要求	
			工作负责人检查线路装置是否具备带电作业条件	
			工作负责人检查气象条件	1. 天气应晴好，无雷、雨、雪、雾； 2. 气温：−5～35℃； 3. 风力：≤5 级； 4. 空气相对湿度：＜80%

续表

√	序号	作业内容	步骤及要求	危险点控制措施、注意事项
	1	工作负责人现场复勘	检查工作票所列安全措施是否齐全，必要时在工作票上补充安全技术措施	
	2	工作负责人执行工作许可制度	工作负责人与调度联系，获得调度工作许可	确认作业线路重合闸已退出
	3	工作负责人召开现场站班会	工作负责人宣读工作票	
			工作负责人检查工作班组成员精神状态、交代工作任务进行分工、交代工作中的安全措施和技术措施	工作班成员应佩戴袖标
			工作负责人检查班组各成员对工作任务分工、工作中的安全措施和技术措施是否明确	
			班组各成员在工作票和作业卡上签名确认	
	4	布置工作现场	工作现场设置安全护栏、作业标志和相关警示标志	
	5	斗臂车操作人员停放绝缘斗臂车	斗臂车操作人员将1号、2号绝缘斗臂车位置停放到最佳位置	1. 应便于绝缘斗臂车工作斗达到作业位置，避开附近电力线和障碍物； 2. 避免停放在沟道盖板上； 3. 软土地面应使用垫块或枕木，垫放时垫板重叠不超过2块，呈45°角； 4. 停放位置如为坡地，停放位置坡度不大于7°，绝缘斗臂车车头应朝下坡方向停放
			斗臂车操作人员操作绝缘斗臂车，支腿	1. 支腿顺序应正确：H形支腿的车型应先伸出水平支腿，再伸出垂直支腿； 2. 在坡地停放，应先支前支腿，后支后支腿； 3. 支撑应到位，车辆前后、左右呈水平；H形支腿的车型四轮应离地。坡地停放调整水平后，车辆前后高度应不大于3°
			斗臂车操作人员将绝缘斗臂车可靠接地	临时接地体埋深应不少于0.6m
	6	工作负责人组织班组成员检查工器具	班组成员按要求将绝缘工器具摆放在防潮垫（毯）上	1. 防潮垫（毯）应清洁、干燥； 2. 绝缘工器具不能与金属工具、材料混放
			班组成员对绝缘工器具进行外观检查：绝缘工具应不变形损坏，操作灵活，测量准确；个人安全防护用具和遮蔽、隔离用具应无针孔、砂眼、裂纹；检查绝缘安全带外观，并作冲击试验	检查人员应戴清洁、干燥的手套
			使用绝缘电阻测试仪对绝缘工器具进行表面绝缘电阻检测：阻值不得低于700MΩ	1. 正确绝缘电阻测试仪； 2. 测量电极应符合规程要求

续表

√	序号	作业内容	步骤及要求	危险点控制措施、注意事项
	7	绝缘斗臂车操作人员检查绝缘斗臂车	检查绝缘斗臂车表面状况：绝缘部分应清洁、无裂纹损伤	
			进行试操作，试操作时间不少于5min，应有回转、升降、伸缩的过程，确认液压、机械、电气系统正常可靠，制动装置可靠	试操作必须空斗进行
	8	斗内作业人员进入绝缘斗臂车工作斗	斗内作业人员穿戴个人安全防护用具	应戴好绝缘帽、绝缘手套等个人安全防护用具
			斗内作业人员携带工器具进入工作斗，将工器具分类放置在斗中和工具袋中	金属材料、化学物品、金属部分超出工作斗的绝缘工器具禁止带入工作斗
			斗内作业人员系好绝缘安全带	应系在斗内专用挂钩上

4.2 作业过程

√	序号	作业内容	步骤及要求	危险点控制措施、注意事项
	1	设置绝缘遮蔽	1.1号、2号车斗内1号作业人员按照内边相、外边相、中间相的顺序对带电导线、绝缘子用导线遮蔽管、绝缘毯等进行绝缘遮蔽，然后安装绝缘支架； 2. 用电流表测量线路电流，验证引流线配置； 3. 如导线弛度正常、直线无弯度，且同杆无低压及弱电线路架设，可以将两边相导线用导线遮蔽管遮蔽后放下横担	1.1号、2号车斗内作业人员应同相进行； 2. 用夹子固定好，保证绝缘遮蔽严密； 3. 如同杆有低压或弱电线路架设，禁止放下导线； 4. 下放导线时应缓慢、稳妥
	2	加装双横担及耐张金具、绝缘子	1.1号、2号车内的1号作业人员对向配合将中相导线绑线拆除放在绝缘支架上； 2.1号、2号车内的2号作业人员对向配合安装双横担及耐张金具、绝缘子； 3. 安装完成后，对横担用绝缘毯进行绝缘遮蔽	过程中应避免碰及绝缘遮蔽的部位

续表

√	序号	作业内容	步骤及要求	危险点控制措施、注意事项
	3	中间相导线开分断改耐张	1号、2号车斗内1号作业人员安装中间相绝缘引流线，用电流表确认分流电流	绝缘引流线应固定在做好绝缘遮蔽的横担上。挂接引流线时，两侧应同相、同步进行，应视引流线端头带电，端头与导线接头必须拧紧
			1号、2号车斗内1号作业人员配合收紧中相导线，并在导线两侧加装保护紧线器，然后在中间部位开断导线，做好耐张端	开断导线后以及在做耐张端头的过程中，必须注意控制好导线头。防止和邻相导线以及接地部位距离太近
			1号、2号车斗内1号作业人员配合搭接好中间相导线的跳线搭头，装好绝缘罩	搭接过程中应始终注意控制好导线
			1号、2号车斗内1号作业人员同时拆除中间相导线的引流线	两侧应同步进行
	4	外边相导线开分断改耐张	1号、2号车斗内1号作业人员安装外边相绝缘引流线，用电流表确认分流电流	绝缘引流线应固定在做好绝缘遮蔽的横担上。挂接引流线时，两侧应同相、同步进行，应视引流线端头带电，端头与导线接头必须拧紧
			1号、2号车斗内1号作业人员配合收紧外边相导线，并在导线两侧加装保护紧线器，然后在中间部位开断导线，做好耐张端	开断导线后以及在做耐张端头的过程中，必须注意控制好导线头。防止和邻相导线以及接地部位距离太近
			1号、2号车斗内1号作业人员配合搭接好外边相导线的跳线搭头，装好绝缘罩	搭接过程中应始终注意控制好导线
			1号、2号车斗内1号作业人员同时拆除外边相导线的引流线	两侧应同步进行
	5	内边相导线开分断改耐张	1号、2号车斗内1号作业人员安装内边相绝缘引流线，用电流表确认分流电流	绝缘引流线应固定在做好绝缘遮蔽的横担上。挂接引流线时，两侧应同相、同步进行，应视引流线端头带电，端头与导线接头必须拧紧
			1号、2号车斗内1号作业人员配合收紧内边相导线，并在导线两侧加装保护紧线器，然后在中间部位开断导线，做好耐张端	开断导线后以及在做耐张端头的过程中，必须注意控制好导线头。防止和邻相导线以及接地部位距离太近
			1号、2号车斗内1号作业人员配合搭接好内边相导线的跳线搭头，装好绝缘罩	搭接过程中应始终注意控制好导线
			1号、2号车斗内1号作业人员同时拆除内边相导线的引流线	两侧应同步进行

续表

√	序号	作业内容	步骤及要求	危险点控制措施、注意事项
	6	拆除绝缘遮蔽	上述作业完成后，1号、2号车斗内1号作业人员取得工作监护人同意后按照中间相、外边相、内边相的顺序拆除横担和导线上的绝缘遮蔽用具	按照先上后下、先远后近、先小后大、先接地部位后带电部位的原则进行。 1号、2号车斗内作业人员应同相进行
	7	撤离杆塔	斗内作业人员检查确认线路设备运行正常，无遗漏或缺陷后，撤离有电区域，返回地面	下降工作斗、收回绝缘臂时应注意绝缘斗臂车周围杆塔、线路等情况

4.3 工作结束

√	序号	作业内容	步骤及要求	危险点控制措施、注意事项
	1	工作负责人组织班组成员清理工具和现场	绝缘斗臂车各部件复位，收回绝缘斗臂车支腿	1. 在坡地停放，应先收后支腿，后收前支腿； 2. 支腿收回顺序应正确：H形支腿的车型应先收回垂直支腿，再收回水平支腿
			整理工具、材料。将工器具清洁后放入专用的箱（袋）中。清理现场	
	2	工作负责人办理工作终结	向调度汇报工作结束，并终结工作票	
	3	工作负责人召开收工会		
	4	作业人员撤离现场		

5 验收记录

记录检修中发现的问题	
存在问题及处理意见	

6 现场标准化作业指导书执行情况评估

评估内容	符合性	优		可操作项	
		良		不可操作项	
	可操作性	优		修改项	
		良		遗漏项	
存在问题					
改进意见					

7 附录

绝缘斗臂车绝缘手套作业法直线杆带电更换组件

一、项目简介

“直线杆带电更换组件”包括更换横担、中间相支架（杆顶支架）、支持绝缘子（柱式或针式绝缘子）等。本项目的关键在于拆除导线与支持绝缘子的扎线后，导线移动和临时固定。不同的工作内容处理的方式有所不同，表 2-10-1 中“√”表示可以采取的方法。

表 2-10-1　　更换直线杆不同组件时导线临时固定的措施

工作内容 \ 导线临时固定的措施		在电杆合适位置安装绝缘横担后，将导线固定在绝缘横担上	在电杆顶部安装绝缘支架后，将导线固定在绝缘支架上	对铁横担进行严密的绝缘遮蔽后，将绝缘遮蔽后的导线放置固定在绝缘材料上	使用绝缘斗臂车绝缘小吊提升导线（应考虑小吊是否能承受导线张力）
1	更换边相支持绝缘子	√		√	√
2	更换中间相支持绝缘子		√		√
3	更换横担	√			
4	更换杆顶支架		√		

注　不论哪一种，在扎线拆除过程与导线移动过程中，都必须使用后备保护措施（如用绝缘斗臂车绝缘小吊吊绳轻微提升）防止导线在水平应力和风力的作用下，突然脱离工作人员的控制，掉落到构件上引起短路事故。

本章主要介绍“绝缘斗臂车绝缘手套作业法带电更换直线支持绝缘子”。更换支持绝缘子应到现场进行细致周到的勘察，找出绝缘子的缺陷，充分对作业中可能出现的危险点进行预想并制定出详细可行的操作方案。更换支持绝缘子的原因主要是以旧换新，支持绝缘子损伤。第一种工作相对安全，而绝缘子损伤时，其绝缘性能和机械强度降低往往同时降低，作业中的危险点也比较多，以下简要进行分析。

1. 绝缘性能降低在带电更换时的影响

绝缘性能降低导致运行时导线对地（横担）之间的泄漏电流增大，横担对地可能呈现一定的电位，在导线脱离绝缘子时可能有较明显的电弧。所以必须在天气晴好多日后、空气干燥的日子里进行工作，以保证绝缘子内外部的潮气充分散发，减小泄漏电流。为避免电弧灼伤作业人员或引起作业人员惊慌导致触电，在绝缘斗臂车升空后首先对横担等构件进行验电，作业中作业人员应戴防弧罩，并且在拆除绝缘子上绑扎导线用的扎线后，靠后站位距离再提升导线。

另外如扎线绑扎的工艺不符合要求，导线与绝缘子之间存在空隙，在阴雨天气时绝缘子泄漏电流会显著增大，长期运行后，导线有烧损现象。这种情况在现场勘察时可能无法发现，只有在作业时当扎线拆除后才会发现。对于这种情况应根据导线受损情况采取合理的处理方式，当钢芯铝绞线同一截面处铝股损伤超过导线部分（铝）总截面积的7%而在25%以内、铝绞线同一截面处损伤超过总截面积的7%而在17%以内时可以向上级汇报后，采取带电抢修的方式，将直线杆带电开分段。而导线受损程度较大时，应作为紧急缺陷汇报有关部门，采取停电抢修的方式将该直线杆开分段，避免工作中导线突然断线引起事故。

2. 机械性能降低在带电更换时的影响

绝缘子放电一般有表面闪络、内部击穿两种形式。表面闪络的主要原因是表面积灰在受潮的情况下发生污闪，这种情况下对绝缘自机械强度的破坏较小。但内部贯穿性的击穿会导致绝缘子整体碎裂，要充分考虑拆除绑扎线时绝缘子突然碎裂的情况，应做好完备的后备保护措施，防止导线突然掉落和绝缘子碎片高空落物。

带电更换中间相绝缘子如图 2-10-1 所示。

图 2-10-1　带电更换中间相绝缘子

二、配电线路带电作业（典型装置）典型项目现场标准化作业指导书示例

编号：DDZY/×××

绝缘斗臂车绝缘手套作业法
直线杆带电更换组件

10kV×××线××杆[1]带电更换直线支持绝缘子

编写：________ ________年______月______日

审核：________ ________年______月______日

批准：________ ________年______月______日

作业负责人：________

作业时间：____年___月___日___时至____年___月___日___时

××供电公司×××

[1] 线路为绝缘导线，装置为直线、三角排列、单横担。

1 范围

本现场标准化作业指导书针对“10kV××线××杆”使用绝缘斗臂车绝缘手套作业法“更换直线支持绝缘子”工作编写而成，仅适用于该项工作。

2 引用文件

下列文件中的条款通过本作业指导书的引用而成为本作业指导书的条款。

GB 50173—1992《电气装置安装工程 35kV 及以下架空电力线路施工及验收规范》

GB/T 18857—2003《配电线路带电作业技术导则》

GB/T 2900.55—2002《作业人员术语　带电作业》

DL 409—1991《电业安全工作规程（电力线路部分）》

DL/T 601—1996《架空绝缘配电线路设计技术规程》

DL/T 602—1996《架空绝缘配电线路施工及验收规程》

《国家电网公司电力安全工作规程（线路部分）》

2007《国家电网公司带电作业工作管理规定（试行）》

2004.9《现场标准化作业指导书编制导则》（国家电网公司）

3 前期准备

3.1 作业人员

3.1.1 作业人员要求

√	序号	责　任　人	资　　质	人　数
	1	工作负责人（监护人）	应具有配电线路带电作业资格，并具备 3 年以上的配电带电作业实际工作经验，熟悉设备状况，有一定组织能力和事故处理能力，并经工作负责人的专门培训，考试合格	1
	2	斗内 1 号作业人员	应通过 10kV 架空配电线路带电作业专项培训，考试合格并持有上岗证	1
	3	斗内 2 号作业人员	应通过 10kV 架空配电线路带电作业专项培训，考试合格并持有上岗证	1
	4	地面作业人员	应通过 10kV 架空配电线路带电作业专项培训，考试合格并持有上岗证	1

3.1.2 作业人员分工

√	序号	责　任　人	分　　工	责任人签名
	1	×××	工作负责人（监护人）	
	2	×××	斗内 1 号作业人员	
	3	×××	斗内 2 号作业人员	
	4	×××	地面作业人员	

3.2 工器具

出库时应对工器具进行外观检查，并确定是在合格的试验周期内。

3.2.1 个人安全防护用具

√	序号	名　　称	规格/编号	单位	数量	备　注
	1	绝缘安全帽		顶/人	1	
	2	绝缘披肩（或绝缘服）		件	2	
	3	绝缘手套（带防护手套）		副	2	
	4	绝缘安全带		根	2	

3.2.2 常备器具

√	序号	名　　称	规格/编号	单位	数量	备　注
	1	绝缘斗臂车		台	1	
	2	防潮垫		块	1	
	3	绝缘电阻测试仪	2500V	台	1	
	4	风速仪		只	1	
	5	温度、湿度计		只	1	
	6	对讲机		部	2	
	7	安全遮栏、安全围绳、标示牌		副	若干	
	8	干燥清洁布		块	若干	

3.2.3 绝缘遮蔽工具

√	序号	名　　称	规格/编号	单位	数量	备　注
	1	绝缘毯		块	6	
	2	导线遮蔽管		根	6	
	3	绝缘支架❶		副	1	
	4	横担绝缘罩		只	1	
	5	绝缘夹		只	若干	

3.2.4 绝缘工具

√	序号	名　　称	规格/编号	单位	数量	备　注
	1	绝缘斗臂车		辆	1	
	2	绝缘吊绳		根	1	
	3	高压验电器		副	1	

❶ 可安装在电杆上，作临时支撑固定导线用。

3.2.5 工器具

常规的线路施工所需工器具，如扳手等。

√	序号	名　　称	规格/编号	单位	数量	备　注
	1	个人工具		套/人	1	

3.3 材料

包括装置性材料和消耗性材料。

√	序号	名　　称	规格/编号	单位	数量	备　注
	1	支持绝缘子		只	3	
	2	绝缘绑扎线		卷	若干	

4 作业程序

4.1 开工准备

√	序号	作业内容	步 骤 及 要 求	危险点控制措施、注意事项
	1	工作负责人现场复勘	工作负责人核对工作线路双重命名、杆号	
			工作负责人检查环境是否符合作业要求	
			工作负责人检查线路装置是否具备带电作业条件	1. 导线应无断股现象； 2. 横担无锈蚀现象
			工作负责人检查气象条件	1. 天气应晴好，无雷、雨、雪、雾； 2. 气温：－5～35℃； 3. 风力：<5 级； 4. 空气相对湿度：<80%
			检查工作票所列安全措施是否齐全，必要时在工作票上补充安全技术措施	
	2	工作负责人执行工作许可制度	工作负责人与调度联系，获得调度工作许可	
	3	工作负责人召开现场站班会	工作负责人宣读工作票	
			工作负责人检查工作班组成员精神状态、交代工作任务进行分工、交代工作中的安全措施和技术措施	工作班成员应佩戴袖标
			工作负责人检查班组各成员对工作任务分工、工作中的安全措施和技术措施是否明确	
			班组各成员在工作票和作业卡上签名确认	

续表

√	序号	作业内容	步骤及要求	危险点控制措施、注意事项
	4	布置工作现场	工作现场设置安全护栏、作业标志和相关警示标志	
	5	斗臂车操作人员停放绝缘斗臂车	斗臂车操作人员将绝缘斗臂车停放到最佳位置	1. 应便于绝缘斗臂车工作斗达到作业位置，避开附近电力线和障碍物； 2. 避免停放在沟道盖板上； 3. 软土地面应使用垫块或枕木，垫放时垫板重叠不超过2块，呈45°角； 4. 停放位置如为坡地，停放位置坡度不大于7°，绝缘斗臂车车头应朝下坡方向停放
			斗臂车操作人员操作绝缘斗臂车，支腿	1. 支腿顺序应正确：H形支腿的车型应先伸出水平支腿，再伸出垂直支腿； 2. 在坡地停放，应先支前支腿，后支后支腿； 3. 支撑应到位，车辆前后、左右呈水平；H形支腿的车型四轮应离地。坡地停放调整水平后，车辆前后高度应不大于3°
			斗臂车操作人员将绝缘斗臂车可靠接地	临时接地体埋深应不少于0.6m
	6	工作负责人组织班组成员检查工器具	班组成员按要求将绝缘工器具摆放在防潮垫（毯）上	1. 防潮垫（毯）应清洁、干燥； 2. 绝缘工器具不能与金属工具、材料混放
			班组成员对绝缘工器具进行外观检查：绝缘工具应不变形损坏，操作灵活，测量准确；个人安全防护用具和遮蔽、隔离用具应无针孔、砂眼、裂纹；检查绝缘安全带外观，并作冲击试验	检查人员应戴清洁、干燥的手套
			使用绝缘电阻测试仪对绝缘工器具进行表面绝缘电阻检测：阻值不得低于700MΩ	1. 正确使用绝缘电阻测试仪； 2. 测量电极应符合规程要求
	7	绝缘斗臂车操作人员检查绝缘斗臂车	检查绝缘斗臂车表面状况：绝缘部分应清洁、无裂纹损伤	
			进行试操作，试操作时间不少于5min，应有回转、升降、伸缩的过程，确认液压、机械、电气系统正常可靠，制动装置可靠	试操作必须空斗进行
	8	斗内作业人员进入绝缘斗臂车工作斗	斗内作业人员穿戴个人安全防护用具	应戴好绝缘帽、绝缘手套等个人安全防护用具
			斗内作业人员携带工器具进入工作斗，将工器具分类放置在斗中和工具袋中	金属材料、化学物品、金属部分超出工作斗的绝缘工器具禁止带入工作斗
			斗内作业人员系好绝缘安全带	应系在斗内专用挂钩上

4.2 作业过程

√	序号	作业内容	步 骤 及 要 求	危险点控制措施、注意事项
	1	验电	斗内2号作业人员转移工作斗，斗内1号作业人员用高压验电器对横担、顶相抱箍进行验电，确认绝缘子无泄漏电流	1. 转移工作斗时应注意绝缘斗臂车周围杆塔、线路等情况，绝缘臂的金属部位与带电体和地电位物体的距离大于1m； 2. 作业时，如绝缘斗臂车绝缘臂为“直臂伸缩式”结构，上节绝缘臂的伸出长度应大于等于1m； 3. 斗内1号作业人员验电时，必须戴绝缘手套；验电器使用前应进行自检，并在带电体上试验
	2	设置绝缘遮蔽措施	然后按照“从近到远、从下到上、先大后小”的原则对三相带电导线及支持绝缘子扎线设置绝缘遮蔽措施：先内边相、再外边相、最后中间相	1. 斗内作业人员与地面作业人员传递绝缘工器具时，应使用绝缘吊绳，并捆绑牢固，防止高空落物； 2. 斗内作业人员设置绝缘遮蔽、隔离措施时必须穿戴绝缘手套，并应注意站位，与地电位物体应保持足够安全距离（0.4m）； 3. 绝缘遮蔽应严实、牢固，连接处应有15cm及以上的重叠部分
	3	更换中间相支持绝缘子	安装绝缘支架：斗内2号作业人员转移工作斗至中间相合适的转移位置，斗内1号作业人员在电杆的顶相抱箍下部安装绝缘支架	1. 斗内1号作业人员应注意动作幅度； 2. 注意杆上1号、2号作业人员的位置，不应处于不同的电位； 3. 防止高空落物
			补充绝缘遮蔽措施：斗内1号作业人员对电杆、顶相抱箍、绝缘子底部设置绝缘遮蔽措施	1. 斗内作业人员与地面作业人员传递工器具时，应使用绝缘吊绳，并捆绑牢固，防止高空落物； 2. 斗内作业人员设置绝缘遮蔽、隔离措施时必须穿戴绝缘手套，并应注意站位，与带电位物体应保持足够安全距离（0.4m）； 3. 绝缘遮蔽应严实、牢固，连接处应有15cm及以上的重叠部分
			斗内1号作业人员拆除中间相绝缘子的绑扎线，将导线放到绝缘支架上并固定	1. 如验电时发现顶相抱箍带电，斗内1号作业人员应使用操作杆将导体脱离绝缘子，并注意与导体保持足够的距离； 2. 斗内1号作业人员将导线放置到绝缘支架前，应先用遮蔽材料覆盖住导线的裸露部分，将绝缘导线当作裸导线来处理； 3. 拆绑扎线时应注意扎线的展放长度
			更换支持绝缘子、恢复绝缘子底部的绝缘遮蔽措施	1. 斗内1号作业人员应注意动作幅度； 2. 防止高空落物
			恢复导线位置，绑扎绝缘扎线固定导线	绑扎扎线时应注意扎线的展放长度
			拆除绝缘支架	1. 斗内1号作业人员应注意动作幅度； 2. 防止高空落物

续表

√	序号	作业内容	步骤及要求	危险点控制措施、注意事项
	4	更换内边相支持绝缘子	补充绝缘遮蔽措施：斗内1号作业人员对内边相横担、绝缘子底部设置绝缘遮蔽措施	1. 斗内作业人员与地面作业人员传递工器具时，应使用绝缘吊绳，并捆绑牢固，防止高空落物； 2. 斗内作业人员设置绝缘遮蔽、隔离措施时必须穿戴绝缘手套，并应注意站位，与带电位物体应保持足够安全距离（0.4m）； 3. 绝缘遮蔽应严实、牢固，连接处应有15cm及以上的重叠部分
			斗内1号作业人员拆除内边相绝缘子的绑扎线，将导线放到横担上并固定	1. 如验电时发现横担带电，斗内1号作业人员应使用操作杆将导体脱离绝缘子，并注意与导体保持足够的距离； 2. 斗内1号作业人员将导线放置到横担前，应先用遮蔽材料覆盖住导线的裸露部分，将绝缘导线当作裸导线来处理； 3. 拆绑扎线时应注意扎线的展放长度
			更换支持绝缘子，恢复绝缘子底部的绝缘遮蔽措施	1. 斗内1号作业人员应注意动作幅度； 2. 防止高空落物
			恢复导线位置，绑扎绝缘扎线固定导线	绑扎扎线时应注意扎线的展放长度
	5	更换外边相支持绝缘子	补充绝缘遮蔽措施：斗内1号作业人员对外边相横担、绝缘子底部设置绝缘遮蔽措施	1. 斗内作业人员与地面作业人员传递工器具时，应使用绝缘吊绳，并捆绑牢固，防止高空落物； 2. 斗内作业人员设置绝缘遮蔽、隔离措施时必须穿戴绝缘手套，并应注意站位，与带电位物体应保持足够安全距离（0.4m）； 3. 绝缘遮蔽应严实、牢固，连接处应有15cm及以上的重叠部分
			斗内1号作业人员拆除外边相绝缘子的绑扎线，将导线放到横担上并固定	1. 如验电时发现横担带电，斗内1号作业人员应使用操作杆将导体脱离绝缘子，并注意与导体保持足够的距离； 2. 斗内1号作业人员将导线放置到横担前，应先用遮蔽材料覆盖住导线的裸露部分，将绝缘导线当作裸导线来处理； 3. 拆绑扎线时应注意扎线的展放长度
			更换支持绝缘子，恢复绝缘子底部的绝缘遮蔽措施	1. 斗内1号作业人员应注意动作幅度； 2. 防止高空落物
			恢复导线位置，绑扎绝缘扎线固定导线	绑扎扎线时应注意扎线的展放长度
	6	拆除绝缘遮蔽	按照"先小后大、从远到近、从下到上"的原则撤除三相绝缘遮蔽措施：先中间相、在外边相、最后内边相	1. 斗内作业人员与地面作业人员传递工器具时，应使用绝缘吊绳，并捆绑牢固，防止高空落物； 2. 斗内作业人员撤除绝缘遮蔽、隔离措施时必须穿戴绝缘手套，并应注意站位与其他电位物体保持足够的距离
	7	撤离杆塔	斗内作业人员检查确认线路设备运行正常，无遗漏或缺陷后，撤离有电区域，返回地面	下降工作斗、收回绝缘臂时应注意绝缘斗臂车周围杆塔、线路等情况

4.3 工作结束

√	序号	作业内容	步骤及要求	危险点控制措施、注意事项
	1	工作负责人组织班组成员清理工具和现场	绝缘斗臂车各部件复位，收回绝缘斗臂车支腿	1. 在坡地停放时，应先收后支腿，后收前支腿； 2. 支腿收回顺序应正确：H形支腿的车型应先收回垂直支腿，再收回水平支腿
			整理工具、材料。将工器具清洁后放入专用的箱（袋）中。清理现场，撤除现场设置的安全护栏、作业标志和相关警示标志	
	2	工作负责人办理工作终结	向调度汇报工作结束，并终结工作票	
	3	工作负责人召开收工会		
	4	作业人员撤离现场		

5 验收记录

记录检修中发现的问题	
存在问题及处理意见	

6 现场标准化作业指导书执行情况评估

评估内容	符合性	优		可操作项	
		良		不可操作项	
	可操作性	优		修改项	
		良		遗漏项	
存在问题					
改进意见					

7 附录

绝缘斗臂车绝缘手套作业法带电更换（安装）柱上开关设备

一、项目简介

10kV线路柱上开关是配网的重要设备，常见的类型有跌落式熔断器、柱上隔离开关、柱上负荷式隔离开关、柱上负荷开关、柱上断路器等。柱上开关担负着线路的控制、分段和联络等任务。由于开关本身特性、设备寿命以及线路负荷变化等原因，常常需要对原有的开关进行更换。如果采用停电方式更换，需要的工作时间（包括电源侧开关的停复役时间、更换开关时间）一般都比较长，对供电可靠性的影响也很大。采用带电作业方式进行更换开关可有效地减小停电检修的影响范围和提高经济效益、社会效益。

1. 开关设备缺陷与故障类型及相关的危险点分析与控制

在制定作业方案或编写现场标准化作业指导书前，应组织有经验的人员到现场进行勘察，准确判断设备缺陷或故障类型，以便进行危险点的分析和控制。下面从缺陷的严重程度，即是否影响到开关的分闸操作来叙述相关的危险点及其控制措施。

（1）开关可操作。如开关设备绝缘子有局部性缺陷、触头轻度烧损等，可在作业前由有关人员先操作开关，使其处于“分闸”位置。为防止负荷侧倒送电，可操作的、分闸后具有明显断开点的开关，可由有关人员在负荷侧挂好接地线。可操作的、分闸后没有明显断开点的开关，带电作业人员作业前应确认开关确在“分闸”位置，并使用高压验电器在受电侧验电，并且在作业时应仍将负荷侧线路视作有电设备，保持足够的安全距离，对安全距离不足的做好可靠的绝缘遮蔽、隔离措施。

（2）开关不可操作。如开关设备绝缘子炸裂，严重损坏；触头严重度烧损无法分闸；柱上真空开关灭弧室真空度下降或柱上 SF_6 开关气体泄漏、压力下降等。在作业前应由运行操作人员切除负荷侧所有负荷。为防止负荷侧倒送电，负荷侧所有拉开的开关杆上应挂“禁止合闸，线路有人工作”的标识牌；带电作业人员在作业前用钳形电流表测量设备有无负荷电流；若负荷侧线路较长，应在拆引线时使用专用消弧设备。

绝缘子损伤需要更换设备时，必须在良好、干燥的气象条件下进行工作，防止连日阴雨后绝缘子内部受潮，在拆卸引线时泄漏电流过大有拉弧现象。作业前应对设备外壳和支架进行验电。

2. 开关吊装时的危险点分析与控制

吊装柱上负荷开关、负荷隔离开关等重量较重、体积较大的设备，一般都使用绝缘斗臂车的绝缘副臂（小吊臂）和吊绳。应特别注意：

（1）选择合适的位置，正确停放绝缘斗臂车，以保证绝缘斗臂车绝缘臂有足够的作业范围。水平支腿应撑足，垂直支腿应支撑牢固可靠，避开窨井、沟道等，松软地面应使用垫板或枕木。

（2）注意绝缘副臂、吊绳的起吊能力。通常情况下，绝缘副臂最大的起吊能力为450～500kg，最小的起吊重量为250kg。绝缘副臂选择合适的起吊角度，绝缘副臂与水平面的夹角越大，起吊能力越大。吊绳应无断股、过拉伸现象。

（3）寻找合适的吊点。吊点应与设备的重心在一铅垂线上，否则设备吊离支架时会引起大幅晃动。

（4）在吊、装开关时应在设备外壳上设置绝缘控制绳，由地面作业人员对设备进行适度的牵引，防止设备大幅晃动。

（5）正确操作绝缘斗臂车，禁止在绝缘臂做伸缩、回转、升降的过程中同时操作小吊提升、降落开关。

（6）地面作业人员禁止站在绝缘臂、绝缘斗的下方。

3. 引线拆卸点的选择

（1）对于柱上断路器、柱上负荷开关等设备，其出线套管间以及设备线夹与设备外壳（地电位）之间的间距都很小，特别是在设备线夹处进行引线的带电安装和拆卸工作时，线夹与设备外壳之间实施严密有效的绝缘遮蔽隔离比较困难，具有较大的安全隐患，所以应选择相间、相对地（地电位构件）距离较大，容易保证带电作业安全距离或实施绝缘遮蔽隔离的位置（如引线与主导线的搭接部位）处搭接或拆卸设备引线。在作业中工作人员尽量让自己处于一个具有较大作业空间和周围异电位物体较少的位置。

（2）现场有些非标准装置，如某些外形与断路器相似的柱上负荷开关在断开后没有明显的断开点，电源侧也没有隔离开关的情况下，应先拆卸电源侧的引线，再拆卸负荷侧引线，搭接引线的顺序正好相反。

（3）引线在拆卸后或搭接前应妥善固定，并与未拆卸的或已接通的引线之间保证足够的距离，距离不够时，应首先对带电的引线或其他带电导体进行绝缘遮蔽。

安装新设备和设备更新按照“可操作”开关可以选取合适的作业方式。

二、配电线路带电作业（典型装置）典型项目现场标准化作业指导书示例

编号：DDZY/×××

绝缘斗臂车绝缘手套作业法带电更换（安装）柱上开关设备

10kV×××线××杆带电更换柱上断路器[1]

编写：________ ________年______月______日

审核：________ ________年______月______日

批准：________ ________年______月______日

作业负责人：________

作业时间：____年___月___日___时至____年___月___日___时

××供电公司×××

[1] 线路为绝缘导线，装置为三角排列，柱上开关为单向供电方式，处于分闸位置。

1 范围

本现场标准化作业指导书针对“10kV××线××杆”使用绝缘斗臂车绝缘手套作业法“更换柱上断路器”工作编写而成，仅适用于该项工作。

2 引用文件

下列文件中的条款通过本作业指导书的引用而成为本作业指导书的条款。

GB 50173—1992《电气装置安装工程 35kV 及以下架空电力线路施工及验收规范》

GB/T 18857—2003《配电线路带电作业技术导则》

GB/T 2900.55—2002《作业人员术语　带电作业》

DL 409—1991《电业安全工作规程（电力线路部分）》

DL/T 601—1996《架空绝缘配电线路设计技术规程》

DL/T 602—1996《架空绝缘配电线路施工及验收规程》

《国家电网公司电力安全工作规程（线路部分）》

2007《国家电网公司带电作业工作管理规定（试行）》

2004.9《现场标准化作业指导书编制导则》（国家电网公司）

3 前期准备

3.1 作业人员

3.1.1 作业人员要求

√	序号	责　任　人	资　　质	人　数
	1	工作负责人（监护人）	应具有配电线路带电作业资格，并具备 3 年以上的配电带电作业实际工作经验，熟悉设备状况，有一定组织能力和事故处理能力，并经工作负责人的专门培训，考试合格	1
	2	斗内 1 号作业人员	应通过 10kV 架空配电线路带电作业专项培训，考试合格并持有上岗证	1
	3	斗内 2 号作业人员	应通过 10kV 架空配电线路带电作业专项培训，考试合格并持有上岗证	1
	4	杆上作业人员	应通过 10kV 架空配电线路带电作业专项培训，考试合格并持有上岗证	1
	5	地面作业人员	应通过 10kV 架空配电线路带电作业专项培训，考试合格并持有上岗证	1

3.1.2 作业人员分工

√	序号	责　任　人	分　　工	责任人签名
	1	×××	工作负责人（监护人）	
	2	×××	斗内 1 号作业人员	
	3	×××	斗内 2 号作业人员	
	4	×××	杆上作业人员	
	5	×××	地面作业人员	

3.2 工器具

出库时应对工器具进行外观检查，并确定是在合格的试验周期内。

3.2.1 个人安全防护用具

√	序号	名　称	规格/编号	单位	数量	备　注
	1	绝缘安全帽		顶/人	1	
	2	绝缘披肩（或绝缘服）		件	2	
	3	绝缘手套（带防护手套）		副	2	
	4	绝缘安全带		副	2	
	5	安全带		副	1	

3.2.2 常备器具

√	序号	名　称	规格/编号	单位	数量	备　注
	1	绝缘斗臂车		台	1	
	2	防潮垫		块	1	
	3	绝缘电阻测试仪	2500V	台	1	
	4	风速仪		只	1	
	5	温度、湿度计		只	1	
	6	对讲机		部	2	
	7	安全遮栏、安全围绳、标示牌		副	若干	
	8	干燥清洁布		块	若干	

3.2.3 绝缘遮蔽工具

√	序号	名　称	规格/编号	单位	数量	备　注
	1	绝缘毯		块	6	
	2	绝缘夹		只	若干	
	3	绝缘软管		根	9	
	4	导线遮蔽管		根	3	

3.2.4 绝缘工具

√	序号	名　称	规格/编号	单位	数量	备　注
	1	绝缘斗臂车（带小吊臂）		辆	1	
	2	绝缘吊绳		根	1	
	3	绝缘绳（控制绳）		根	1	
	4	绝缘绳套		根	2	

3.2.5 工器具

√	序号	名　　称	规格/编号	单位	数量	备　注
	1	个人工具		套/人	1	
	2	电动扳手		把	1	
	3	断线剪		把	1	
	4	脚扣		副	1	

3.3 材料

包括装置性材料和消耗性材料。

√	序号	名　　称	规格/编号	单位	数量	备　注
	1	柱上断路器		台	1	
	2	绝缘引线		根	3	
	3	绝缘罩		只	若干	
	4	螺栓		只	若干	
	5	（线路）线夹		只	若干	
	6	设备线夹		只	3	
	7	砂纸		张	1	
	8	3M胶带		卷	若干	

4 作业程序

4.1 开工准备

√	序号	作业内容	步 骤 及 要 求	危险点控制措施、注意事项
	1	工作负责人现场复勘	工作负责人核对工作线路双重命名、杆号	
			工作负责人检查环境是否符合作业要求	
			工作负责人检查线路装置是否具备带电作业条件	1. 应确认断路器已经处于断开位置； 2. 确认停电侧是否已经做好防止倒送电措施
			工作负责人检查气象条件	1. 天气应晴好，无雷、雨、雪、雾； 2. 气温：－5～35℃； 3. 风力：<5 级； 4. 空气相对湿度：<80%
			检查工作票所列安全措施是否齐全，必要时在工作票上补充安全技术措施	
	2	工作负责人执行工作许可制度	工作负责人与调度联系，获得调度工作许可	

续表

√	序号	作业内容	步 骤 及 要 求	危险点控制措施、注意事项
	3	工作负责人召开现场站班会	工作负责人宣读工作票	
			工作负责人检查工作班组成员精神状态、交代工作任务进行分工、交代工作中的安全措施和技术措施	工作班成员应佩戴袖标
			工作负责人检查班组各成员对工作任务分工、工作中的安全措施和技术措施是否明确	
			班组各成员在工作票和作业卡上签名确认	
	4	布置工作现场	工作现场设置安全护栏、作业标志和相关警示标志	
	5	斗臂车操作人员停放绝缘斗臂车	斗臂车操作人员将绝缘斗臂车停放到最佳位置	1. 应便于绝缘斗臂车工作斗达到作业位置，避开附近电力线和障碍物； 2. 避免停放在沟道盖板上； 3. 软土地面应使用垫块或枕木，垫放时垫板重叠不超过2块，呈45°角； 4. 停放位置如为坡地，停放位置坡度不大于7°，绝缘斗臂车车头应朝下坡方向停放
			斗臂车操作人员操作绝缘斗臂车，支腿	1. 支腿顺序应正确：H形支腿的车型应先伸出水平支腿，再伸出垂直支腿； 2. 在坡地停放，应先支前支腿，后支后支腿； 3. 支撑应到位，车辆前后、左右呈水平；H形支腿的车型四轮应离地。坡地停放调整水平后，车辆前后高度应不大于3°
			斗臂车操作人员将绝缘斗臂车可靠接地	临时接地体埋深应不少于0.6m
	6	工作负责人组织班组成员检查工器具	班组成员按要求将绝缘工器具摆放在防潮垫（毯）上	防潮垫（毯）应清洁、干燥；绝缘工器具不能与金属工具、材料混放
			班组成员对绝缘工器具进行外观检查：绝缘工具应不变形损坏，操作灵活，测量准确；个人安全防护用具和遮蔽、隔离用具应无针孔、砂眼、裂纹；检查绝缘安全带、普通安全带和脚扣，并作冲击试验	检查人员应戴清洁、干燥的手套
			使用绝缘电阻测试仪对绝缘工器具进行表面绝缘电阻检测：阻值不得低于700MΩ	正确使用绝缘电阻测试仪；测量电极应符合规程要求

续表

√	序号	作业内容	步 骤 及 要 求	危险点控制措施、注意事项
	7	绝缘斗臂车操作人员检查绝缘斗臂车	检查绝缘斗臂车表面状况：绝缘部分应清洁、无裂纹损伤	
			进行试操作，试操作时间不少于5min，应有回转、升降、伸缩的过程，确认液压、机械、电气系统正常可靠，制动装置可靠	试操作必须空斗进行
	8	检查（新）断路器	检查断路器外观和仪表指示，检测绝缘电阻，并进行分合闸试操作，检测机构性能	
	9	斗内作业人员进入绝缘斗臂车工作斗	斗内作业人员穿戴个人安全防护用具	应戴好绝缘帽、绝缘手套等个人安全防护用具
			斗内作业人员携带工器具进入工作斗，将工器具分类放置在斗中和工具袋中	金属材料、化学物品、金属部分超出工作斗的绝缘工器具禁止带入工作斗
			斗内作业人员系好绝缘安全带	应系在斗内专用挂钩上

4.2 作业过程

√	序号	作业内容	步 骤 及 要 求	危险点控制措施、注意事项
	1	设置绝缘遮蔽措施	斗内2号作业人员转移工作斗，斗内1号作业人员对电源侧内边相带电部位（主导线、引线、断路器出线套管端部）进行绝缘遮蔽。 原则："从下到上、从近到远、从大到小"	1. 转移工作斗时应注意绝缘斗臂车周围杆塔、线路等情况，绝缘臂的金属部位与带电体和地电位物体的距离大于1m； 2. 作业时，如绝缘斗臂车绝缘臂为"直臂伸缩式"结构，上节绝缘臂的伸出长度应大于等于1m； 3. 斗内1号作业人员设置绝缘遮蔽措施时，必须戴绝缘手套，并注意动作幅度，保持与地电位物体保持足够的安全距离（大于等于0.4m）； 4. 绝缘遮蔽措施应严密、牢固，接合部位应有15cm的重叠部分
			斗内2号作业人员转移工作斗，斗内1号作业人员对电源侧外边相的带电部位（主导线、引线、断路器出线套管端部）进行绝缘遮蔽。 原则："从下到上、从近到远、从大到小"	1. 转移工作斗时应注意绝缘斗臂车周围杆塔、线路等情况，绝缘臂的金属部位与带电体和地电位物体的距离大于1m； 2. 作业时，如绝缘斗臂车绝缘臂为"直臂伸缩式"结构，上节绝缘臂的伸出长度应大于等于1m； 3. 斗内1号作业人员设置绝缘遮蔽措施时，必须戴绝缘手套；并注意动作幅度，保持与地电位物体保持足够的安全距离（大于等于0.4m）； 4. 绝缘遮蔽措施应严密、牢固，接合部位应有15cm的重叠部分

续表

√	序号	作业内容	步骤及要求	危险点控制措施、注意事项
	1	设置绝缘遮蔽措施	斗内2号作业人员转移工作斗，斗内1号作业人员对电源侧中间相的带电部位（主导线、引线、断路器出线套管端部）进行绝缘遮蔽。 原则："从下到上、从近到远、从大到小"	1. 转移工作斗时应注意绝缘斗臂车周围杆塔、线路等情况，绝缘臂的金属部位与带电体和地电位物体的距离大于1m； 2. 作业时，如绝缘斗臂车绝缘臂为"直臂伸缩式"结构，上节绝缘臂的伸出长度应大于等于1m； 3. 斗内1号作业人员设置绝缘遮蔽措施时，必须戴绝缘手套；并注意动作幅度，保持与地电位物体保持足够的安全距离（大于等于0.4m）； 4. 绝缘遮蔽措施应严密、牢固，接合部位应有15cm的重叠部分
	2	拆除断路器电源侧三相引线	斗内2号作业人员转移工作斗，斗内1号作业人员拆卸断路器带电侧内边相引线。 拆卸部位：导线端	1. 斗内1号作业人员应戴绝缘手套，并注意动作幅度，保持与地电位物体间有足够的安全距离； 2. 引线从导线上拆卸后应圈好做妥善固定
			斗内2号作业人员转移工作斗，斗内1号作业人员拆卸断路器带电侧外边相引线。 拆卸部位：导线端	1. 斗内1号作业人员应戴绝缘手套，并注意动作幅度，保持与地电位物体间有足够的安全距离； 2. 引线从导线上拆卸后应圈好做妥善固定
			斗内2号作业人员转移工作斗，斗内1号作业人员拆卸断路器带电侧中间相引线。 拆卸部位：导线端	1. 斗内1号作业人员应戴绝缘手套，并注意动作幅度，保持与地电位物体间有足够的安全距离； 2. 引线从导线上拆卸后应圈好做妥善固定
	3	拆除断路器负荷侧三相引线	斗内2号作业人员转移工作斗，斗内1号作业人员拆卸断路器负荷侧三相引线	斗内1号作业人员拆引线时应与电源侧保持足够的作业安全距离
	4	拆卸柱上断路器	绝缘斗臂车复位，安装绝缘小吊臂	
			斗内2号作业人员转移工作斗，使斗臂车小吊就位，在断路器安装吊环上设置绝缘绳套后放下吊绳，使小吊轻微受力	
			地面作业人员登杆在断路器上设置控制绳，然后拆卸断路器底座、外壳接地线等	1. 登杆作业人员必须保持对带电部位的安全距离0.7m以上； 2. 防止高空跌落； 3. 防止高空落物
			斗内作业人员与地面作业人员互相配合，操作小吊将断路器吊至地面	1. 禁止在起吊过程中转移、升降绝缘斗臂车绝缘臂； 2. 应平稳控制断路器，防止高空落物

续表

√	序号	作业内容	步 骤 及 要 求	危险点控制措施、注意事项
	5	吊装柱上断路器	地面作业人员安装新断路器的引线、其他配件和控制绳	
			斗内作业人员与地面作业人员配合，用绝缘斗臂车小吊将断路器吊至安装位置	1. 起吊断路器时应保持平稳； 2. 禁止在起吊过程中转移、升降绝缘斗臂车绝缘臂； 3. 应平稳控制断路器，防止高空落物
			地面作业人员固定柱上断路器底座，接好断路器的外壳接地引下线，并确保断路器处于分闸位置	1. 柱上断路器底座紧固前，绝缘斗臂车吊绳不应脱离； 2. 登杆作业人员必须保持对带电部位的安全距离0.7m以上； 3. 防止高空跌落； 4. 防止高空落物
			绝缘斗臂车复位，拆除小吊臂	
	6	搭接断路器负荷侧三相引线	斗内2号作业人员转移工作斗，斗内1号作业人员搭接断路器负荷侧三相引线	斗内1号作业人员搭接引线时应与电源侧保持足够的作业安全距离
	7	搭接断路器电源侧三相引线	斗内2号作业人员转移工作斗，斗内1号作业人员搭接断路器电源侧中间相引线，并且用3M胶带对主导线搭接部位做好防水、防腐处理	1. 斗内1号作业人员应戴绝缘手套，注意动作幅度，与地电位物体保持足够的安全距离（0.4m）； 2. 防止高空落物
			恢复中间相引线和断路器出线套管端部的绝缘遮蔽措施	遮蔽措施应严密、牢固，接合部位应有15cm的重叠部分
			斗内2号作业人员转移工作斗，斗内1号作业人员搭接断路器电源侧外边相引线，并且用3M胶带对主导线搭接部位做好防水、防腐处理	1. 斗内1号作业人员应戴绝缘手套，注意动作幅度，与地电位物体保持足够的安全距离（0.4m）； 2. 防止高空落物
			恢复外边相引线和断路器出线套管端部的绝缘遮蔽措施	遮蔽措施应严密、牢固，接合部位应有15cm的重叠部分
			斗内2号作业人员转移工作斗，斗内1号作业人员搭接断路器电源侧内边相引线，并且用3M胶带对主导线搭接部位做好防水、防腐处理	1. 斗内1号作业人员应戴绝缘手套，注意动作幅度，与地电位物体保持足够的安全距离（0.4m）； 2. 防止高空落物
			恢复内边相引线和断路器出线套管端部的绝缘遮蔽措施	遮蔽措施应严密、牢固，接合部位应有15cm的重叠部分

续表

√	序号	作业内容	步 骤 及 要 求	危险点控制措施、注意事项
	8	撤除绝缘遮蔽措施	斗内2号作业人员转移工作斗，斗内1号作业人员按照“先小后大、从远到近、从上到下”的原则撤除中间相绝缘遮蔽措施	1. 斗内1号作业人员应戴绝缘手套，注意动作幅度，与地电位物体保持足够的安全距离（0.4m）； 2. 防止高空落物
			斗内2号作业人员转移工作斗，斗内1号作业人员按照“先小后大、从远到近、从上到下”的原则撤除外边相绝缘遮蔽措施	1. 斗内1号作业人员应戴绝缘手套，注意动作幅度，与地电位物体保持足够的安全距离（0.4m）； 2. 防止高空落物
			斗内2号作业人员转移工作斗，斗内1号作业人员按照“先小后大、从远到近、从上到下”的原则撤除内边相绝缘遮蔽措施	1. 斗内1号作业人员应戴绝缘手套，注意动作幅度，与地电位物体保持足够的安全距离（0.4m）； 2. 防止高空落物
	9	撤离杆塔	斗内作业人员检查确认线路设备运行正常，无遗漏或缺陷后，撤离有电区域，返回地面	下降工作斗、收回绝缘臂时应注意绝缘斗臂车周围杆塔、线路等情况

4.3 工作结束

√	序号	作 业 内 容	步 骤 及 要 求	危险点控制措施、注意事项
	1	工作负责人组织班组成员清理工具和现场	绝缘斗臂车各部件复位，收回绝缘斗臂车支腿	1. 在坡地停放，应先收后支腿，后收前支腿； 2. 支腿收回顺序应正确：H形支腿的车型应先收回垂直支腿，再收回水平支腿
			整理工具、材料。将工器具清洁后放入专用的箱（袋）中。清理现场	
	2	工作负责人办理工作终结	向调度汇报工作结束，并终结工作票	
	3	工作负责人召开收工会		
	4	作业人员撤离现场		

5 验收记录

记录检修中发现的问题	
存在问题及处理意见	

6 现场标准化作业指导书执行情况评估

<table>
<tr><td rowspan="4">评估内容</td><td rowspan="2">符合性</td><td>优</td><td></td><td>可操作项</td><td></td></tr>
<tr><td>良</td><td></td><td>不可操作项</td><td></td></tr>
<tr><td rowspan="2">可操作性</td><td>优</td><td></td><td>修改项</td><td></td></tr>
<tr><td>良</td><td></td><td>遗漏项</td><td></td></tr>
<tr><td>存在问题</td><td colspan="5"></td></tr>
<tr><td>改进意见</td><td colspan="5"></td></tr>
</table>

7 附录

第十二章 配电线路带电作业技术与管理

绝缘斗臂车绝缘手套作业法带电单侧架设（更换）导线

一、项目简介

“带电单侧架设（更换）导线”项目包括：在主回路不停电的情况下架设分支线路、在终端杆处延长线路、更换主回路中某段线路等工作。从项目的工作内容本质上还是属于“临近带电作业”，不过比第一章　绝缘斗臂车绝缘手套作业法临近带电作业在工作范围上更大些，安全措施上要求更高些。如架设或更换的架空线路、电缆较长，在拆、搭引线（跳线）时需要采取必要的消弧措施。

1. 架设分支线路

该作业的简要步骤和注意事项为：

（1）在分支杆的主回路上做好完善的绝缘绝缘遮蔽、隔离措施。

（2）加装分支横担、耐张绝缘子、跌落式熔断器或其他开关设备、拉线等。

（3）然后架设分支线路（也可能带电作业班组成员在架设线路时只是配合线路安装班人员工作，或在分支杆处对安装班人员进行专职监护）。为避免导线架设过程中，分支杆处导线跳动接触带电体而引发人身和设备安全事故，主干线上的绝缘遮蔽、隔离措施应严密有效，在紧线时应先在分支杆处将导线挂接到耐张绝缘子上，最后在分支线的末端进行紧线工作。

（4）确认分支线路上的工作人员已全部撤离，分支开关已断开，绝缘良好。如分支线较长没有经过开关设备要求直接与主干线回路接通，则在搭接前应确认分支线路上的工作人员已全部撤离、线路上的接地线已全部拆除、线路上无接地短路点、线路末端的设备有明显断开点并挂好相应的标志牌。

（5）带电搭接分支引线（设备引线）。如分支线没有经过开关设备与主回路连接的情况下，必要时应使用专用消弧设备。

（6）拆除绝缘遮蔽、隔离措施。

2. 终端杆处延长线路

该作业的简要步骤和注意事项为：

（1）在终端杆的主回路上做好完善的绝缘绝缘遮蔽、隔离措施。

（2）加装1副拉线和3串耐张绝缘子、3只跳线用的支持绝缘子（临近带电作业）。拉线作承受新增的延长线路张力用，其受力方向应在新增线路的延长线上。

（3）架设延长段线路（也可能带电作业班组成员在架设线路时只是配合线路安装班人员工作，或在原终端杆处对安装班人员进行专职监护）。为避免导线架设过程中，原终端杆处导线跳动接触带电体而引发人身和设备安全事故，该处主干线上的绝缘遮蔽、隔离措施应严密有效。紧线时应先在原终端杆处将导线挂接到耐张绝缘子上，然后在新增延长线路的末端进行紧线工作。

（4）确认延长段线路上的工作人员已全部撤离、线路上的接地线已全部拆除、线路绝缘良好上无接地短路点、线路无负荷设备。

（5）在原终端杆处带电搭接线路跳线。搭接跳线时应先接负荷侧，再接电源侧。另应注意延长段线路空载电流的影响，必要时使用专用的消弧设备。

（6）拆除绝缘遮蔽、隔离措施。

3. 更换主回路中某段线路

该作业的简要步骤和注意事项为：

（1）在待更换线路段电源侧耐张杆上做好完善的绝缘绝缘遮蔽、隔离措施。

（2）检查待更换线路段负荷侧开关已断开并挂好相应标示牌，并用钳形电流表检测已无负荷。

（3）带电拆除待更换线路段与主回路之间的分段开关引线或分段耐张杆的跳线，使待更换线路与电源脱离并形成明显断开点，如有必要，可能需先在某基直线杆处开分段改耐张。拆跳线时应考虑线路的空载电流，必要时使用专用的消弧设备。

（4）恢复、补充电源断开点处耐张杆上的绝缘遮蔽、隔离措施。

（5）在待更换线路一侧做好临时拉线以承受线路拆除后出现的应力。

（6）更换导线（也可能带电作业班组成员在更换线路时只是配合线路安装班人员工作，或在电源断开点的耐张杆处对安装班人员进行专职监护）。为避免在拆旧线路和新线路紧线时电源点处的导线发生弹跳接触到带电体而引发事故，拆导线时应在线路负荷侧先将导线从耐张绝缘子上松开，使整段线路松弛后，再在电源分段处将导线从耐张绝缘子上松开；紧线时应先将电源分段处将导线挂接到耐张绝缘子上，在线路负荷侧进行紧线。

（7）确认延长段线路上的工作人员已全部撤离、线路上的接地线已全部拆除、线路绝缘良好上无接地短路点、线路无负荷设备。

（8）带电搭接电源分段处跳线。搭接跳线时应先接负荷侧，再接电源侧。另应注意延长段线路空载电流的影响，必要时使用专用的消弧设备。

（9）拆除绝缘遮蔽、隔离措施。

二、配电线路带电作业（典型装置）典型项目现场标准化作业指导书示例

编号：DDZY/×××

绝缘斗臂车绝缘手套作业法带电单侧架设（更换）导线

10kV×××线××杆带电（配合）架设架空线路[1]

编写：________ ________年______月______日

审核：________ ________年______月______日

批准：________ ________年______月______日

作业负责人：________

作业时间：____年___月___日___时至____年___月___日___时

××供电公司×××

---

❶ 线路为绝缘导线，装置为三角排列。

1 范围

本现场标准化作业指导书针对“10kV××线××杆”使用绝缘斗臂车绝缘手套作业法“单侧带电新放线路”工作编写而成，仅适用于该项工作。

2 引用文件

下列文件中的条款通过本作业指导书的引用而成为本作业指导书的条款。

GB 50173—1992《电气装置安装工程 35kV 及以下架空电力线路施工及验收规范》

GB/T 18857—2003《配电线路带电作业技术导则》

GB/T 2900.55—2002《作业人员术语　带电作业》

DL 409—1991《电业安全工作规程（电力线路部分）》

DL/T 601—1996《架空绝缘配电线路设计技术规程》

DL/T 602—1996《架空绝缘配电线路施工及验收规程》

《国家电网公司电力安全工作规程（线路部分）》

2007《国家电网公司带电作业工作管理规定（试行）》

2004.9《现场标准化作业指导书编制导则》（国家电网公司）

3 前期准备

3.1 作业人员

3.1.1 作业人员要求

√	序号	责　任　人	资　　质	人　数
	1	工作负责人（监护人）	应具有配电线路带电作业资格，并具备 3 年以上的配电带电作业实际工作经验，熟悉设备状况，有一定组织能力和事故处理能力，并经工作负责人的专门培训，考试合格	1
	2	斗内 1 号作业人员	应通过 10kV 架空配电线路带电作业专项培训，考试合格并持有上岗证	1
	3	斗内 2 号作业人员	应通过 10kV 架空配电线路带电作业专项培训，考试合格并持有上岗证	1
	4	地面作业人员	应通过 10kV 架空配电线路带电作业专项培训，考试合格并持有上岗证	1

3.1.2 作业人员分工

√	序号	责　任　人	分　　工	责任人签名
	1	×××	工作负责人（监护人）	
	2	×××	斗内 1 号作业人员	
	3	×××	斗内 2 号作业人员	
	4	×××	地面作业人员	

3.2 工器具

出库时应对工器具进行外观检查，并确定是在合格的试验周期内。

3.2.1 个人安全防护用具

√	序号	名　　称	规格/编号	单位	数量	备　注
	1	绝缘安全帽		顶/人	1	
	2	绝缘披肩（或绝缘服）		件	2	
	3	绝缘手套（带防护手套）		副	2	
	4	绝缘安全带		根	2	

3.2.2 常备器具

√	序号	名　　称	规格/编号	单位	数量	备　注
	1	绝缘斗臂车		台	1	
	2	防潮垫		块	1	
	3	绝缘电阻测试仪	2500V	台	1	
	4	风速仪		只	1	
	5	温度、湿度计		只	1	
	6	对讲机		部	2	
	7	安全遮栏、安全围绳、标示牌		副	若干	
	8	干燥清洁布		块	若干	

3.2.3 绝缘遮蔽工具

√	序号	名　　称	规格/编号	单位	数量	备　注
	1	绝缘毯		块	6	
	2	绝缘夹		只	若干	

3.2.4 绝缘工具

√	序号	名　　称	规格/编号	单位	数量	备　注
	1	绝缘吊绳		根	1	
	2	绝缘断线剪		把	1	

3.2.5 工器具

√	序号	名　　称	规格/编号	单位	数量	备　注
	1	个人工具		套/人	1	
	2	电动扳手		把	1	

3.3 材料

包括装置性材料和消耗性材料。

√	序号	名　称	规格/编号	单位	数量	备　注
	1	耐张、支持绝缘子、金具、导线				根据工程配置
	2	异型线夹				根据工程配置
	3	绝缘罩				根据工程配置

4 作业程序

4.1 开工准备

√	序号	作业内容	步 骤 及 要 求	危险点控制措施、注意事项
	1	工作负责人现场复勘	工作负责人核对工作线路双重命名、杆号	
			工作负责人检查环境是否符合作业要求	
			工作负责人检查线路装置是否具备带电作业条件	
			工作负责人检查气象条件	1. 天气应晴好，无雷、雨、雪、雾； 2. 气温：－5～35℃； 3. 风力：<5 级； 4. 空气相对湿度：<80%
			检查工作票所列安全措施是否齐全，必要时在工作票上补充安全技术措施	
	2	工作负责人执行工作许可制度	工作负责人与调度联系，获得调度工作许可	
	3	工作负责人召开现场站班会	工作负责人宣读工作票	
			工作负责人检查工作班组成员精神状态、交代工作任务进行分工、交代工作中的安全措施和技术措施	工作班成员应佩戴袖标
			工作负责人检查班组各成员对工作任务分工、工作中的安全措施和技术措施是否明确	
			班组各成员在工作票和作业卡上签名确认	
	4	布置工作现场	工作现场设置安全护栏、作业标志和相关警示标志	

续表

√	序号	作业内容	步 骤 及 要 求	危险点控制措施、注意事项
	5	斗臂车操作人员停放绝缘斗臂车	斗臂车操作人员将绝缘斗臂车停放到最佳位置	1. 应便于绝缘斗臂车工作斗达到作业位置，避开附近电力线和障碍物； 2. 避免停放在沟道盖板上； 3. 软土地面应使用垫块或枕木，垫放时垫板重叠不超过2块，呈45°角； 4. 停放位置如为坡地，停放位置坡度不大于7°，绝缘斗臂车车头应朝下坡方向停放
			斗臂车操作人员操作绝缘斗臂车，支腿	1. 支腿顺序应正确：H形支腿的车型应先伸出水平支腿，再伸出垂直支腿； 2. 在坡地停放，应先支前支腿，后支后支腿； 3. 支撑应到位，车辆前后、左右呈水平；H形支腿的车型四轮应离地。坡地停放调整水平后，车辆前后高度应不大于3°
			斗臂车操作人员将绝缘斗臂车可靠接地	临时接地体埋深应不少于0.6m
	6	工作负责人组织班组成员检查工器具	班组成员按要求将绝缘工器具摆放在防潮垫（毯）上	防潮垫（毯）应清洁、干燥；绝缘工器具不能与金属工具、材料混放
			班组成员对绝缘工器具进行外观检查：绝缘工具应不变形损坏，操作灵活，测量准确；个人安全防护用具和遮蔽、隔离用具应无针孔、砂眼、裂纹；检查绝缘安全带外观，并作冲击试验	检查人员应戴清洁、干燥的手套
			使用绝缘电阻测试仪对绝缘工器具进行表面绝缘电阻检测：阻值不得低于700MΩ	1. 正确使用绝缘电阻测试仪； 2. 测量电极应符合规程要求
	7	绝缘斗臂车操作人员检查绝缘斗臂车	检查绝缘斗臂车表面状况：绝缘部分应清洁、无裂纹损伤	
			进行试操作，试操作时间不少于5min，应有回转、升降、伸缩的过程，确认液压、机械、电气系统正常可靠，制动装置可靠	试操作必须空斗进行
	8	斗内作业人员进入绝缘斗臂车工作斗	斗内作业人员穿戴个人安全防护用具	应戴好绝缘帽、绝缘手套等个人安全防护用具
			斗内作业人员携带工器具进入工作斗，将工器具分类放置在斗中和工具袋中	金属材料、化学物品、金属部分超出工作斗的绝缘工器具禁止带入工作斗
			斗内作业人员系好绝缘安全带	应系在斗内专用挂钩上

4.2 作业过程

√	序号	作业内容	步 骤 及 要 求	危险点控制措施、注意事项
	1	设置绝缘遮蔽	斗内1号作业人员取得工作监护人同意后按照内边相、外边相、中间相的顺序对带电导线及耐张绝缘子用绝缘毯进行绝缘遮蔽	带电侧的耐张线夹尾线处应用夹子固定好，保证带电部位绝缘遮蔽严密
	2	（配合）放线	斗内2号作业人员操作绝缘斗停在新放线侧作业合适位置，安装耐张绝缘子、金具；按照先中间相后两边相顺序配合另侧挂线、紧线；将尾线绑扎在支持绝缘子上	1. 绝缘斗停放位置要便于作业； 2. 新挂的耐张线夹处的尾线必须圈妥； 3. 紧线过程中要注意观察电杆受力情况
			放、紧线工作结束后，所有登杆人员撤离电杆，工作负责人检查线路质量，并确认新线路上的高压开关均处于断开位置	确认质量完好，无遗留物等
	3	带电搭接引线	斗内2号作业人员操作绝缘斗停在带电侧作业合适位置；斗内1号作业人员取得工作监护人同意后按照中间相、外边相、内边相的顺序带电搭接引线	
	4	拆除绝缘遮蔽	带电搭接作业完成后，斗内1号作业人员取得工作监护人同意，按照中间相、外边相、内边相的顺序拆除带电部位的遮蔽用具	正确使用绝缘防护用具
	5	撤离杆塔	斗内作业人员检查确认线路设备运行正常，无遗漏或缺陷后，撤离有电区域，返回地面	下降工作斗、收回绝缘臂时应注意绝缘斗臂车周围杆塔、线路等情况

4.3 工作结束

√	序号	作 业 内 容	步 骤 及 要 求	危险点控制措施、注意事项
	1	工作负责人组织班组成员清理工具和现场	绝缘斗臂车各部件复位，收回绝缘斗臂车支腿；整理工具、材料。将工器具清洁后放入专用的箱（袋）中，清理现场，撤除现场设置的安全护栏、作业标志和相关警示标志	1. 在坡地停放，应先收后支腿，后收前支腿； 2. 支腿收回顺序应正确：H形支腿的车型应先收回垂直支腿，再收回水平支腿
	2	工作负责人办理工作终结	向调度汇报工作结束，并终结工作票	
	3	工作负责人召开收工会		
	4	作业人员撤离现场		

5 验收记录

记录检修中发现的问题	
存在问题及处理意见	

6 现场标准化作业指导书执行情况评估

<table>
<tr><td rowspan="4">评估内容</td><td rowspan="2">符合性</td><td>优</td><td></td><td>可操作项</td><td></td></tr>
<tr><td>良</td><td></td><td>不可操作项</td><td></td></tr>
<tr><td rowspan="2">可操作性</td><td>优</td><td></td><td>修改项</td><td></td></tr>
<tr><td>良</td><td></td><td>遗漏项</td><td></td></tr>
<tr><td>存在问题</td><td colspan="5"></td></tr>
<tr><td>改进意见</td><td colspan="5"></td></tr>
</table>

7 附录

绝缘斗臂车绝缘手套作业法带负荷更换柱上开关设备

一、项目简介

根据柱上开关在线路上所处的位置以及对供电可靠性要求的不同，带电更换柱上开关可以有不同的方法，如“带负荷更换柱上开关设备”与“带电更换柱上开关设备”。后者是在开关设备断开的情况下进行，这样的方法适用于两种情况：①开关电源侧有电压，而负荷侧没有电压；②柱上联络开关（10kV系统虽然为环网结构，但由于线损及短路电流等方面的原因，联络开关通常是处于分闸位置，即环网开环运行，这类开关只要在做好两侧绝缘遮蔽措施的情况下分别拆除柱上开关两侧的引线就可更换，作业相对简单）。不带负荷“带电更换柱上开关设备”的原理和过程可参见“绝缘斗臂车绝缘手套作业法带电更换（安装）主上开关设备”的章节。在以下情况下，须采用“带负荷”的方式更换柱上开关：

（1）开关设备绝缘子损伤（见图2-13-1），且不可操作。如隔离开关支持绝缘子炸裂，此时强行操作易扩大设备缺陷，造成高空落物货短路事故。这类缺陷的开关设备采取带负荷方式更换时，应在良好、干燥的气象条件下进行工作，防止连日阴雨后绝缘子损伤处、内部受潮，在拆卸引线时泄漏电流过大有拉弧现象；作业中工作人员应避免动作幅度过大，引起绝缘子开裂处高空落物和碰到邻相设备、金属构件引起短路事故。

图2-13-1　运行中的支柱绝缘子损伤的柱上隔离开关

（2）开关触头损伤，无法操作开关使其分闸。

（3）零部件脱落、损坏，且不可操作。

（4）柱上真空开关灭弧室真空度下降，或柱上 SF_6 开关气体泄漏，压力下降。

（5）为提高供电可靠性，带负荷更新设备。

“带负荷更换柱上开关设备”的常用方式有绝缘引流线法和旁路开关法。需要特别注意的是：如待更换的开关不可操作（既不可以分闸），开关设备先拆的一侧引线虽然一端已脱离主回路，但还可以从开关的另一侧将电能传送过来，所以安全措施要完善、动作要轻缓，避免造成引线间、引线与构件间、引线通过人体与构件间的短路事故。

1. 绝缘引流线法

该种方法适用于带负荷更换硬连接的开关设备如隔离开关，开关在系统接线中不具有保护和控制功能。基本原理是采用三根绝缘引流线将柱上开关设备短接后进行带电更换。简要步骤如下：

（1）在柱上开关处于合闸的状态下对开关两侧主导线、悬式绝缘子串、柱上开关引线依次设置绝缘遮蔽措施；

（2）使用 3 根绝缘引流线将柱上开关逐相短接并对引流线和主导线的搭接部位做好遮蔽；

（3）在确认绝缘引流线通流（用钳形电流表检测）后将柱上开关分闸，并拆除其两侧的 6 根引线；

（4）更换柱上开关；

（5）更换完毕后，操作新柱上开关至分闸位置，并依次搭接两侧的 6 根引线和做好绝缘遮蔽；

（6）将新柱上开关合闸，确认通流；

（7）依次拆除 3 根绝缘引流线和绝缘遮蔽措施。

这种方式的优点是：①引流线容易准备，价格相对便宜；②作业过程中杆上设备较少，转移工作路线时较简便。如作为更换跌落式熔断器或柱上断路器采用的方式，作业过程中将改变线路的接线结构。并且在用引流线短接设备时，如开关设备突然分闸，则会发生带负荷搭接绝缘引流线而强烈拉弧；同理在拆除绝缘引流线的瞬间，开关突然分闸，会导致带负荷断引流线的事故。所以该种作业方式不推荐用来带负荷更换跌落式熔断器或柱上断路器。如由于作业非常紧迫，并且受到工器具条件的限制不得不采取该种方式来带负荷更换跌落式熔断器或柱上断路器，则必须采取措施避免开关在作业中特别是搭接、拆除绝缘引流线时突然动作分闸，对于断路器可以预先取下其跳闸回路的控制熔丝，并且将手动跳闸机构锁死。作业中以下几点需要特别加以关注：

（1）绝缘引流线的通流能力与线路的最大负荷电流相适应。

（2）在搭接前应检测绝缘引流线绝缘层的绝缘强度和直流电阻。

（3）搭接前应清除绝缘引流线线夹部位和主导线的搭接部位的金属氧化膜，并应检查绝缘引流线线夹的夹持能力，以保证搭接后的牢固程度和减小接触电阻。

（4）在绝缘引流线的一端连接完毕后，另一端应注意与其他相带电线和接地物件保持安全距离，在端部线夹处应进行绝缘遮蔽。

（5）当柱上开关、引线、主导线构成的串联电路中接触电阻较大时，在绝缘引流线的一端连接完毕后，搭接另一端时应注意拉弧现象。

（6）应注意绝缘引流线搭接后的支撑固定方式，防止晃动和对工作人员的作业范围造成影响。

（7）绝缘引流线的一端连接完毕后，搭接另一端时应注意相位一致。如发生相序错误，则会造成相间短路发生拉弧，将严重威胁到设备、人身安全。

2. 旁路开关法

该方式适用于带负荷更换柱上断路器、负荷开关、跌落式熔断器等具有保护、控制功能的开关设备，即采用旁路负荷开关及高压引下电缆将柱上负荷开关短接后进行带电更换。其简要步骤如下：

（1）在柱上开关下方 4.5m 左右高度安装一台旁路开关和 2 只余缆支架，分别将 6 根旁路高压引下电缆圈起后搁置在余缆支架上，并将其一端与旁路开关连通；

（2）对主导线、柱上开关引线及悬式绝缘子设置绝缘遮蔽措施，并将旁路高压引下电缆搭接到主导线上；

（3）进行核相操作，并将旁路开关合闸；

（4）确认旁路开关通流（可使用钳形电流表检测三相高压引下电缆的通流情况）后，操作柱上开关使其处于分闸状态；

（5）更换柱上开关；

（6）新柱上开关就位后，在其处于分闸状态下搭接两侧引线和恢复其绝缘遮蔽措施；

（7）操作柱上开关使其合闸，确认其通流后再将旁路开关分闸；

（8）依次拆除高压引下电缆、旁路开关和绝缘遮蔽措施。

这种方式的特点是：设备价格相对昂贵；作业过程中杆上设备较多，转移工作路线时较为不便；作业过程中，不改变线路的接线结构；可在搭接和拆除旁路引线（旁路高压引下电缆）时避免拉弧；由于旁路开关本身具备核相功能，可避免旁路开关两侧相序不一致造成的短路事故。

作业中以下几点需要特别加以关注：旁路开关安装高度应合适，不影响作业过程；同样需考虑旁路高压引下线的绝缘性能；在搭、拆旁路开关高压引下电缆前必须确认旁路开关处于分闸状态。

二、配电线路带电作业（典型装置）典型项目现场标准化作业指导书示例

编号：DDZY/×××

绝缘斗臂车绝缘手套作业法带负荷更换柱上开关设备

10kV×××线××杆带负荷更换（单向供电）可操作断路器[1]

编写：________ ________年______月______日

审核：________ ________年______月______日

批准：________ ________年______月______日

作业负责人：________

作业时间：____年___月___日___时至____年___月___日___时

××供电公司×××

❶ 线路为绝缘导线，装置为三角排列。

1 范围

本现场标准化作业指导书针对“10kV××线××杆”使用绝缘斗臂车绝缘手套作业法“带负荷更换（单向供电）可操作断路器”工作编写而成，仅适用于该项工作。

2 引用文件

下列文件中的条款通过本作业指导书的引用而成为本作业指导书的条款。

GB 50173—1992《电气装置安装工程 35kV 及以下架空电力线路施工及验收规范》

GB/T 18857—2003《配电线路带电作业技术导则》

GB/T 2900.55—2002《作业人员术语　带电作业》

DL 409—1991《电业安全工作规程（电力线路部分）》

DL/T 601—1996《架空绝缘配电线路设计技术规程》

DL/T 602—1996《架空绝缘配电线路施工及验收规程》

《国家电网公司电力安全工作规程（线路部分）》

2007《国家电网公司带电作业工作管理规定（试行）》

2004.9《现场标准化作业指导书编制导则》（国家电网公司）

3 前期准备

3.1 作业人员

3.1.1 作业人员要求

√	序号	责　任　人	资　　质	人　数
	1	工作负责人（监护人）	应具有配电线路带电作业资格，并具备 3 年以上的配电带电作业实际工作经验，熟悉设备状况，有一定组织能力和事故处理能力，并经工作负责人的专门培训，考试合格	1
	2	斗内 1 号作业人员	应通过 10kV 架空配电线路带电作业专项培训，考试合格并持有上岗证	2
	3	斗内 2 号作业人员	应通过 10kV 架空配电线路带电作业专项培训，考试合格并持有上岗证	2
	4	地面作业人员	应通过 10kV 架空配电线路带电作业专项培训，考试合格并持有上岗证	1

3.1.2 作业人员分工

√	序号	责　任　人	分　　工	责任人签名
	1	×××	工作负责人（监护人）	
	2	×××	1 号车斗内 1 号作业人员	
	3	×××	1 号车斗内 2 号作业人员	
	4	×××	2 号车斗内 1 号作业人员	
	5	×××	2 号车斗内 2 号作业人员	
	6	×××	地面作业人员	

3.2 工器具

出库时应对工器具进行外观检查，并确定是在合格的试验周期内。

3.2.1 个人安全防护用具

√	序号	名　　称	规格/编号	单位	数量	备　注
	1	绝缘安全帽		顶/人	1	
	2	绝缘披肩（或绝缘服）		件	2	
	3	绝缘手套（带防护手套）		副	2	
	4	绝缘安全带		根	2	

3.2.2 常备器具

√	序号	名　　称	规格/编号	单位	数量	备　注
	1	绝缘斗臂车		台	2	
	2	防潮垫		块	1	
	3	绝缘电阻测试仪	2500V	台	1	
	4	风速仪		只	1	
	5	温度、湿度计		只	1	
	6	对讲机		部	2	
	7	安全遮栏、安全围绳、标示牌		副	若干	
	8	干燥清洁布		块	若干	
	9	电流表		只	1	

3.2.3 绝缘遮蔽工具

√	序号	名　　称	规格/编号	单位	数量	备　注
	1	绝缘毯		块	20	
	2	绝缘软管		根	6	
	3	绝缘夹		只	若干	

3.2.4 绝缘工具

√	序号	名　　称	规格/编号	单位	数量	备　注
	1	旁路开关		台	1	
	2	核相仪		副	1	
	3	（旁路开关）高压引下线		根	6	
	4	绝缘吊绳		根	2	
	5	绝缘绳套		副	1	
	6	绝缘操作杆		副	1	

3.2.5 工器具

√	序号	名　　称	规格/编号	单位	数量	备　注
	1	个人工具		套/人	1	
	2	电动扳手		把	2	

3.3 材料

包括装置性材料和消耗性材料。

√	序号	名　　称	规格/编号	单位	数量	备　注
	1	柱上断路器		台	1	
	2	绝缘引线		根	3	
	3	绝缘罩		只	若干	
	4	异型线夹		只	12	
	5	螺栓		只	若干	

4 作业程序

4.1 开工准备

√	序号	作业内容	步 骤 及 要 求	危险点控制措施、注意事项
	1	工作负责人现场复勘	工作负责人核对工作线路双重命名、杆号	
			工作负责人检查环境是否符合作业要求	
			工作负责人检查线路装置是否具备带电作业条件	
			工作负责人检查气象条件	1. 天气应晴好，无雷、雨、雪、雾； 2. 气温：－5～35℃； 3. 风力：<5 级； 4. 空气相对湿度：<80%
			检查工作票所列安全措施是否齐全，必要时在工作票上补充安全技术措施	
	2	工作负责人执行工作许可制度	工作负责人与调度联系，获得调度工作许可，确认线路重合闸已停用	
	3	工作负责人召开现场站班会	工作负责人宣读工作票	
			工作负责人检查工作班组成员精神状态、交代工作任务进行分工、交代工作中的安全措施和技术措施	工作班成员应佩戴袖标

续表

√	序号	作业内容	步 骤 及 要 求	危险点控制措施、注意事项
	3	工作负责人召开现场站班会	工作负责人检查班组各成员对工作任务分工、安全措施和技术措施是否明确	
			班组各成员在工作票和作业卡上签名确认	
	4	布置工作现场	工作现场设置安全护栏、作业标志和相关警示标志	
	5	斗臂车操作人员停放绝缘斗臂车	斗臂车操作人员将1号、2号绝缘斗臂车分别停放到最佳位置	1. 应便于绝缘斗臂车工作斗达到作业位置，避开附近电力线和障碍物； 2. 避免停放在沟道盖板上； 3. 软土地面应使用垫块或枕木，垫放时垫板重叠不超过2块，呈45°角； 4. 停放位置如为坡地，停放位置坡度不大于7°，绝缘斗臂车车头应朝下坡方向停放
			1号、2号斗臂车操作人员操作绝缘斗臂车，支腿	1. 支腿顺序应正确：H形支腿的车型应先伸出水平支腿，再伸出垂直支腿； 2. 在坡地停放，应先支前支腿，后支后支腿； 3. 支撑应到位，车辆前后、左右呈水平；H形支腿的车型四轮应离地。坡地停放调整水平后，车辆前后高度应不大于3°
			1号、2号斗臂车操作人员将绝缘斗臂车可靠接地	临时接地体埋深应不少于0.6m
	6	工作负责人组织班组成员检查工器具	班组成员按要求将绝缘工器具摆放在防潮垫（毯）上	1. 防潮垫（毯）应清洁、干燥； 2. 绝缘工器具不能与金属工具、材料混放
			班组成员对绝缘工器具进行外观检查：绝缘工具应不变形损坏，操作灵活，测量准确；个人安全防护用具和遮蔽、隔离用具应无针孔、砂眼、裂纹；检查绝缘安全带外观，并作冲击试验	检查人员应戴清洁、干燥的手套
			使用绝缘电阻测试仪对绝缘工器具进行表面绝缘电阻检测：阻值不得低于700MΩ	1. 正确使用绝缘电阻测试仪； 2. 测量电极应符合规程要求
	7	绝缘斗臂车操作人员检查绝缘斗臂车	检查绝缘斗臂车表面状况：绝缘部分应清洁、无裂纹损伤	
			进行试操作，试操作时间不少于5min，应有回转、升降、伸缩的过程，确认液压、机械、电气系统正常可靠，制动装置可靠	试操作必须空斗进行

续表

√	序号	作业内容	步 骤 及 要 求	危险点控制措施、注意事项
	8	斗内作业人员进入绝缘斗臂车工作斗	斗内作业人员穿戴个人安全防护用具	应戴好绝缘帽、绝缘手套等个人安全防护用具
			斗内作业人员携带工器具进入工作斗，将工器具分类放置在斗中和工具袋中	金属材料、化学物品、金属部分超出工作斗的绝缘工器具禁止带入工作斗
			斗内作业人员系好绝缘安全带	应系在斗内专用挂钩上

4.2 作业过程

√	序号	作业内容	步 骤 及 要 求	危险点控制措施、注意事项
	1	设置绝缘遮蔽	1号、2号作业人员取得工作监护人同意后将作业通道内不符合作业安全距离的带电部位和接地体用绝缘毯及绝缘软管等进行绝缘遮蔽。 1号作业人员用电流表测量负荷电流，确认其在引流线及旁路真空隔离开关额定载流范围内	按照由下至上、由近至远、先带电体后接地体的原则进行绝缘遮蔽； 用夹子固定好，保证绝缘遮蔽严密
	2	安装旁路真空开关	1号车1号作业人员安装旁路真空隔离开关支架及引线托架； 2号车2号作业人员斗臂车复位安装小吊臂； 1号、2号作业人员配合吊装旁路真空隔离开关； 1号、2号作业人员将开关两侧绝缘引线接入开关	安装开关支架、托架及开关时，应注意保持与带电部位的安全距离； 旁路真空隔离开关必须处于断开位置； 引线必须在托架上承受重力，旁路真空隔离开关的端子上不能受力
			1号、2号作业人员在取得监护人同意后将旁路真空隔离开关两侧引线分别带电搭接在分线侧和正线侧； 在旁路真空隔离开关两侧用核相仪核相，确认相位正确，取得监护人同意后合上旁路真空隔离开关； 用电流表确认旁路真空隔离开关已分流	搭接两侧引线时，1号、2号作业人员应同时、同相进行
	3	带负荷调换柱上断路器	2号作业人员用绝缘操作杆拉开柱上断路器； 1号作业人员用电流表测量确认断路器已断开； 2号作业人员带电拆除断路器正线侧引线； 1号作业人员带电拆除断路器分线侧引线； 2号作业人员用小吊吊住断路器，1号作业人员配合拆下断路器； 地面作业人员安装好新柱上断路器的两侧引线，罩好绝缘罩，拉开断路器； 2号作业人员将新断路器吊至安装位置，1号作业人员配合安装固定新柱上断路器，搭接好断路器外壳接地；	涉及分、合操作的动作实施前，必须取得监护人同意； 断路器吊装前必须检查是否处于断开位置；

续表

√	序号	作业内容	步 骤 及 要 求	危险点控制措施、注意事项
	3	带负荷调换柱上断路器	1号、2号作业人员在取得监护人同意后分别搭带电接柱上断路器两侧引线； 用核相仪对断路器两侧进行核相确认相位正确，取得监护人同意后合上柱上断路器，用电流表确认已分流； 2号作业人员取得监护人同意后拉开旁路真空隔离开关；1号作业人员用电流表确认旁路真空隔离开关已经断开； 1号、2号作业人员分别带电拆除两侧旁路引流线； 2号作业人员吊住旁路真空隔离开关，1号作业人员配合拆除旁路真空隔离开关，并拆除开关支架及引流线托架	起吊过程中必须注意观察与带电部位的距离； 在安装柱上断路器时，作业人员必须注意与带电部位的距离，注意绝缘遮蔽用具是否完好
	4	拆除绝缘遮蔽	更换作业完成后，1号、2号作业人员取得工作监护人同意后拆除接地体和带电部位上的绝缘遮蔽用具	正确使用绝缘防护用具； 按照由上至下、由远至近、先接地体后带电体的原则进行； 1号、2号作业人员应同时同相进行
	5	撤离杆塔	斗内作业人员检查确认线路设备运行正常，无遗漏或缺陷后，撤离有电区域，返回地面	下降工作斗、收回绝缘臂时应注意绝缘斗臂车周围杆塔、线路等情况

4.3 工作结束

√	序号	作 业 内 容	步 骤 及 要 求	危险点控制措施、注意事项
	1	工作负责人组织班组成员清理工具和现场	绝缘斗臂车各部件复位，收回绝缘斗臂车支腿。整理工具、材料。将工器具清洁后放入专用的箱（袋）中。清理现场	1. 在坡地停放，应先收后支腿，后收前支腿； 2. 支腿收回顺序应正确：H形支腿的车型应先收回垂直支腿，再收回水平支腿
	2	工作负责人办理工作终结	向调度汇报工作结束，并终结工作票	
	3	工作负责人召开收工会		
	4	作业人员撤离现场		

5 验收记录

记录检修中发现的问题	
存在问题及处理意见	

6 现场标准化作业指导书执行情况评估

<table>
<tr><td rowspan="4">评估内容</td><td rowspan="2">符合性</td><td>优</td><td></td><td>可操作项</td><td></td></tr>
<tr><td>良</td><td></td><td>不可操作项</td><td></td></tr>
<tr><td rowspan="2">可操作性</td><td>优</td><td></td><td>修改项</td><td></td></tr>
<tr><td>良</td><td></td><td>遗漏项</td><td></td></tr>
<tr><td>存在问题</td><td colspan="5"></td></tr>
<tr><td>改进意见</td><td colspan="5"></td></tr>
</table>

7 附录

绝缘斗臂车绝缘杆作业法带电断、接引线

一、项目简介

在城、镇配电网络中开展带电断、接引线的作业，采用绝缘斗臂车绝缘手套作业法便利、快捷，但在以下情况下在绝缘斗臂车中采用绝缘杆作业法可能更能保证作业的安全。

(1) 在城市10kV架空双回路或多回路配电线路上进行带电作业，往往受到道路限制，绝缘斗臂车只能停放在架空配电线路的一侧，在对另一侧回路采用绝缘手套作业法进行带电作业时，绝缘斗臂车的绝缘斗到达不了合适工作位置。这种情况下，采用绝缘斗臂车绝缘杆作业法就相当于延长了工作人员的作业距离，更容易到达作业位置。当然在作业前应停用同杆架设的所有回路的重合闸装置，并且作业过程中应特别注意避免引起多回路之间的短路事故。

(2) 在直接断、接（电缆或架空线不经任何开关设备直接通过引线与主导线连接，电缆小于100m，架空线路小于3500m，还不需采用专用消弧设备的）分支线的引线时，会在引线和主导线接触或脱离的瞬间有较大的弧光，且动作越慢拉弧时间也越长。并且在一相引线已接通或未断开的情况下，由于静电感应其他相导线就会有一定的感应电动势，且随着分支线的长度增加而增大。在搭接第二、三相时由于感应电动势与主导线的电动势有电位差，也容易引起弧光。这都将影响作业人员的技术动作和心理稳定。这种情况下，可以将电弧限制在距离人体较远的地方，避免对作业人员产生直接的伤害。

本章主要讲述“绝缘斗臂车绝缘杆作业法带电接引线”，引线的搭接根据不同地区对引线搭接工艺要求的不同，可采用不同的方式来进行，可参见本书第二部分第二章。但是，由于“绝缘斗臂车绝缘杆作业法”中工作人员的位置相对于以脚扣、登高板登杆进行的“绝缘杆作业”比较灵活，所以使用的绝缘杆可以相对较短，一般为1.5～2.0m左右，且作业中操作杆向外延伸操作的方向、遮蔽措施遮蔽的效果等都有所不同。

二、配电线路带电作业（典型装置）典型项目现场标准化作业指导书示例

编号：DDZY/×××

绝缘斗臂车绝缘杆作业法
带电断、接引线
10kV×××线××杆搭接分支线[1]

编写：________ ________年______月______日

审核：________ ________年______月______日

批准：________ ________年______月______日

作业负责人：________

作业时间：____年___月___日___时至____年___月___日___时

××供电公司×××

❶ 装置说明：主干线为裸导线、单回路三角排列；分支线为90°的长架空分支线路，分支线与主导线之间无开关设备分段。

1 范围

本现场标准化作业指导书针对“10kV××线××杆”使用绝缘斗臂车绝缘杆作业法“搭接分支线”工作编写而成，仅适用于该项工作。

2 引用文件

下列文件中的条款通过本作业指导书的引用而成为本作业指导书的条款。

GB 50173—1992《电气装置安装工程 35kV 及以下架空电力线路施工及验收规范》

GB/T 18857—2003《配电线路带电作业技术导则》

GB/T 2900.55—2002《作业人员术语 带电作业》

DL 409—1991《电业安全工作规程（电力线路部分）》

DL/T 601—1996《架空绝缘配电线路设计技术规程》

DL/T 602—1996《架空绝缘配电线路施工及验收规程》

《国家电网公司电力安全工作规程（线路部分）》

2007《国家电网公司带电作业工作管理规定（试行）》

2004.9《现场标准化作业指导书编制导则》（国家电网公司）

3 前期准备

3.1 作业人员

本项目作业人员不少于 4 人。

3.1.1 作业人员要求

√	序号	责任人	资　质	人数
	1	工作负责人（监护人）	应具有配电线路带电作业资格，并具备 3 年以上的配电带电作业实际工作经验，熟悉设备状况，有一定组织能力和事故处理能力，并经工作负责人的专门培训，考试合格	1
	2	斗内 1 号作业人员	应通过 10kV 架空配电线路带电作业专项培训，考试合格并持有上岗证	1
	3	斗内 2 号作业人员	应通过 10kV 架空配电线路带电作业专项培训，考试合格并持有上岗证	1
	4	地面作业人员	应通过 10kV 架空配电线路带电作业专项培训，考试合格并持有上岗证	1

3.1.2 作业人员分工

√	序号	责任人	分　工	责任人签名
	1	×××	工作负责人（监护人）	
	2	×××	斗内 1 号作业人员	
	3	×××	斗内 2 号作业人员	
	4	×××	地面作业人员	

3.2 工器具

出库时应对工器具进行外观检查，并确定是在合格的试验周期内。

3.2.1 个人安全防护用具

√	序号	名　称	规格/编号	单位	数量	备注
	1	绝缘安全帽		顶	2	
	2	绝缘手套（带防护手套）		副	2	
	3	绝缘服		件	2	
	4	绝缘安全带		根	2	

3.2.2 常备器具

√	序号	名　称	规格/编号	单位	数量	备注
	1	电动液压钳		把	1	
	2	防潮垫		块	1	
	3	绝缘电阻测试仪	2500V	台	1	
	4	风速仪		只	1	
	5	温度、湿度计		只	1	
	6	安全遮栏、安全围绳、标示牌		副	若干	
	7	干燥清洁布		块	若干	

3.2.3 绝缘遮蔽工具

√	序号	名　称	规格/编号	单位	数量	备注
	1	导线遮蔽罩		块	4	

3.2.4 绝缘工具

√	序号	名　称	规格/编号	单位	数量	备注
	1	绝缘斗臂车		辆	1	
	2	绝缘叉杆	1.5m	副	1	
	3	线夹传送杆	1.5m	副	1	
	4	绝缘锁杆	1.5m	副	3	
	5	套筒操作杆	1.5m	副	1	
	6	绝缘吊绳	15m	副	1	

3.2.5 工器具

√	序号	名　称	规格/编号	单位	数量	备注
	1	个人工具		套/人	1	
	2	钢卷尺		把	1	
	3	棘轮扳手		把	1	

3.3 材料

包括装置性材料和消耗性材料。

√	序号	名　称	规格/编号	单位	数量	备注
	1	铜铝接线端子		个	3	
	2	绝缘引线		根	3	
	3	异型线夹		只	6	

4 作业程序

4.1 开工准备

√	序号	作业内容	步骤及要求	危险点控制措施、注意事项
	1	工作负责人现场复勘	工作负责人核对工作线路双重命名、杆号	
			工作负责人检查环境是否符合作业要求	
			工作负责人检查线路装置是否具备带电作业条件	1. 电杆杆根、埋深应符合登杆要求； 2. 确认主干线扎线绑扎牢固； 3. 确认分支线末端有明显断开点； 4. 确认整条分支线无接地
			工作负责人检查气象条件	1. 天气应晴好，无雷、雨、雪、雾； 2. 气温：－5～35℃； 3. 风力：＜5级； 4. 空气相对湿度：＜80％
			检查工作票所列安全措施是否齐全	必要时在工作票上补充安全技术措施
	2	工作负责人执行工作许可制度	工作负责人与调度联系，获得调度工作许可，确认线路重合闸已停用	
	3	工作负责人召开现场站班会	工作负责人宣读工作票	
			工作负责人检查工作班组成员精神状态、交代工作任务进行分工、交代工作中的安全事项和措施	工作班成员应佩戴袖标
			工作负责人检查班组各成员对工作任务分工、工作中的安全和措施是否明确	
			班组各成员在工作票和作业卡上签名确认	
	4	布置工作现场	工作现场设置安全护栏、作业标志和相关警示标志	

续表

√	序号	作业内容	步骤及要求	危险点控制措施、注意事项
	5	斗臂车操作人员停放绝缘斗臂车	斗臂车操作人员将绝缘斗臂车停放到最佳位置	1. 应便于绝缘斗臂车工作斗达到作业位置，避开附近电力线和障碍物； 2. 避免停放在沟道盖板上； 3. 软土地面应使用垫块或枕木，垫放时垫板重叠不超过2块，呈45°角； 4. 停放位置如为坡地，停放位置坡度不大于7°，绝缘斗臂车车头应朝下坡方向停放
			斗臂车操作人员操作绝缘斗臂车，支腿	1. 支腿顺序应正确：H形支腿的车型应先伸出水平支腿，再伸出垂直支腿； 2. 在坡地停放，应先支前支腿，后支后支腿； 3. 支撑应到位，车辆前后、左右呈水平；H形支腿的车型四轮应离地。坡地停放调整水平后，车辆前后水平度应不大于3°
			斗臂车操作人员将绝缘斗臂车可靠接地	临时接地体埋深应不少于0.6m
	6	工作负责人组织班组成员检查工器具	班组成员按要求将绝缘工器具摆放在防潮垫（毯）上	1. 防潮垫（毯）应清洁、干燥； 2. 绝缘工器具不能与金属工具、材料混放
			班组成员对绝缘工器具进行外观检查：绝缘工具应无变形损坏，操作灵活，测量准确；个人安全防护用具和遮蔽、隔离用具应无针孔、砂眼、裂纹；检查绝缘安全带外观，并作冲击试验	检查人员应戴清洁、干燥的手套
			使用绝缘高阻表对绝缘工器具进行表面绝缘电阻检测：阻值不得低于700MΩ	1. 应正确使用绝缘高阻表； 2. 测量电极应符合规程要求（电极极宽2cm、电极极间2cm）
	7	绝缘斗臂车操作人员检查绝缘斗臂车	检查绝缘斗臂车表面状况：绝缘部分应清洁、无裂纹损伤	
			进行试操作，试操作时间不少于5min，应有回转、升降、伸缩的过程，确认液压、机械、电气系统正常可靠，制动装置可靠	试操作必须空斗进行
	8	斗内作业人员进入绝缘斗臂车工作斗	斗内作业人员穿戴个人安全防护用具	应戴好绝缘帽、绝缘披肩、绝缘手套等个人安全防护用具，并由工作负责人检查
			斗内作业人员携带工器具进入工作斗，将工器具分类放置在绝缘斗和工具袋中	金属材料、化学物品、金属部分超出工作斗的绝缘工器具禁止带入工作斗
			斗内作业人员系好绝缘安全带	应系在斗内专用挂钩上

4.2 作业过程

√	序号	作业内容	步骤及要求	危险点控制措施、注意事项
	1	设置绝缘遮蔽	斗内2号作业人员转移工作斗配合斗内1号作业人员使用绝缘叉杆将导线遮蔽罩设置在（需搭接中间相引线一侧的）两边相导线上进行绝缘遮蔽	1. 上下传递工器具应使用绝缘吊绳。 2. 斗内1号作业人员设置绝缘遮蔽措施时应戴绝缘手套；与带电体保持足够的距离（大于0.4m），绝缘叉杆的有效绝缘长度应大于0.7m。 3. 绝缘遮蔽应严实、牢固，导线遮蔽罩间重叠部分应大于15cm。 4. 防止高空落物
	2	搭接引流线	斗内1号作业人员使用绝缘锁杆夹持分别分支线的3根引线端头，并妥善固定	1.3根引线均应用绝缘锁杆夹持，以免静电感应现象对工作人员造成影响； 2. 应避免夹持不牢固，引起高空落物
			斗内1号作业人员用绝缘锁杆试搭三相引线，调整好三相引线的长度	斗内1号作业人员在试搭时，应戴绝缘手套；与带电体保持足够的距离（大于0.4m），绝缘叉杆的有效绝缘长度应大于0.7m
			斗内1号作业人员与斗内2号作业人员配合搭接中间相引线： 1. 每相引线使用2个异型线夹； 2. 引线与电杆之间的距离应大于30cm。 搭接方法如下： 用线夹传送杆将异型线夹传送到主导线上，用绝缘锁杆将引线放入异型线夹线槽内，最后用套筒操作杆固定	1. 斗内作业人员在搭接引线时，应戴绝缘手套；与带电体保持足够的距离（大于0.4m），绝缘杆的有效绝缘长度应大于0.7m； 2. 防止高空落物
			斗内1号作业人员与斗内2号作业人员配合搭接邻相引线： 1. 每相引线使用2个异型线夹； 2. 引线与电杆之间的距离应大于30cm	1. 斗内作业人员在搭接引线时，应戴绝缘手套；与带电体保持足够的距离（大于0.4m），绝缘杆的有效绝缘长度应大于0.7m； 2. 防止高空落物
			斗内1号作业人员与斗内2号作业人员配合搭接另边相引线： 1. 每相引线使用2个异型线夹； 2. 引线与电杆之间的距离应大于30cm	1. 斗内作业人员在搭接引线时，应戴绝缘手套；与带电体保持足够的距离（大于0.4m），绝缘杆的有效绝缘长度应大于0.7m； 2. 防止高空落物

续表

√	序号	作业内容	步骤及要求	危险点控制措施、注意事项
	3	撤除绝缘遮蔽措施	斗内1号作业人员用绝缘叉杆撤除导线上的导线遮蔽罩	1. 上下传递工器具应使用绝缘吊绳； 2. 斗内1号作业人员撤除绝缘遮蔽措施时应戴绝缘手套；与带电体保持足够的距离（大于0.4m），绝缘叉杆的有效绝缘长度应大于0.7m； 3. 防止高空落物
			斗内作业人员确认杆上无遗留物，转移工作斗至地面	防止高空跌落

4.3 工作结束

√	序号	作业内容	步骤及要求	危险点控制措施、注意事项
	1	工作负责人组织班组成员清理工具和现场	整理工具、材料，将工器具清洁后放入专用的箱（袋）中，清理现场	
	2	工作负责人办理工作终结	向调度汇报工作结束，并终结工作票	
	3	工作负责人召开收工会		
	4	作业人员撤离现场		

5 验收记录

记录检修中发现的问题	
存在问题及处理意见	

6 现场标准化作业指导书执行情况评估

评估内容	符合性	优		可操作项	
		良		不可操作项	
	可操作性	优		修改项	
		良		遗漏项	
存在问题					
改进意见					

7 附录

第十五章 配电线路带电作业技术与管理

绝缘斗臂车绝缘杆作业法带电简易安装、调试、测量、消缺

一、项目简介

带电进行简易的安装工作如安装接地环，以及作一些测量、调试工作步骤比较简单，作业安全性也相对较高。通过绝缘斗臂车再采用绝缘杆进行间接作业不仅有很大的机动性、便利性，而且能够进一步提高作业的安全性。但是带电取异物、修剪树枝在作业中安全方面有较大的不确定因素，如异物或树枝在风力作用下晃动，异物或剪断的树枝由于控制措施不当突然掉落等都可能导致短路事故，环境的不同、物体形状的不同也会带来不同的危险点，所以应选用适当的作业方式。

在带电设备上进行诸如取异物、修剪树枝等工作，采取不同的作业法，其可行性、便利性、安全性等都不一样，以下我们简单地做一比较（见表2-15-1）。

表2-15-1　　不同作业方法带电取异物、修剪树枝优缺点比较

序号	作业方法 工作内容	绝缘斗臂车绝缘手套 直接作业法	绝缘斗臂车绝缘杆 间接作业法	绝缘杆 间接作业法	绝缘平台绝缘手套 直接作业法	绝缘平台绝缘杆 间接作业法
1	取异物	当异物较大或处于装置结构的复杂位置，易引起短路事故	不易引起短路事故，较为安全，但异物缠绕紧密时，不便捷(见图2-15-1)	不能取在线路中间的异物。不易引起短路事故，较为安全，但异物缠绕紧密时，不便捷	不能取在线路中间的异物。当异物较大或处于装置结构的复杂位置，易引起短路事故	不能取在线路中间的异物，且异物缠绕紧密时，不便捷
2	修剪树枝	易到达工作位置，如线路中央。但由于导线与树枝较近，直接进行修剪对人身安全有较大影响	易到达工作位置，如线路中央。易保证人身安全，但需考虑高空落物	不易到达工作位置。易保证人身安全，但需考虑高空落物	不易到达工作位置，如线路中央。不易保证人身安全	不易到达工作位置。易保证人身安全，但需考虑高空落物

由表2-15-1可知，对于取异物、修剪树枝等工作，采用绝缘斗臂车绝缘杆进行作业具有较强的机动性，能够比较方便地达到作业位置，而且通过绝缘杆能够确保作业人员离带电体有足够的距离，从而有较大的安全性。当然作业前完善的主绝缘遮蔽、隔离措施也更为重要。在设置绝缘安全遮蔽、隔离措施时应尽量从外围作业空间较大的位置开始，并可以通过

绝缘操作杆将可移动的如管形的导线绝缘罩推向装置内部。

图 2-15-1　高架绝缘斗臂车绝缘杆作业法取异物

二、配电线路带电作业（典型装置）典型项目现场标准化作业指导书示例

编号：DDZY/×××

绝缘斗臂车绝缘杆作业法带电简易安装、调试、测量、消缺

10kV×××线××杆取异物[1]

编写：________ ________年______月______日

审核：________ ________年______月______日

批准：________ ________年______月______日

作业负责人：________

作业时间：____年___月___日___时至____年___月___日___时

××供电公司×××

---

[1] 装置说明：主干线为裸导线、单回路三角排列；分支线为90°架空分支。

1 范围

本现场标准化作业指导书针对“10kV××线××杆”使用绝缘斗臂车绝缘杆作业法“取异物”工作编写而成，仅适用于该项工作。

2 引用文件

下列文件中的条款通过本作业指导书的引用而成为本作业指导书的条款。

GB 50173—1992《电气装置安装工程 35kV 及以下架空电力线路施工及验收规范》

GB/T 18857—2003《配电线路带电作业技术导则》

GB/T 2900.55—2002《作业人员术语 带电作业》

DL 409—1991《电业安全工作规程（电力线路部分）》

DL/T 601—1996《架空绝缘配电线路设计技术规程》

DL/T 602—1996《架空绝缘配电线路施工及验收规程》

《国家电网公司电力安全工作规程（线路部分）》

2007《国家电网公司带电作业工作管理规定（试行）》

2004.9《现场标准化作业指导书编制导则》（国家电网公司）

3 前期准备

3.1 作业人员

本项目作业人员不少于 4 人。

3.1.1 作业人员要求

√	序号	责任人	资 质	人数
	1	工作负责人（监护人）	应具有配电线路带电作业资格，并具备 3 年以上的配电带电作业实际工作经验，熟悉设备状况，有一定组织能力和事故处理能力，并经工作负责人的专门培训，考试合格	1
	2	斗内 1 号作业人员	应通过 10kV 架空配电线路带电作业专项培训，考试合格并持有上岗证	1
	3	斗内 2 号作业人员	应通过 10kV 架空配电线路带电作业专项培训，考试合格并持有上岗证	1
	4	地面作业人员	应通过 10kV 架空配电线路带电作业专项培训，考试合格并持有上岗证	1

3.1.2 作业人员分工

√	序号	责任人	分 工	责任人签名
	1	×××	工作负责人（监护人）	
	2	×××	斗内 1 号作业人员	
	3	×××	斗内 2 号作业人员	
	4	×××	地面作业人员	

3.2 工器具

出库时应对工器具进行外观检查，并确定是在合格的试验周期内。

3.2.1 个人安全防护用具

√	序号	名　　称	规格/编号	单位	数量	备注
	1	绝缘安全帽		顶	2	
	2	绝缘手套（带防护手套）		副	2	
	3	绝缘安全带		根	2	

3.2.2 常备器具

√	序号	名　　称	规格/编号	单位	数量	备注
	1	电动液压钳		把	1	
	2	防潮垫		块	1	
	3	绝缘电阻测试仪	2500V	台	1	
	4	风速仪		只	1	
	5	温度、湿度计		只	1	
	6	安全遮栏、安全围绳、标示牌		副	若干	
	7	干燥清洁布		块	若干	

3.2.3 绝缘遮蔽工具

√	序号	名　　称	规格/编号	单位	数量	备注
	1	导线遮蔽罩		块	4	

3.2.4 绝缘工具

√	序号	名　　称	规格/编号	单位	数量	备注
	1	绝缘叉杆	1.5m	副	1	
	2	绝缘鲤鱼钳	1.5m	副	2	
	3	绝缘操作杆（带剥皮刀）	1.5m	副	1	
	4	绝缘吊绳	15m	根	1	

4 作业程序

4.1 开工准备

√	序号	作业内容	步骤及要求	危险点控制措施、注意事项
	1	工作负责人现场复勘	工作负责人核对工作线路双重命名、杆号	
			工作负责人检查环境是否符合作业要求	
			工作负责人检查线路装置是否具备带电作业条件	1. 确认直线支持绝缘子或耐张绝缘子上导线的紧固程度符合要求； 2. 导线无断股损伤等现象
			工作负责人检查气象条件	1. 天气应晴好，无雷、雨、雪、雾； 2. 气温：−5～35℃； 3. 风力：<5 级； 4. 空气相对湿度：<80%
			检查工作票所列安全措施是否齐全，必要时在工作票上补充安全技术措施	
	2	工作负责人执行工作许可制度	工作负责人与调度联系，获得调度工作许可，确认线路重合闸已停用	
	3	工作负责人召开现场站班会	工作负责人宣读工作票	工作班成员应佩戴袖标
			工作负责人检查工作班组成员精神状态、交代工作任务进行分工、交代工作中的安全事项和措施	
			工作负责人检查班组各成员对工作任务分工、工作中的安全和措施是否明确	
			班组各成员在工作票和作业卡上签名确认	
	4	布置工作现场	工作现场设置安全护栏、作业标志和相关警示标志	
	5	斗臂车操作人员停放绝缘斗臂车	斗臂车操作人员将绝缘斗臂车停放到最佳位置	1. 便于绝缘斗臂车工作斗达到作业位置，应避开附近电力线和障碍物； 2. 避免停放在沟道盖板上； 3. 软土地面应使用垫块或枕木，垫放时垫板重叠不超过 2 块，呈 45°角； 4. 停放位置如为坡地，停放位置坡度不大于 7°，绝缘斗臂车车头应朝下坡方向停放

续表

√	序号	作业内容	步骤及要求	危险点控制措施、注意事项
	5	斗臂车操作人员停放绝缘斗臂车	斗臂车操作人员操作绝缘斗臂车，支腿	1. 支腿顺序应正确：H形支腿的车型，应先伸出水平支腿，再伸出垂直支腿； 2. 在坡地停放，应先支前支腿，后支后支腿； 3. 支撑应到位，车辆前后、左右呈水平；H形支腿的车型四轮应离地。坡地停放调整水平后，车辆前后水平度应不大于3°
			斗臂车操作人员将绝缘斗臂车可靠接地	临时接地体埋深应不少于0.6m
	6	工作负责人组织班组成员检查工器具	班组成员按要求将绝缘工器具摆放在防潮垫（毯）上	1. 防潮垫（毯）应清洁、干燥； 2. 绝缘工器具不能与金属工具、材料混放
			班组成员对绝缘工器具进行外观检查：绝缘工具应不变形损坏，操作灵活，测量准确；个人安全防护用具和遮蔽、隔离用具应无针孔、砂眼、裂纹；检查绝缘安全带外观，并作冲击试验	检查人员应戴清洁、干燥的手套
			使用绝缘高阻表对绝缘工器具进行表面绝缘电阻检测：阻值不得低于700MΩ	1. 应正确使用绝缘高阻表； 2. 测量电极应符合规程要求（电极极宽2cm、电极极间2cm）
	7	绝缘斗臂车操作人员检查绝缘斗臂车	检查绝缘斗臂车表面状况：绝缘部分应清洁、无裂纹损伤	
			进行试操作，试操作时间不少于5min，应有回转、升降、伸缩的过程，确认液压、机械、电气系统正常可靠，制动装置可靠	试操作必须空斗进行
	8	斗内作业人员进入绝缘斗臂车工作斗	斗内作业人员穿戴个人安全防护用具	应戴好绝缘帽、绝缘披肩、绝缘手套等个人安全防护用具，并由工作负责人检查
			斗内作业人员携带工器具进入工作斗，将工器具分类放置在绝缘斗和工具袋中	金属材料、化学物品、金属部分超出工作斗的绝缘工器具禁止带入工作斗
			斗内作业人员系好绝缘安全带	应系在斗内专用挂钩上

4.2 作业过程

√	序号	作业内容	步骤及要求	危险点控制措施、注意事项
	1	设置绝缘遮蔽	斗内2号作业人员转移工作斗配合斗内1号作业人员用绝缘叉杆将导线遮蔽罩设置在拆除异物时可能触及的临近带电体上（如中间相）进行绝缘遮蔽	1. 上下传递工器具应使用绝缘吊绳。 2. 斗内1号作业人员设置绝缘遮蔽措施时应戴绝缘手套；与带电体保持足够的距离（大于0.4m），绝缘叉杆的有效绝缘长度应大于0.7m。 3. 绝缘遮蔽应严实、牢固，导线遮蔽罩间重叠部分应大于15cm。 4. 防止高空落物
	2	取异物	斗内作业人员用绝缘鲤鱼钳、绝缘操作杆互相配合拆除异物	1. 斗内作业人员在取异物时，应戴绝缘手套；与带电体保持足够的距离（大于0.4m），绝缘杆的有效绝缘长度应大于0.7m。 2. 应注意动作幅度，避免异物大幅晃动造成短路和导线受力。 3. 应避免损伤导线
	3	撤除绝缘遮蔽措施	斗内2号作业人员转移工作斗配合斗内1号作业人员用绝缘叉杆撤除导线上的导线遮蔽罩	1. 上下传递工器具应使用绝缘吊绳。 2. 斗内1号作业人员撤除绝缘遮蔽措施时应戴绝缘手套；与带电体保持足够的距离（大于0.4m），绝缘叉杆的有效绝缘长度应大于0.7m。 3. 防止高空落物
			斗内作业人员确认杆上无遗留物，逐次下杆	防止高空跌落

4.3 工作结束

√	序号	作业内容	步骤及要求	危险点控制措施、注意事项
	1	工作负责人组织班组成员清理工具和现场	整理工具、材料，将工器具清洁后放入专用的箱（袋）中，清理现场	
	2	工作负责人办理工作终结	向调度汇报工作结束，并终结工作票	
	3	工作负责人召开收工会		
	4	作业人员撤离现场		

5 验收记录

记录检修中发现的问题	
存在问题及处理意见	

6 现场标准化作业指导书执行情况评估

<table>
<tr><td rowspan="4">评估内容</td><td rowspan="2">符合性</td><td>优</td><td></td><td>可操作项</td><td></td></tr>
<tr><td>良</td><td></td><td>不可操作项</td><td></td></tr>
<tr><td rowspan="2">可操作性</td><td>优</td><td></td><td>修改项</td><td></td></tr>
<tr><td>良</td><td></td><td>遗漏项</td><td></td></tr>
<tr><td>存在问题</td><td></td><td></td><td></td><td></td><td></td></tr>
<tr><td>改进意见</td><td></td><td></td><td></td><td></td><td></td></tr>
</table>

7 附录

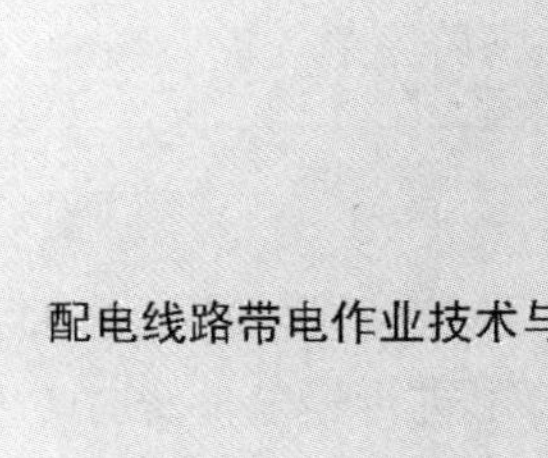

第十六章

绝缘平台绝缘手套作业法带电断、接引线

一、项目简介

绝缘平台作为该种作业方式所使用的一个重要工具，其使用方法和作业时安装的高度、登上平台的方法和作业人员位置的转移等都对作业的安全起着非常重要的作用。“绝缘平台绝缘手套作业法带电断、接引线”项目是其他绝缘平台绝缘手套作业法项目的基础。绝缘平台作业和绝缘杆作业法（间接作业）都是适用于绝缘斗臂车无法到达的农村、山区等进行带电作业，两者的适用性、工作的便利性、安全性等的区别如下。

绝缘杆作业法作业时，工作人员离带电体较远，“带电导体→绝缘操作杆→工作人员→地”之间的主绝缘由绝缘杆来保证，作业中只要保持合适的作业高度即能保持操作杆的有效绝缘长度，导线与横担、导线与导线之间一般情况下不可能发生通过人体而短接造成事故，所以安全性相当高。但是作业人员依靠绝缘操作杆来延伸自己的作业范围，工作的便利性较差，工艺质量也不易保证。作业中常用的绝缘遮蔽、隔离用具是硬质的绝缘材料，一般横向遮蔽的效果较好而纵向的效果较差（遮蔽罩下部有开口），所以操作用的绝缘杆也较长和笨重，工作人员消耗的体能较大。就断、接引线这个项目来说，当杆上安装的是负荷开关、断路器等设备，其引线比较靠向装置的外侧，采用常规的绝缘杆作业法作业，作业人员的视线不但会受到设备的阻挡，而且由于引线遮蔽非常困难，当其中一相的引线与主回路接通的情况下，另两相引线在传递过程中极易与其接触，造成短路对电网和设备安全有一定影响。

绝缘平台可以在杆上左右旋转和上下升降，使用绝缘平台作业进行作业，工作人员在杆上具有较大的机动性，能够比较容易地到达作业位置并保证作业的工艺质量，但是也有很大的局限性：①安装费时，绝缘平台在杆上的位置调节也不够便利（当平台上作业人员在平台上的位置越远时，绝缘平台升降、旋转机构受到的摩擦力越大）；②由于作业人员站位较高，离带电体较近，且受到平台机动性的影响，作业安全较难保证；③更易发生作业人员高空摔跌的事故。就后面两点，简要分析如下：

（1）使用绝缘平台进行带电作业，要注意 3 个可能发生的触电回路：①“带电体→工作人员→绝缘平台→地”，主绝缘是绝缘平台，应防止作业人员过度靠近电杆导致绝缘平台的有效绝缘长度不足；②“带电体→工作人员→空气间隙→装置的地电位构件或电杆”，主绝缘是空气间隙，同样应防止作业人员过度靠近电杆致使空气间隙不足；③“带电体→工作人员→空气间隙→另相带电体”，该触电回路是绝缘平台作业最应重视的，就搭接引线这个项目内容，当中间相引线搭接完毕后，在作业人员转移位置或搭接两根边相引线时，在这个狭小的触电回路中作为主绝缘的空气间隙很难得到保证。为保证作业人员的安全，作业人员应穿戴全套的个人绝缘防护用具，并且对周围可能触及的带电体进行绝缘遮蔽、隔离，在转移作业位置前一定要征得监护人的同意。

（2）为避免高空摔跌，作业人员应合理使用安全带和在平台上采取合适的站姿或坐姿。作业人员踩着脚扣或升降板在电杆上进行停电检修时，安全带、人体与电杆间形成一个稳定的三角形，能有效地防止作业人员摔跌。但是在绝缘平台上作业时，安全带没有合理的悬挂点（通常其悬挂点较低，不能起到高挂低用的作用，并且比较松弛，与人体、绝缘平台形不成稳定的三角形），也不可能增挂后备保护绳。所以作业人员在平台上要采取合适的站姿（如有些绝缘平台上部有一"A"形支架，作业人员双脚可以交跨站在平台上）或坐姿（可防止作业人员大幅度移动从平台上摔下来），此时安全带仅仅起到后备保护的作用了。

二、配电线路带电作业（典型装置）典型项目现场标准化作业指导书示例

编号：DDZY/×××

绝缘平台绝缘手套作业法带电断、接引线

10kV×××线××杆带电搭接跌落式熔断器上引线[1]

编写：________ ________年______月______日

审核：________ ________年______月______日

批准：________ ________年______月______日

作业负责人：________

作业时间：____年___月___日___时至____年___月___日___时

××供电公司×××

[1] 装置说明：主干线为裸导线，单回路三角排列；分支线为架空分支线，并与主干线呈90°。

1 范围

本现场标准化作业指导书针对“10kV××线××杆”使用绝缘平台绝缘手套作业法“搭接跌落式熔断器上引线”工作编写而成，仅适用于该项工作。

2 引用文件

下列文件中的条款通过本作业指导书的引用而成为本作业指导书的条款。

GB 50173—1992《电气装置安装工程 35kV及以下架空电力线路施工及验收规范》

GB/T 18857—2003《配电线路带电作业技术导则》

GB/T 2900.55—2002《作业人员术语 带电作业》

DL 409—1991《电业安全工作规程（电力线路部分）》

DL/T 601—1996《架空绝缘配电线路设计技术规程》

DL/T 602—1996《架空绝缘配电线路施工及验收规程》

《国家电网公司电力安全工作规程（线路部分）》

2007《国家电网公司带电作业工作管理规定（试行）》

2004.9《现场标准化作业指导书编制导则》（国家电网公司）

3 前期准备

3.1 作业人员

本项工作需要作业人员4人。

3.1.1 作业人员要求

√	序号	责任人	资　质	人数
	1	工作负责人（监护人）	应具有配电线路带电作业资格，并具备3年以上的配电带电作业实际工作经验，熟悉设备状况，有一定组织能力和事故处理能力，并经工作负责人的专门培训，考试合格。经本单位总工程师批准	1
	2	杆上作业人员	应通过10kV架空配电线路带电作业专项培训，考试合格并持有上岗证	1
	3	地面作业人员	应通过10kV架空配电线路带电作业专项培训，考试合格并持有上岗证	2

3.1.2 作业人员分工

√	序号	责任人	分　工	责任人签名
	1	×××	工作负责人（监护人）	
	2	×××	杆上作业人员	
	3	×××	地面1号作业人员	
	4	×××	地面2号作业人员	

3.2 工器具

出库时应对工器具进行外观检查，并确定是在合格的试验周期内。

3.2.1 个人安全防护用具

√	序号	名　称	规格/编号	单位	数量	备注
	1	绝缘安全帽		顶	1	
	2	绝缘服		件	1	
	3	绝缘裤		条	1	
	4	绝缘手套（带防护手套）		双	1	
	5	绝缘靴		双	1	
	6	绝缘安全带		根	1	
	7	普通安全带		根	2	

3.2.2 常备器具

√	序号	名　称	规格/编号	单位	数量	备注
	1	防潮垫		块	1	
	2	绝缘高阻表	数字式，2500V	只	1	
	3	风速仪		只	1	
	4	温度、湿度计		只	1	
	5	对讲机		部	2	
	6	安全遮栏、安全围绳、标示牌		副	若干	
	7	干燥清洁布		块	若干	
	8	工器具袋	1 只放绝缘毯、1 只放导线遮蔽管和绝缘软管	只	2	

3.2.3 绝缘遮蔽工具

√	序号	名　称	规格/编号	单位	数量	备注
	1	导线遮蔽管	2.5m	根	2	
	2	绝缘软管		根	3	

3.2.4 绝缘工具

√	序号	名　称	规格/编号	单位	数量	备注
	1	绝缘平台		架	1	
	2	绝缘吊绳	ϕ8，15m	根	1	
	3	导线绝缘罩		块	6	
	4	绝缘测距杆		副	1	

3.2.5 普通工器具

√	序号	名　称	规格/编号	单位	数量	备注
	1	电动扳手		把	1	
	2	活络扳手		把	2	
	3	断线钳		把	1	
	4	剥皮刀		把	1	
	5	压接钳		把	1	
	6	脚扣		副	1	

3.3 材料

包括装置性材料和消耗性材料。

√	序号	名　称	规格/编号	单位	数量	备注
	1	绝缘导线❶		m	8	
	2	并沟线夹❷		只	6	
	3	铜铝接线端子❸				

4 作业程序

4.1 开工准备

√	序号	作业内容	步骤及要求	危险点控制措施、注意事项
	1	工作负责人现场复勘	工作负责人核对工作线路双重命名、杆号	
			工作负责人检查环境是否符合作业要求	
			工作负责人检查线路装置是否具备带电作业条件	1. 应检查电杆杆根、埋深符合登杆作业的要求； 2. 应确认跌落式熔断器负荷侧分支线已挂好接地线； 3. 应确认三相跌落式熔断器熔管已取下
			工作负责人检查气象条件	1. 天气应晴好，无雷、雨、雪、雾； 2. 气温：−5～35℃； 3. 风力：≤10.7m/s； 4. 气相对湿度：<80%
			检查工作票所列安全措施是否齐全，必要时在工作票上补充安全技术措施	

❶ 与现场分支导线线径相适应，将型号或规格填在表中。

❷ 与引线和主干线线径相适应，将型号或规格填在表中。

❸ 与制作引线的绝缘导线线径相适应，将型号或规格填在表中。

续表

√	序号	作业内容	步骤及要求	危险点控制措施、注意事项
	2	工作负责人执行工作许可制度	工作负责人与调度联系，获得调度工作许可	确定作业线路重合闸是否已退出。必须注意的是：如为多回路线路，必要时应同时通用重合闸
	3	工作负责人召开现场站班会	工作负责人宣读工作票	
			工作负责人检查工作班组成员精神状态、交代工作任务进行分工、交代工作中的安全措施和技术措施	工作班成员应佩戴袖标
			工作负责人检查班组各成员对工作任务分工、工作中的安全措施和技术措施是否明确	
			班组各成员在工作票和作业卡上签名确认	
	4	布置工作现场	工作现场设置安全护栏、作业标志和相关警示标志	
	5	工作负责人组织班组成员检查工器具	班组成员按要求将绝缘工器具摆放在防潮垫（毯）上	1. 防潮垫（毯）应清洁、干燥； 2. 绝缘工器具不能与金属工具、材料混放
			班组成员对绝缘工器具进行外观检查：绝缘工具应不变形损坏，操作灵活，测量准确；个人安全防护用具和遮蔽、隔离用具应无针孔、砂眼、裂纹；对绝缘安全带、普通安全带、脚扣作冲击试验	检查人员应戴清洁、干燥的手套
			使用绝缘高阻表对绝缘工器具进行表面绝缘电阻检测：阻值不得低于700MΩ	1. 正确使用绝缘高阻表； 2. 测量电极应符合规程要求
			杆上作业人员检查绝缘平台	绝缘部分应清洁、无裂纹损伤；机械部分动作灵活，无卡涩现象

4.2 作业过程

√	序号	作业内容	步骤及要求	危险点控制措施、注意事项
	1	制作、安装引线	杆上作业人员使用脚扣登杆，用绝缘测距杆测量三相引线的长度	1. 杆上作业人员应在距离地面不高于0.5m的高度开始登杆； 2. 杆上作业人员在测距时应注意站位高度，充分保证作业安全距离； 3. 测距时，杆上作业人员应穿戴绝缘手套，并保证测距杆的有效绝缘长度应大于等于0.7m

续表

√	序号	作业内容	步骤及要求	危险点控制措施、注意事项
	1	制作、安装引线	地面作业人员按照需要制作3根引线，并圈好；并在每根引线端头做好色相标志	引线制作完毕，应圈好，防止杆上作业人员安装时引线发生弹跳，失去空气安全距离
			杆上作业人员将3根引线安装在对应的跌落式熔断器上接线卡板上	杆上作业人员在安装引线时应注意站位高度，充分保证作业安全距离
	2	检测跌落式熔断器	使用绝缘高阻表分别检查三相上、下接线卡板与安装板之间的绝缘电阻：应大于等于150MΩ。避免跌落式熔断器绝缘损坏，在搭接引线时产生电弧，对杆上作业人员造成伤害	杆上作业人员在检查跌落式熔断器时应注意站位高度，充分保证作业安全距离
			用熔管对三相跌落式熔断器试拉合	应防止熔断高空掉落
	3	架设绝缘平台	杆上作业人员与地面作业人员配合装设绝缘平台	1. 安装绝缘平台时，杆上作业人员与地面作业人员站位高度应合适，离带电体的作业距离应大于0.7m； 2. 绝缘平台的安装高度应合适； 3. 安装过程中应避免绝缘平台与跌落式熔断器撞击引起设备损坏
			调整绝缘平台到单只跌落式熔断器一侧（简称1号熔断器）位置，并固定	
	4	杆上作业人员登上绝缘平台	杆上作业人员穿戴全套个人安全防护用具	防护用具应穿戴严实可靠
			杆上作业人员携带绝缘吊绳登上绝缘平台	1. 杆上作业人员登上绝缘平台，必须先将绝缘安全带系在绝缘平台专用挂钩上，并固定好安全绳； 2. 进入工作区域时必须注意头顶设备，与带电体保持足够的作业距离（0.7m）
	5	杆上作业人员搭接1号熔断器上引线	杆上作业人员将1号跌落式熔断器上引线搭接到主干线对应相上合适的位置	1. 杆上作业人员应注意站位角度，以及控制动作方向和幅度； 2. 防止高空落物
	6	杆上作业人员搭接2号熔断器上引线	地面作业人员协助杆上作业人员将绝缘平台转向中间相跌落式熔断器（简称2号熔断器），并固定	杆上作业人员应注意平台上的位置和站位角度

续表

√	序号	作业内容	步骤及要求	危险点控制措施、注意事项
	6	杆上作业人员搭接 2 号熔断器上引线	杆上作业人员对两边相主干线设置绝缘遮蔽、隔离措施	1. 杆上作业人员应注意站位角度以及控制动作方向和幅度； 2. 上下传递工器具应使用绝缘吊绳； 3. 防止高空落物
			地面作业人员协助杆上作业人员调整绝缘平台位置，将 2 号跌落式熔断器上引线搭接到主干线中间相合适的位置	1. 杆上作业人员应注意站位角度以及控制动作方向和幅度； 2. 防止高空落物
			杆上作业人员撤除两边相主干线设置的绝缘遮蔽、隔离措施	1. 杆上作业人员应注意站位角度以及控制动作方向和幅度； 2. 上下传递工器具应使用绝缘吊绳； 3. 防止高空落物
	7	杆上作业人员搭接 3 号熔断器上引线	地面作业人员协助杆上作业人员将绝缘平台转向最后相跌落式熔断器（简称 3 号熔断器），并固定	杆上作业人员应注意平台上的位置和站位角度
			地面作业人员协助杆上作业人员调整绝缘平台位置，将 3 号跌落式熔断器上引线搭接到主干线合适的位置	1. 杆上作业人员应注意站位角度以及控制动作方向和幅度； 2. 防止高空落物
	8	杆上作业人员撤离绝缘平台	地面作业人员协助杆上作业人员将绝缘平台转向远离带电体的位置（包括跌落式熔断器上引线），并固定	1. 转移绝缘平台应平稳； 2. 杆上作业人员应注意平台上的位置和站位角度
			杆上作业人员离开绝缘平台，下至地面	应防止高空跌落
	9	拆除绝缘平台	地面作业人员拆除绝缘平台	1. 防止高空落物和人员高空跌落； 2. 应避免绝缘平台撞击跌落式熔断器及其上引线

4.3 工作结束

√	序号	作业内容	步骤及要求	危险点控制措施、注意事项
	1	工作负责人组织班组成员清理工具和现场	整理工具、材料。将工器具清洁后放入专用的箱（袋）中	
			清理现场	
	2	工作负责人进行工作终结	向调度汇报工作结束，并终结工作票	
	3	工作负责人召开收工会		
	4	作业人员撤离现场		

5 验收记录

记录检修中发现的问题	
存在问题及处理意见	

6 现场标准化作业指导书执行情况评估

<table>
<tr><td rowspan="4">评估内容</td><td rowspan="2">符合性</td><td>优</td><td></td><td>可操作项</td><td></td></tr>
<tr><td>良</td><td></td><td>不可操作项</td><td></td></tr>
<tr><td rowspan="2">可操作性</td><td>优</td><td></td><td>修改项</td><td></td></tr>
<tr><td>良</td><td></td><td>遗漏项</td><td></td></tr>
<tr><td>存在问题</td><td colspan="5"></td></tr>
<tr><td>改进意见</td><td colspan="5"></td></tr>
</table>

7 附录

第十七章

绝缘平台直接作业法带电更换柱上开关设备

一、项目简介

“绝缘平台直接作业法带电更换柱上开关设备”项目中主要是断、接设备引线，还有就是设备的拆卸和吊装的问题。不同的装置，在作业中作业的顺序、安全距离的控制和绝缘遮蔽措施度有所不同。

对于没有明显断开点的断路器，在作业前一定要确认已经分闸，并检测其负荷侧有无电压。更换后搭接引线前应确认开关处于断开位置，避免带负荷拆、搭设备引线。而且断路器出线套管之间的距离较小，在搭、拆有电侧引线时应充分注意引线之间、带电引线与设备外壳之间的距离，避免发生短路，必要时应对引线设置绝缘遮蔽、隔离措施。

跌落实熔断器体积、质量都比较小，吊装比较简单。但断路器、负荷开关等的更换需要分阶段来完成。第一阶段，拆除设备引线；第二阶段，更换设备；第三阶段，搭接设备引线。这 3 个阶段可能需要多次安装或调整绝缘平台。吊装时的滑轮安装高度较高，离带电的架空主回路很近，需要注意安全，并且要使用绝缘绳索。防止设备在吊装过程中大幅晃动碰撞电杆、绝缘平台等，应在设备外壳安装绝缘控制绳。地面作业人员辅助吊装，一人牵拉吊绳、一人牵拉控制绳。

不论更换哪种开关设备，都应在设备的停电侧安装绝缘平台，当然也要考虑绝缘平台左右旋转的角度，以便作业时能到达合适的位置。并且要注意合适的安装高度，既不能太高也不能太低，太高则在作业人员登上绝缘平台进入作业区域时易触碰带电体，短接电杆与设备带电引线之间的空间；太低则可能无法够到断路器引线与架空主回路的搭接点。作业人员应在设备的停电侧登上绝缘平台进入作业区域。作业中作业人员应全程使用全套个人绝缘防护用具。在拆设备引线时，应先拆电源侧；在搭设备引线时，应先搭负荷侧引线。这样再拆、搭负荷侧引线时离带电部分就具有较大的空间距离。

本章作业指导书围绕“带电更换双杆变台跌落式熔断器”来叙述。

二、配电线路带电作业（典型装置）典型项目现场标准化作业指导书示例

编号：DDZY/×××

绝缘平台直接作业法带电更换柱上开关设备

10kV×××线××杆带电更换跌落式熔断器[❶]

编写：________ ________年______月______日

审核：________ ________年______月______日

批准：________ ________年______月______日

作业负责人：________

作业时间：____年___月___日___时至____年___月___日___时

××供电公司×××

❶ 本标准化现场作业指导书范本按照双杆变台，跌落式熔断器上、下引线均为绝缘导线的装置型式编写。

1 范围

本现场标准化作业指导书针对“10kV××线××杆”使用绝缘斗臂车绝缘手套作业法带电“更换跌落式熔断器”工作编写而成，仅适用于该项工作。

2 引用文件

下列文件中的条款通过本作业指导书的引用而成为本作业指导书的条款。

GB 50173—1992《电气装置安装工程 35kV 及以下架空电力线路施工及验收规范》

GB/T 18857—2003《配电线路带电作业技术导则》

GB/T 2900.55—2002《作业人员术语 带电作业》

DL 409—1991《电业安全工作规程（电力线路部分）》

DL/T 601—1996《架空绝缘配电线路设计技术规程》

DL/T 602—1996《架空绝缘配电线路施工及验收规程》

《国家电网公司电力安全工作规程（线路部分）》

2007《国家电网公司带电作业工作管理规定（试行）》

2004.9《现场标准化作业指导书编制导则》（国家电网公司）

3 前期准备

3.1 作业人员

本作业项目作业人员不少于 4 人。

3.1.1 作业人员要求

√	序号	责任人	资　质	人数
	1	工作负责人（监护人）	应具有配电线路带电作业资格，并具备 3 年以上的配电带电作业实际工作经验，熟悉设备状况，有一定组织能力和事故处理能力，并经工作负责人的专门培训，考试合格。经本单位总工程师批准	1
	2	杆上作业人员	应通过 10kV 架空配电线路带电作业专项培训，考试合格并持有上岗证	1
	3	地面作业人员	应通过 10kV 架空配电线路带电作业专项培训，考试合格并持有上岗证	2

3.1.2 作业人员分工

√	序号	责任人	分　工	责任人签名
	1	×××	工作负责人（监护人）	
	2	×××	杆上作业人员	
	3	×××	地面 1 号作业人员	
	4	×××	地面 2 号作业人员	

3.2 工器具

出库时应对工器具进行外观检查，并确定是在合格的试验周期内。

3.2.1 个人安全防护用具

√	序号	名　称	规格/编号	单位	数量	备注
	1	绝缘安全帽		顶	1	
	2	绝缘服		件	1	
	3	绝缘裤		条	1	
	4	绝缘靴		双	1	
	5	绝缘手套（带防护手套）		双	1	
	6	绝缘安全带		根	1	
	7	普通安全带		根	2	

3.2.2 常备器具

√	序号	名　称	规格/编号	单位	数量	备注
	1	防潮垫		块	1	
	2	绝缘高阻表	2500V	只	1	
	3	风速仪		只	1	
	4	温度、湿度计		只	1	
	5	对讲机		部	2	
	6	安全遮栏、安全围绳、标示牌		副	若干	
	7	干燥清洁布		块	若干	

3.2.3 绝缘遮蔽工具

√	序号	名　称	规格/编号	单位	数量	备注
	1	绝缘挡板❶		块	1	
	2	绝缘毯		块	6	
	3	绝缘夹		只	12	

3.2.4 绝缘工具

√	序号	名　称	规格/编号	单位	数量	备注
	1	绝缘平台		架	1	
	2	绝缘吊绳	10m	根	1	

3.2.5 普通工器具

常规的线路施工所需工器具，如扳手等。

---

❶ 夹持在跌落式熔断器横担上，作为跌落式熔断器之间的绝缘遮蔽、隔离用。

√	序号	名　称	规格/编号	单位	数量	备注
	1	活络扳手		把	1	
	2	脚扣		副	2	
	3	工具袋	1只放金属材料、工具；1只放绝缘毯和毯夹	只	2	

3.3 材料

包括装置性材料和消耗性材料。

√	序号	名　称	规格/编号	单位	数量	备注
	1	跌落式熔断器		只	3	
	2	铝芯塑料导线		m	1	

4 作业程序

4.1 开工准备

√	序号	作业内容	步骤及要求	危险点控制措施、注意事项
	1	工作负责人现场复勘	工作负责人核对工作线路双重命名、杆号	
			工作负责人检查环境是否符合作业要求	
			工作负责人检查线路装置是否具备带电作业条件	1. 应确认电杆杆根、埋深应符合登杆作业的要求； 2. 应确认跌落式熔断器已拉开，并已取下熔管； 3. 应确认变压器低压配电箱低压断路器已分闸，刀开关处于断开状态； 4. 应确认配电变压器高低压侧已挂好接地线，防止倒送电； 5. 应使用高压验电器对跌落式熔断器安装支架验电，如果跌落式熔断器安装支架有电，则在使引线脱离跌落式熔断器上接线卡板时会产生电弧，对杆上作业人员造成伤害，应采取其他技术措施和安全措施
			工作负责人检查气象条件	1. 天气应晴好，无雷、雨、雪、雾； 2. 气温：−5～35℃； 3. 风力：≤10.7m/s； 4. 气相对湿度：<80%
			检查工作票所列安全措施是否齐全，必要时在工作票上补充安全技术措施	

续表

<table>
<tr><th>√</th><th>序号</th><th>作业内容</th><th>步骤及要求</th><th>危险点控制措施、注意事项</th></tr>
<tr><td></td><td>2</td><td>工作负责人执行工作许可制度</td><td>工作负责人与调度联系，获得调度工作许可</td><td>确定作业线路重合闸是否已退出。必须注意的是：
1. 如为多回路线路，必要时应同时通用重合闸；
2. 如作业点有联络开关，应同时停用两侧线路的重合闸；
3. 间接作业法时，需事先判明作业线路所在配电网络的中性点运行方式，如是以电缆为主的城市电网，则必须退出该线路的重合闸</td></tr>
<tr><td rowspan="4"></td><td rowspan="4">3</td><td rowspan="4">工作负责人召开现场站班会</td><td>工作负责人宣读工作票</td><td></td></tr>
<tr><td>工作负责人检查工作班组成员精神状态、交代工作任务进行分工、交代工作中的安全措施和技术措施</td><td>工作班成员应佩戴袖标</td></tr>
<tr><td>工作负责人检查班组各成员对工作任务分工、工作中的安全措施和技术措施是否明确</td><td></td></tr>
<tr><td>班组各成员在工作票和作业卡上签名确认</td><td></td></tr>
<tr><td></td><td>4</td><td>布置工作现场</td><td>工作现场设置安全护栏、作业标志和相关警示标志</td><td></td></tr>
<tr><td rowspan="5"></td><td rowspan="5">5</td><td rowspan="5">工作负责人组织班组成员检查工器具、材料</td><td>班组成员按要求将绝缘工器具摆放在防潮垫（毯）上</td><td>1. 防潮垫（毯）应清洁、干燥；
2. 绝缘工器具不能与金属工具、材料混放</td></tr>
<tr><td>班组成员对绝缘工器具进行外观检查：
1. 绝缘工具应不变形损坏，操作灵活，测量准确；
2. 个人安全防护用具和遮蔽、隔离用具应无针孔、砂眼、裂纹</td><td>检查人员应戴清洁、干燥的手套</td></tr>
<tr><td>使用绝缘高阻表对绝缘工器具进行表面绝缘电阻检测：阻值不得低于 700MΩ</td><td>1. 正确使用绝缘高阻表；
2. 测量电极应符合规程要求</td></tr>
<tr><td>杆上作业人员检查绝缘平台表面状况</td><td>1. 绝缘部分应清洁、无裂纹损伤；
2. 机械部分动作灵活，无卡涩现象</td></tr>
<tr><td>对绝缘安全带、普通安全带、脚扣作冲击试验</td><td></td></tr>
</table>

续表

√	序号	作业内容	步骤及要求	危险点控制措施、注意事项
	5	工作负责人组织班组成员检查工器具、材料	班组成员检查跌落式熔断器： 1. 使用熔管进行试拉合，检查其接触性能； 2. 测量 3 只跌落式熔断器上、下接线卡板与安装板间的绝缘电阻：阻值不得低于 150MΩ	跌落式熔断器的绝缘子应保持清洁干燥，不能受损

4.2 作业过程

√	序号	作业内容	步骤及要求	危险点控制措施、注意事项
	1	架设绝缘平台	杆上作业人员与地面作业人员配合安装绝缘平台	1. 安装绝缘平台时，杆上作业人员与地面作业人员站位高度应合适，离带电体的作业距离应大于 0.7m； 2. 绝缘平台的安装高度应合适； 3. 安装过程中应避免绝缘平台与变压器、跌落式熔断器撞击引起设备损坏
			调整好绝缘平台的位置，并使之固定	绝缘平台的位置应便于杆上作业人员上下，并使杆上作业人员远离带电体
	2	杆上作业人员登上绝缘平台	杆上作业人员穿戴全套防护用具	防护用具应穿戴正确严密
			杆上作业人员携带绝缘吊绳登上绝缘平台	1. 杆上作业人员登上绝缘平台，必须先将绝缘安全带系在绝缘平台专用挂钩上，并固定好安全绳； 2. 进入工作区域时必须注意头顶设备，与带电体保持足够的作业距离（0.7m）
	3	杆上作业人员拆卸近边相跌落式熔断器上引线	地面 1 号作业人员配合杆上作业人员转移绝缘平台到近边相跌落式熔断器下方	1. 转移绝缘平台应平稳； 2. 杆上作业人员应保证与带电体的作业距离大于等于 0.7m
			杆上转移人员设置绝缘遮蔽、隔离措施。设置的部位包括： 1. 先将绝缘挡板安装在近边相与中间相跌落式熔断器之间的支架上； 2. 然后用绝缘毯对近边相跌落式熔断器上接线卡板和静触头进行绝缘遮蔽； 3. 最后将近边相跌落式熔断器后方的支架和跌落式熔断器安装板用绝缘毯进行遮蔽	1. 设置绝缘遮蔽、隔离措施时应保证对异电位物体间的安全距离，设置挡板时应握在绝缘挡板手柄的手持区域； 2. 遮蔽、隔离措施应严密、有效，重叠部位应大于等于 15cm； 3. 绝缘夹夹持要牢固，防止绝缘毯散落； 4. 应严格按照顺序进行遮蔽、隔离； 5. 传递工具材料应使用绝缘吊绳，禁止地面作业人员与杆上作业人员直接传递金属材料和工具； 6. 防止高空落物

续表

√	序号	作业内容	步骤及要求	危险点控制措施、注意事项
	3	杆上作业人员拆卸近边相跌落式熔断器上引线	杆上作业人员拆卸近边相跌落式熔断器上引线（部位：上接线卡板处）	杆上作业人员应注意站位和动作幅度，保持人身与电杆、支架及跌落式熔断器下引线的安全距离大于等于0.4m
			杆上作业人员将引线向上圈好，用铝芯塑料线绑扎后，用绝缘毯进行绝缘遮蔽	1. 向上圈引线时必须保持引线各部位与支架之间的安全距离； 2. 绝缘夹夹持要牢固，防止绝缘毯散落
	4	杆上作业人员拆卸中间相跌落式熔断器上引线	地面1号作业人员配合杆上作业人员转移绝缘平台到中间相跌落式熔断器下方	1. 转移绝缘平台应平稳； 2. 杆上作业人员应保证与带电体的作业距离大于等于0.7m
			杆上转移人员设置绝缘遮蔽、隔离措施。设置的部位包括： 1. 先将绝缘挡板安装在远边相与中间相跌落式熔断器之间的支架上； 2. 然后用绝缘毯对中间相跌落式熔断器上接线卡板和静触头进行绝缘遮蔽； 3. 最后将中间相跌落式熔断器后方的支架和跌落式熔断器安装板用绝缘毯进行遮蔽	1. 设置绝缘遮蔽、隔离措施时应保证对异电位物体间的安全距离，设置挡板时应握在绝缘挡板手柄的手持区域； 2. 遮蔽、隔离措施应严密、有效，重叠部位应大于等于15cm； 3. 绝缘夹夹持要牢固，防止绝缘毯散落； 4. 应严格按照顺序进行遮蔽、隔离； 5. 传递工具材料应使用绝缘吊绳，禁止地面作业人员与杆上作业人员直接传递金属材料和工具； 6. 防止高空落物
			杆上作业人员拆卸中间相跌落式熔断器上引线（部位：上接线卡板处）	杆上作业人员应注意站位和动作幅度，保持人身与电杆、支架及跌落式熔断器下引线的安全距离大于等于0.4m
			杆上作业人员将引线向上圈好，用铝芯塑料线绑扎后，用绝缘毯进行绝缘遮蔽	1. 向上圈引线时必须保持引线各部位与支架之间的安全距离； 2. 绝缘夹夹持要牢固，防止绝缘毯散落
	5	杆上作业人员拆卸远边相跌落式熔断器上引线	地面1号作业人员配合杆上作业人员转移绝缘平台到中间相跌落式熔断器下方	1. 转移绝缘平台应平稳； 2. 杆上作业人员应保证与带电体的作业距离大于等于0.7m
			杆上转移人员设置绝缘遮蔽、隔离措施。设置的部位包括： 1. 用绝缘毯将远边相跌落式熔断器上接线卡板和静触头进行绝缘遮蔽； 2. 最后将中间相跌落式熔断器后方的支架和跌落式熔断器安装板用绝缘毯进行遮蔽	1. 设置绝缘遮蔽、隔离措施时应保证对异电位物体间的安全距离； 2. 遮蔽、隔离措施应严密、有效，重叠部位应大于等于15cm； 3. 绝缘夹夹持要牢固，防止绝缘毯散落； 4. 应严格按照顺序进行遮蔽、隔离； 5. 传递工具材料应使用绝缘吊绳，禁止地面作业人员与杆上作业人员直接传递金属材料和工具； 6. 防止高空落物

续表

√	序号	作业内容	步骤及要求	危险点控制措施、注意事项
	5	杆上作业人员拆卸远边相跌落式熔断器上引线	杆上作业人员拆卸远边相跌落式熔断器上引线（部位：上接线卡板处）	杆上作业人员应注意站位和动作幅度，保持人身与电杆、支架及跌落式熔断器下引线的安全距离大于等于0.4m
			杆上作业人员将引线向上圈好，用铝芯塑料线绑扎后，用绝缘毯进行绝缘遮蔽	1. 向上圈引线时必须保持引线各部位与支架之间的安全距离； 2. 绝缘夹夹持要牢固，防止绝缘毯散落
	6	更换跌落式熔断器	杆上作业人员在地面作业人员的配合下依次更换跌落式熔断器	应防止高空落物
	7	杆上作业人员恢复远边相跌落式熔断器上引线	地面1号作业人员配合杆上作业人员转移绝缘平台到远边相跌落式熔断器下方	1. 转移绝缘平台应平稳； 2. 杆上作业人员应保证与带电体的作业距离大于等于0.7m
			杆上作业人员撤除上引线上的绝缘材料后，向下展放引线将引线安装在跌落式熔断器上接线卡板上	1. 杆上作业人员应注意站位和动作幅度，保证人身与电杆、支架及跌落式熔断器下引线的安全距离大于等于0.4m； 2. 展放引线时，应注意引线对支架、邻相设备间的安全距离； 3. 防止高空落物
			杆上作业人员恢复跌落式熔断器上接线卡板和静触头的绝缘遮蔽、隔离措施	遮蔽应严密、有效，绝缘材料重叠部分应大于等于15cm
			杆上作业人员撤除该相绝缘遮蔽、隔离措施： 1. 先撤除该相跌落式熔断器安装板和后方支架上的绝缘遮蔽、隔离措施； 2. 然后撤除跌落式熔断器接线卡板和静触头上的绝缘遮蔽、隔离措施	1. 应严格按照顺序进行； 2. 杆上作业人员要保证与未遮蔽的异电位物体间的安全距离
	8	杆上作业人员恢复中间相跌落式熔断器上引线	地面1号作业人员配合杆上作业人员转移绝缘平台到中间相跌落式熔断器下方	1. 转移绝缘平台应平稳； 2. 杆上作业人员应保证与带电体的作业距离大于等于0.7m
			杆上作业人员将绝缘挡板安装在远边相和中间相跌落式熔断器之间的支架上	安装绝缘挡板时，应保证安全距离，并握在挡板手柄正确的位置
			杆上作业人员撤除上引线上的绝缘材料后将向下展放引线将引线安装在跌落式熔断器上接线卡板上	1. 杆上作业人员应注意站位和动作幅度，保持人身与电杆、支架及跌落式熔断器下引线的安全距离大于等于0.4m； 2. 展放引线时，应注意引线对支架、邻相设备间的安全距离； 3. 防止高空落物

续表

√	序号	作业内容	步骤及要求	危险点控制措施、注意事项
	8	杆上作业人员恢复中间相跌落式熔断器上引线	杆上作业人员恢复跌落式熔断器上接线卡板和静触头的绝缘遮蔽、隔离措施	遮蔽应严密、有效，绝缘材料重叠部分应大于等于15cm
			杆上作业人员撤除该相绝缘遮蔽、隔离措施： 1. 先撤除该相跌落式熔断器安装板和后方支架上的绝缘遮蔽、隔离措施； 2. 再撤除跌落式熔断器接线卡板和静触头上的绝缘遮蔽、隔离措施； 3. 最后撤除绝缘挡板	1. 应严格按照顺序进行； 2. 杆上作业人员要保证与未遮蔽的异电位物体间的安全距离； 3. 撤除绝缘挡板时，应握在绝缘挡板手柄的手持区域
	9	杆上作业人员恢复近边相跌落式熔断器上引线	地面1号作业人员配合杆上作业人员转移绝缘平台到近边相跌落式熔断器下方	1. 转移绝缘平台应平稳； 2. 杆上作业人员应密切关注与带电体的作业距离大于等于0.7m
			杆上作业人员将绝缘挡板安装在近边相和中间相跌落式熔断器之间的支架上	安装绝缘挡板时，应保证安全距离，并握在挡板手柄正确的位置
			杆上作业人员撤除上引线上的绝缘材料后将向下展放引线将引线安装在跌落式熔断器上接线卡板上	1. 杆上作业人员应注意站位和动作幅度，保持人身与电杆、支架及跌落式熔断器下引线的安全距离大于等于0.4m； 2. 展放引线时，应注意引线对支架、邻相设备间的安全距离； 3. 防止高空落物
			杆上作业人员恢复跌落式熔断器上接线卡板和静触头的绝缘遮蔽、隔离措施	遮蔽应严密、有效，绝缘材料重叠部分应大于等于15cm
			杆上作业人员撤除该相绝缘遮蔽、隔离措施： 1. 先撤除该相跌落式熔断器安装板和后方支架上的绝缘遮蔽、隔离措施； 2. 再撤除跌落式熔断器接线卡板和静触头上的绝缘遮蔽、隔离措施； 3. 最后撤除绝缘挡板	1. 应严格按照顺序进行； 2. 杆上作业人员要保证与未遮蔽的异电位物体间的安全距离； 3. 撤除绝缘挡板时，应握在绝缘挡板手柄的手持区域

续表

√	序号	作业内容	步骤及要求	危险点控制措施、注意事项
	10	杆上作业人员撤离绝缘平台	地面作业人员协助杆上作业人员将绝缘平台转向远离带电体的位置，并固定	1. 转移绝缘平台应平稳； 2. 杆上作业人员应注意平台上的位置和站位角度
			杆上作业人员离开绝缘平台，下至地面	应防止高空跌落
	11	拆除绝缘平台	地面作业人员拆除绝缘平台	1. 防止高空落物和人员高空跌落； 2. 应避免绝缘平台撞击跌落式熔断器及其上引线

4.3 工作结束

√	序号	作业内容	步骤及要求	危险点控制措施、注意事项
	1	工作负责人组织班组成员清理工具和现场	整理工具、材料，将工器具清洁后放入专用的箱（袋）中	
			清理现场	
	2	工作负责人进行工作终结	向调度汇报工作结束，并终结工作票	
	3	工作负责人召开收工会		
	4	作业人员撤离现场		

5 验收记录

记录检修中发现的问题	
存在问题及处理意见	

6 现场标准化作业指导书执行情况评估

评估内容	符合性	优		可操作项	
		良		不可操作项	
	可操作性	优		修改项	
		良		遗漏项	
存在问题					
改进意见					

7 附录

第十八章 配电线路带电作业技术与管理

旁路综合性作业

第一节 设 备 器 材

一、器材技术条件引用参照的标准

JB/T 8144.1—1995 额定电压 26/35kV 及以下电力电缆附件基本技术要求　总则

JB/T 8144.2—1995 额定电压 26/35kV 及以下电力电缆附件基本技术要求　电缆终端头

JB/T 8144.3—1995 额定电压 26/35kV 及以下电力电缆附件基本技术要求　电缆接头

GB/T 18889—2002 额定电压 6kV（U_m=7.2kV）到 35kV（U_m=40.5kV）电力电缆附件试验方法

二、设备

旁路作业的设备器材见表 2-18-1。

表 2-18-1　旁路作业的设备器材

类别	序号	名称/规格	图例及作用
器材类	1	旁路电缆（含接头） 8.7/15kV HVC 1×50mm² 30～50m/盘	在接头处有黄、绿、红等色相标志
	2	旁路辅助电缆 50mm²，长度：6m/根	用于延长旁路电缆。两端都为专用的插拔式电缆接头，任一端都可接在旁路开关上或通过中间直线接头与旁路电缆连接
	3	高压引下电缆 50mm²，长度：6m/根	用于旁路开关与架空导线的连接。一端为挂钩，可挂接在架空导线上；另一端为专用的插拔式电缆接头，可接在旁路开关上

续表

类别	序号	名称/规格	图例及作用
器材类	4	中间直线接头（3个1组）	 用于旁路电缆间的接续，或旁路电缆与旁路辅助电缆间的接续
	5	T型接头（含绝缘栓、台架）	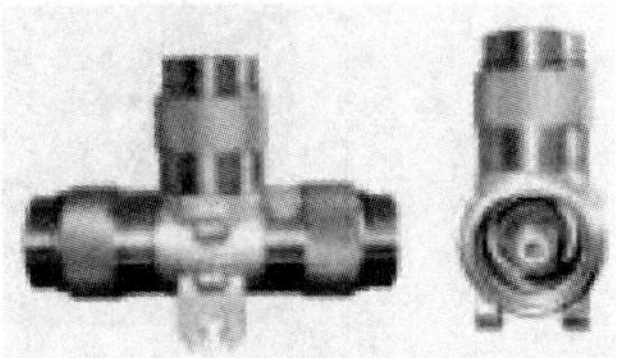  用于旁路电缆接续后，需要引出分支电路的
工具类	6	滑轮	 在敷设旁路电缆时，用于传送旁路电缆
	7	连接绳（2m×25根）	 在敷设旁路电缆时，将滑轮逐个连接，用于牵引滑轮，避免直接牵引旁路电缆使电缆受力损坏
	8	电缆牵引工具（牵头用）	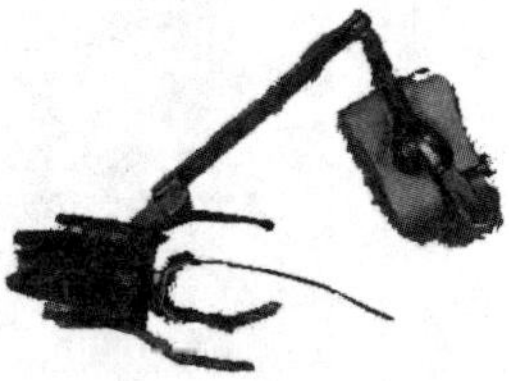 用于捆绑旁路电缆端头，便于牵引
	9	电缆牵引工具	3个1组，中间用
	10	电缆送出轮	—
	11	电缆导入轮	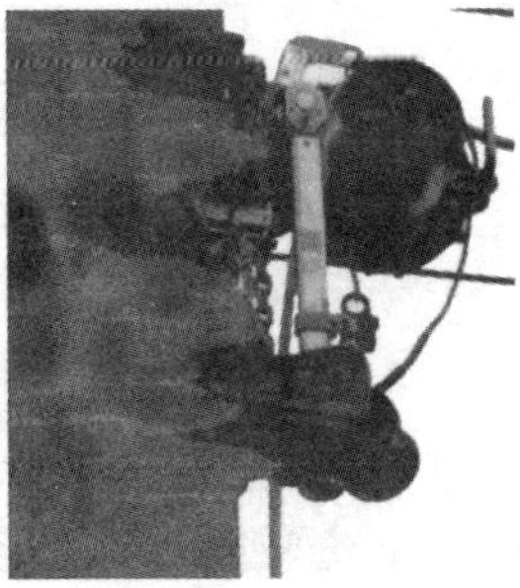 敷设旁路电缆时，便于电缆从地面向杆上引入和减少电缆导入时的摩擦力

续表

<table>
<tr><th>类别</th><th>序号</th><th>名称/规格</th><th>图例及作用</th></tr>
<tr><td rowspan="12">工具类</td><td>12</td><td>导入支撑</td><td> 用于施工现场的起始端，电缆从电缆盘引出后，通过导入轮将电缆顺利导出，避免在地面拖放引起损伤</td></tr>
<tr><td>13</td><td>输送绳（100m/根，含线盘）</td><td rowspan="2">敷设旁路电缆时，通过固定工具、中间支持工具等接续紧固后，挂设滑轮，承载旁路电缆的重量</td></tr>
<tr><td>14</td><td>输送绳（50m/根，含线盘）</td></tr>
<tr><td>15</td><td>输送绳（7、2、1m）</td><td>可根据现场工作区段档距情况，灵活调节输送距离</td></tr>
<tr><td>16</td><td>MR 连接器 A</td><td rowspan="2">敷设旁路电缆时，用于多段旁路电缆之间的连接绑扎</td></tr>
<tr><td>17</td><td>MR 连接器 B</td></tr>
<tr><td>18</td><td>固定工具 1</td><td> 地上用，连接输送绳与固定绳［为有利于承载旁路电缆的重量，输送绳必须紧、直，需用固定绳（可用钢丝绳或白棕绳等）固定在附近的构件或临时地锚上］，并方便地将滑轮送到输送绳上</td></tr>
<tr><td>19</td><td>固定工具 2</td><td> 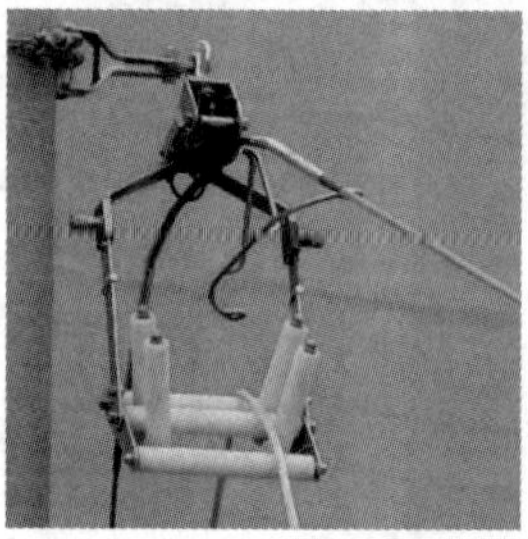柱上用。固定、接续输送绳，并便于旁路电缆输送</td></tr>
<tr><td>20</td><td>中间支持工具</td><td>—</td></tr>
<tr><td>21</td><td>紧线工具（满足 50mm^2）</td><td>安装在工作区段的末端，用来紧固输送绳</td></tr>
<tr><td>22</td><td>线盘固定工具</td><td> 在施工现场的起始端，固定电缆盘释放电缆</td></tr>
</table>

续表

类别	序号	名称/规格	图例及作用
工具类	23	余缆工具	固定在电杆上，承载多余的电缆，防止余缆散落
	24	电缆带	用来捆扎同时输送的3根旁路电缆
开关	25	旁路开关（配有与电缆连接的接头座）	固定在电杆上，在旁路电缆短接主导线与设备时，可以避免旁路电缆空载电流拉弧，以及安全转移负荷电流
	26	开关核相测试器	为避免旁路开关合闸后，两端接入的旁路电缆相位不对应而造成短路，在旁路开关合上前检测开关两端的相位

三、设备参数及技术要求

1. 旁路电缆、高压引下线电缆、旁路辅助电缆及电缆附件

旁路电缆、高压引下线电缆、旁路辅助电缆规格见表2-18-2。

表2-18-2　旁路电缆、高压引下线电缆、旁路辅助电缆规格

电缆型号	8.7/15kV HVC 1×50mm²①	
电缆结构	导体构成	100根/0.8直径铜导体（mm）
	导体外径	9.6
	耐热绝缘体厚度	4.5
	电缆含绝缘体的外径	20.1
	内半导电层	0.5
	外半导电层	0.5
	屏蔽层	0.7
	电缆整体（包括护套）外径	25.3

① 绝缘材料为耐热交联聚乙烯（正常100℃，短路时250℃）。

电缆附件包括中间直线接头、T型接头和电缆接头。T型接头的三回路是满足50mm²的电缆，而支接出来的电缆接头需要同时满足50mm²的电缆接头与35mm²的电缆。

为保证旁路作业的安全，无论是电缆还是电缆附件均应具有足够的电气强度，见表2-18-3、表2-18-4。

表 2-18-3　旁路电缆、高压引下电缆、旁路辅助电缆及电缆附件的电气性能

额定电压（U_N，kV）	8.7/15	使用额定频率（f_N，Hz）	50
额定电流（I_N，A）	与主电路相同	电动力水平	40kA，200ms①
热稳定	热稳定电流时间（s）	热稳定电流（有效值，A）	
	0.2	15 850	
	0.5	10 030	
	1.0	7090	
	2.0	5010	
	3.0	4090	

① 当旁路电缆额定电流为 200A 时。按照组装后的条件在短路电流的作用下不使机械部分的构件损坏与变形，电动力的考核水平达到短路电流的峰值为 40kA（按照 0.2s 时的 15850A×2.55，2.55 为冲击系数）、时间 200ms。

表 2-18-4　旁路电缆、高压引下电缆、旁路辅助电缆及电缆附件的绝缘水平

工频耐压（kV）	直流耐压（kV）	雷电冲击耐压（kV）	局部放电特性
45，1min	55，15min	±105kV（各 10 次），1.2 波头/50μs	在工频 13kV 下小于或等于 10pC/段

注　试验时，需与中间接头与 T 型接头组装实施。

电缆附件的其接触电阻和外绝缘都直接影响到作业安全。接触电阻影响到运行时的发热（电缆接头、中间直线接头和 T 型接头的导体材料均采用铜导体，在对接的状态下，各个接头之间的接触电阻数值的误差不大于 2%。在额定电流的作用下满足温升不大于 50℃的要求），机械操作性能直接关系到对接电缆时的操作便利性和使用寿命（大于 3000 次循环，对接与分离为一个循环）等。中间直线接头和 T 型接头都应方便对接，对接以后有牢固、可靠的锁口防止在对接后自动脱落，并在对接的状态下能方便地改变到分离状态。为避免灰尘、污物等影响到电缆附件接续时的密合度和接触电阻，在分离的状态下，需要有保护的盒、盖作为防护。电缆的接头和电缆附件均具备全绝缘水平（指中间接头互相碰到外表不发生相间短路事故，接头外表碰到地面时不发生接地事故）。T 型接头必须具备绝缘的台架，便于组装与固定在电杆上。

电缆接头外表的金属必须是耐腐蚀、高强度，固定与滑动的金属必须具有增加摩擦系数的表面处理。高压引下电缆的端部接头是两种不同的结构，一端与开关的部分配合，另外一端需要有电缆的终端部件（终端头）与连接到架空线的金具接头。连接金具的额定电流、短路热稳定、电动力稳定水平与高压引下电缆的一致。

2. 旁路开关

旁路开关的性能参数见表 2-18-5。

表 2-18-5　旁路开关的性能参数

序号	名　称	数　值
1	额定电压（U_N，kV）	12
2	额定电流（I_N，A）	应选取与主电路相同
3	额定频率（f_N，Hz）	50
4	额定开断负荷电流（A）	同额定电流

续表

序号	名　　称		数　　值
5	额定开断负荷电流的次数（次）		300
6	额定断开充电电流（A）		20
7	额定断开充电电流的次数（次）		10
8	开断时间（ms）		2
9	关合短路电流能力		当旁路电缆额定电流为200A时为40kA
10	工频耐受电压（kV）	对地	42
		相间	42
		同相断口间	48
11	冲击耐受电压（kV）	对地	75
		相间	75
		同相断口间	85
12	热稳定电流		当旁路电缆额定电流为200A时为16kA、2s
13	动稳定电流		当旁路电缆额定电流为200A时为40kA、300ms
14	机械寿命		3000次循环
15	套管插拔机械寿命		1000次循环
16	开关导通的接触电阻（$\mu\Omega$）		<40（开关内部，不包括电缆）
17	三相分断的差异（不同期性能）（ms）		<5
18	体积尺寸（mm×mm×mm）		680×600×200
19	质量（kg）		48

旁路开关具有清楚、明显的分合指示标志，无论采用何种方式合闸，合闸以后有锁口锁住，不会在不经过操作和不加任何措施情况下出现分闸的可能。

旁路开关还具有具备验电功能的端子，验电端子电压为800V。验电器具有明显的同相与异相的指示信号、音响警报信号等提示信号。开关内部绝缘与消弧采用SF_6气体，SF_6年漏气率小于0.5%，含水量小于150μL/L（体积比），低压闭锁信号具备明显信号装置或者可以测量是不是被闭锁。

3. 设备器材的总体使用环境

设备器材的总体使用环境见表2-18-6。

表2-18-6　　设备器材总体使用环境

环　　境	要　　求	环　　境	要　　求
使用地点	户外	降雨水平（mm/h）	20
温度（℃）	−20～+40	日照	晴天全日照
湿度（%）	95（25℃）	温差（℃）	日平均12，最大日温差20
海拔高度（m）	<1000	—	—

4. 器材机械与密封性能要求

(1) 在10挡情况下(330m[1])牵引力大约是250～300kg,与电缆的接头有无关系;

(2) 器材中属于承受重量(动态)、承受拉力(动态)、承受歪曲应力提供的安全系数在图中表示;

(3) 器材的密封达到IP-68(降雨量为20mm/h)的标准。

四、试验项目

1. 型式试验、出厂试验、交接试验

所属器材均应提供型式试验报告和出厂试验报告。

型式试验标准不低于技术条件引用标准中所列GB标准,至少不低于IEC 60502-4—2000标准。试验项目分别见表2-18-7、表2-18-8。

表2-18-7 旁路电缆、高压引下电缆、高压辅助电缆、接头(中间接头、T型接头)组合试验

序号	试验项目	型式试验	出厂试验	交接试验
1	外观、尺寸	√	√	√
2	局部放电试验	√	√	√
3	工频长时间耐压试验	√		
4	工频耐压试验		√	√
5	冲击耐压试验	√		
6	工频耐压破坏试验(参考值)	√		
7	短路试验(参考值)	√		
8	污闪电压测定试验(高压引下电缆户外电缆终端头)	√		
9	电缆接头防护试验	√		
10	接头温升试验	√		
11	高压引下电缆接头温升试验	√		
12	接头直流电阻测量	√		
13	绝缘电阻测量	√	√	√

注 交接耐压试验电压为出厂试验电压的90%。

表2-18-8 旁路开关试验

序号	试验项目	型式试验	出厂试验	交接试验
1	外观、结构、尺寸	√		
2	气密试验	√		
3	开关主回路温升试验	√		
4	机械寿命试验(无电压开、合试验)	√		
5	振动试验	√		
6	冲击试验	√		
7	跌落试验	√		

[1] 此数值为设备使用说明材料中参考值,按照日本配网线路档距得出。

续表

序号	试　验　项　目	型式试验	出厂试验	交接试验
8	冲击耐压试验	√		
9	工频耐压试验	√	√	√
10	投入性能试验	√		
11	短路试验（热稳定、电动力）	√		
12	开关闭锁性能试验	√	√	√
13	耐电弧性能试验	√		
14	耐腐蚀试验	√		
15	核相试验	√	√	√
16	引出套管机械寿命试验	√		
17	直流接触电阻试验	√	√	√
18	负荷开关开断负荷能力试验	√		
19	负荷开关关合短路电流试验	√		

2. 常规试验

旁路电缆、高压辅助电缆、高压引下电缆在现场反复使用，而且环境经常变化，可能会受到损伤。因此，推荐每年一次定期检查。检查内容有：外观检查有无磨损、起泡和老化现象；将电缆护层浸泡在水中，用5000V绝缘高阻表测试其绝缘电阻应在1MΩ以上；进行55kV、1min的直流耐压试验；泄漏电流符合要求并不得有发热、击穿等现象；用专用的测试器检测电缆导体和屏蔽层的导通情况。

第二节　作业过程解析

一、作业条件

（1）作业区域两端电杆装置需是耐张杆，如是直线杆需要在作业前先进行开分段；

（2）作业线路的负荷电流小于等于旁路电缆和旁路开关的额定电流；

（3）适于停放绝缘斗臂车。

二、现场作业流程和注意事项

现用实例说明综合性旁路作业的现场作业方法和流程。

（一）线路作业区域基本情况

（1）线路名称：10kV模拟106线。

（2）导线排列型式：单回路三角排列。

（3）旁路作业区段（见图2-18-1）："02号杆至06号杆"，距离约为80m；涉及5个装置，其中4号杆为分支杆，分支线为架空线路；主干线导线采用LJ-120型，分支线采用LJ-50型。

工作任务：更换02～06号杆之间的主导线。

（二）主要器材、与人员准备

此工作主要涉及2个作业地点：02号杆和04号杆。主要的器材可参见本章第三节指导

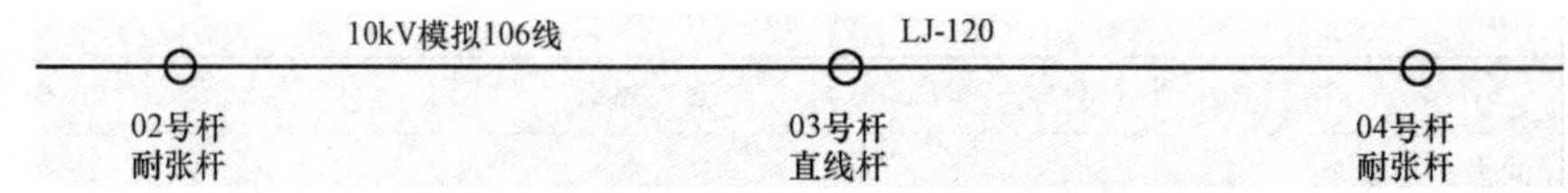

图 2-18-1 工作区段接线

书第 7 部分——附录：人员岗位与设备分布图。

此工作需要的工作人员不少于 14 名。其中具有带电作业资格的不少于 7 名；其他人员（地面工作人员）7 名，必须具有配电线路中级工的资质。工作中人员的岗位分布可参见本章第三节指导书第 7 部分——附录：人员岗位与设备分布图。

（三）注意事项

（1）旁路回路敷设的高度要适宜；

（2）牵引旁路电缆时要注意对电缆的保护；

（3）由于工作点较多，为确保工作安全顺利地进行，除总工作负责人进行工作组织、监护外，各工作点应安排专职监护人；

（4）旁路回路的试验一定要在所有旁路回路联通，但还未并联到架空线路的情况下进行，以达到对所有设备进行检验的目的；

（5）旁路回路试验后以及工作区段负荷恢复撤除旁路回路前一定要对旁路电缆放电，以免残余电荷通过旁路电缆的外露金属部分对人体放电引起触电；

（6）在带电作业工作人员与试验班、停电检修班进行交接时，必须严格按照工作组织和技术组织要求进行。

（7）在负荷转移和负荷恢复时一定要确保相位正确。

（四）工作流程图

旁路工作流程图如图 2-18-2 所示。

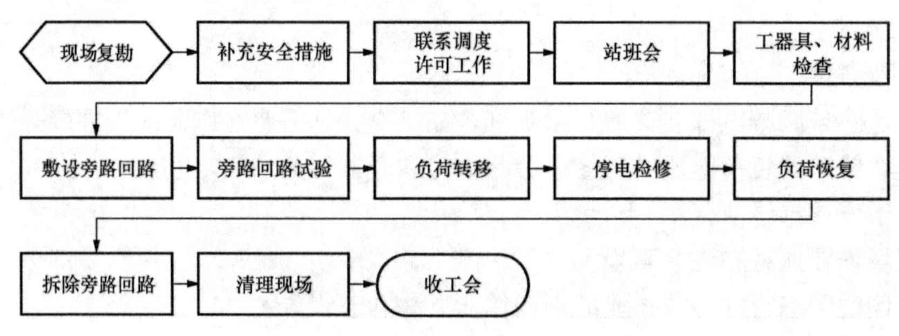

图 2-18-2 旁路作业工作流程图

（五）主要工作步骤

1. 敷设旁路回路

（1）安装旁路电缆敷设支架；

（2）连接固定和收紧输送绳；

（3）施放旁路电缆；

（4）安装旁路开关和余缆支架；

（5）安装旁路辅助电缆和高压引下线；

(6) 按次序固定各作业点旁路开关高压引下线。

2. 试验

(1) 配合高压电气试验班对旁路回路进行绝缘电阻的测试、直流电阻测试和工频耐压试验;

(2) 对旁路回路放电,拉开旁路开关,使其处于分闸位置。

3. 负荷转移

(1) 按次序搭接各作业点处的高压引下线;

(2) 按次序合上各作业点的旁路开关(先电源侧、后送电侧),注意在合负荷侧旁路开关前必须使用核相仪进行核相;

(3) 按次序拆除各作业点跳线或引线(先负荷侧、后电源侧);

(4) 撤除已脱离电源的作业段的绝缘遮蔽措施,并加强有电区域的绝缘遮蔽、隔离措施。

4. 配合线路检修班更换导线

过程略。

5. 负荷恢复

(1) 确认新换线路无接地、人员已转移;

(2) 恢复、补充各作业点处的绝缘遮蔽措施;

(3) 按照次序恢复各作业点处的跳线和引线(先负荷侧,再电源侧);

(4) 按照次序拆除各工作点的高压引下线(先负荷侧,再电源侧);

(5) 按照次序撤除各工作点绝缘遮蔽措施。

6. 撤除旁路回路

(1) 对旁路电缆放电;

(2) 拆除各作业点高压引下线和旁路辅助电缆设备;

(3) 拆除旁路开关和余缆支架;

(4) 收回旁路电缆;

(5) 收回电缆输送绳;

(6) 拆除旁路电缆敷设支架。

三、试验

旁路回路安装完毕后,对旁路回路的试验的目的在于两个方面的目的:①检查旁路回路是否连接可靠,在带上负载后各接触部位是否能够满足热稳定的要求;②检验加上交流电压后,其绝缘水平是否达到要求。

(一) 测量绝缘电阻

在测量直流电阻和交流耐压试验前,需用 2500V 绝缘电阻表对旁路电缆进行绝缘测量,要求绝缘电阻值不小于 100MΩ。

(二) 测量直流电阻

为了保证旁路电缆与中间连接器、T 型连接器连接可靠,可采用测量电缆(包括连接器、旁路断路器)电流电阻的方法。

测量时,将旁路电缆的一端三相短路,在测量端分别测量 AB、BC、CA 间的直流电阻值,进行比较,要求 R_{ab}、R_{bc}、R_{ca}的阻值平衡,且与标准值无明显差别,就可判断旁路电缆是否连接可靠（根据藤仓株式会社提供的直流电阻数据分析要求：在接触状态下，接触电阻的数值在各个接头之间的误差不大于20%）。具体测量时，先将每圈新电缆（50m、35mm²）的直流电阻值记录在案，作为标准值。经测量，每圈电缆（50m、35mm²）的直流电阻值为0.0253Ω，加中间连接器后，电阻值不会增加很多（制造厂生产时，通过增加接触面积解决）。实测两圈电缆（当中有两个连接器、一个T型连接器）时，电阻为$R_{ab}=0.0506\Omega$，$R_{bc}=0.0507\Omega$，$R_{ca}=0.0506\Omega$，数据符合通电要求。

（三）交流耐压试验

1. XLPE电缆直流耐压试验存在的问题

橡塑绝缘电力电缆过去在交接和预防性试验中，与油浸纸绝缘电缆一样都采用直流耐压试验。在1980年以前几年，国外电力部门发现了直流耐压试验对橡塑绝缘具有危害性。国际大电网会议通过深入广泛的研究对XIPE电缆改用交流耐压试验达成共识，并颁发了《试验导则》，在全世界范围内广泛推广应用。我国在20世纪90年代中期已开始并关注此问题，尤其是2001年至今，各省已陆续提出相应的试验要求。对于XIPE电缆采用直流耐压试验有以下缺点：

（1）直流电压下，电缆绝缘的电场分布取决于材料的体积电阻率，而交流电压下的电场分布取决于各介质的介电常数，特别是在电缆终端头、接头盒等电缆附件中的直流电场强度的分布和交流电场强度的分布完全不同，而且直流电压下绝缘老化的机理和交流电压下的老化机理不相同。因此，直流耐压试验不能模拟XLPE电缆的运行工况。

（2）XLPE电缆在直流电压下会产生“记忆”效应，存储积累单极性残余电荷。一旦有了由于直流耐压试验引起的“记忆性”，需要很长时间才能将这种直流偏压释放。电缆如果在直流残余电荷未完全释放之前投入运行，直流偏压便会叠加在工频电压峰值上，使得电缆上的电压值远远超过其额定电压，从而有可能导致电缆绝缘击穿。

（3）直流耐压试验时，会有电子注入聚合物介质内部，形成空间电荷，使该处的电场强度降低，从而难于发生击穿。XLPE电缆的半导体凸出处和污秽点等处容易产生空间电荷。但如果在试验时电缆终端头发生表面闪络或电缆附件击穿，会造成电缆芯线上产生波振荡，在已积聚空间电荷的地点，由于振荡电压极性迅速改变为异极性，使该处电场强度显著增大，可能损坏绝缘，造成多点击穿。

（4）XLPE电缆致命的一个弱点是绝缘内易产生水树枝，一旦产生水树枝，在直流电压下会迅速转变为电树枝，并形成放电，加速了绝缘劣化，以致运行后在工频电压作用下形成击穿。而单纯的水树枝在交流工作电压下还能保持相当的耐压值，并能保持一段时间。

（5）实践也表明，直流耐压试验不能有效发现交流电压作用下的某些缺陷，如在电缆附件内，绝缘若有机械损伤或应力锥放错等缺陷。在交流电压下绝缘最易发生击穿的地点，在直流电压下往往不能击穿。直流电压下绝缘击穿往往发生在交流工作条件下绝缘平时不发生击穿的地点。

2. 交流耐压试验方法的选择

由于以上缺陷，直流耐压试验不能达到我们所期望的检验效果，因此必须用交流耐压试验来考核交联电缆的敷设和附件的安装质量。有以下几种交流试验的方法可供选择：

（1）超低频0.1Hz耐压试验。因被试XLPE电缆的电容量很大，工频试验时所需试验变压器的容量也要很大，导致试验设备笨重而不适用于现场使用。采用0.1Hz作为试验电源，理论上可以将试验变压器的容量降低到1/500，试验变压器的质量可大大降低，可以较容易地移动到现场进行试验。目前，此种方法主要应用于中低压电缆的试验，由于电压等级偏低，还不能用于110kV及以上的高压电缆试验。

（2）振荡电压试验。振荡电压试验是用直流电源给电缆充电，然后通过一个放电球隙给一组串联电阻和电抗放电，得到一个阻尼振荡电压。此种方法比直流耐压试验方法有效，但仍不如工频试验有效。

（3）工频电压试验。采用JTBCX变频谐振仪。在天气晴朗、环境温度20℃的条件下，对旁路电缆（YJRV，8.7/10kV，35mm，长约150m）进行了交流耐压试验。试验记录见表2-18-9。

表2-18-9　　　　交流耐压试验数据汇总表

相别		黄相	绿相	红相
交流	电压（kV）	12.5	12.5	12.5
	电流（A）	0.157	0.158	0.157
	频率（Hz）	46.2	46.2	46.2
	时间（min）	3	3	3
	结果	合格	合格	合格

表2-18-9中交流耐压试验值12.5kV（3min）仅为证明性试验值，预防性试验值应取1.6U_0（14kV，5min）。另外，该10kV旁路电缆在出厂验收时，应经以下电气试验合格：电缆容许电流190A（环境温度40℃、有日照）；电缆终端头容许电流200A；工频耐压30.5kV/5min；工频局放（13kV）小于10pC。

四、旁路开关作用

1. 旁路电缆搭接过程中电容性充电电流的影响

线路的电容电流取决于线路长度、线间距离、导线类型与截面、线路电压等级等因素。10kV配电网的电压等级较低，其电容电流往往被作业人员所忽视。

此电弧对操作者有以下3方面的影响：

（1）操作者对电容电流估计不足，造成心理恐慌而引发二次事故；

（2）电弧可能击穿、灼烧绝缘手套，造成危险；

（3）由于绝缘服一般为可燃材料，可能引起绝缘服起火而造成危险。

旁路作业中，由于旁路电缆本身的电容效应比较大，而且是与主干线平行敷设的，在主干线的静电感应作用下，电缆上感应有异种电荷。在搭接时主干线首先要提供一个电流来中和这些异种电荷，所以旁路电缆在搭接时的电容电流会更大。在旁路作业中，为了避免电容电流对作业人员造成伤害，首先将电缆线路在结构上分成几部分：12m长的高压引下线和50m一段的主电缆，利用开关将整个旁路回路连接在一起。搭接旁路时和主干线发生关系的只是12m长的高压引下线，从而避免发生拉弧现象，最后利用开关来接通旁路回路，此时电弧在开关中产生和熄灭，达到保护作业人员的安全。

2. 转移负荷时的相位问题

如果不采用旁路开关，在一端已搭接架空主导线的情况下，如果搭接另一端时相位错误，不但会造成相间短路事故，而且短路引起的强烈电弧会严重影响到工作人员的生命安全与设备安全。

第三节 10kV架空配电线路旁路综合性作业现场标准化作业指导书

编号：DDZY/×××

旁路综合性作业

10kV×××线××杆～××杆带负荷更换架空导线❶

编写：________ ________年______月______日

审核：________ ________年______月______日

批准：________年______月______日

作业负责人：________

作业时间：____年___月___日___时至____年___月___日___时

××供电公司×××

❶ 装置说明：线路为裸导线，装置为三角排列；工作区段为2个档距，两端均已开断的耐张杆。

1 范围

本现场标准化作业指导书针对“10kV××线××杆～××杆”使用绝缘斗臂车绝缘手套作业法“带负荷更换架空导线”工作编写而成，仅适用于该项工作。

2 引用文件

下列文件中的条款通过本作业指导书的引用而成为本作业指导书的条款。

GB 50173—1992《电气装置安装工程 35kV 及以下架空电力线路施工及验收规范》

GB/T 18857—2003《配电线路带电作业技术导则》

GB/T 2900.55—2002《作业人员术语 带电作业》

DL 409—1991《电业安全工作规程（电力线路部分）》

DL/T 601—1996《架空绝缘配电线路设计技术规程》

DL/T 602—1996《架空绝缘配电线路施工及验收规程》

《国家电网公司电力安全工作规程（线路部分）》

2007《国家电网公司带电作业工作管理规定（试行）》

2004.9《现场标准化作业指导书编制导则》（国家电网公司）

3 前期准备

3.1 作业人员

3.1.1 作业人员要求

√	序号	责任人	资质	人数
	1	工作负责人（监护人）	应具有配电线路带电作业资格，并具备3年以上的配电带电作业实际工作经验，熟悉设备状况，有一定组织能力和事故处理能力，并经工作负责人的专门培训，考试合格	1
	2	专责监护人	应具有配电线路带电作业资格，并具备3年以上的配电带电作业实际工作经验，熟悉设备状况，有一定组织能力和事故处理能力，并经工作负责人的专门培训，考试合格	2
	3	斗内1号作业人员	应通过10kV架空配电线路带电作业专项培训，考试合格并持有上岗证	2
	4	斗内2号作业人员	应通过10kV架空配电线路带电作业专项培训，考试合格并持有上岗证	2
	5	地面作业人员	应通过10kV架空配电线路带电作业专项培训，考试合格并持有上岗证	7

3.1.2 作业人员分工

√	序号	责 任 人	分 工	责任人签名
	1	×××	工作负责人（监护人）	
	2	×××	1号作业点专责监护人	
	3	×××	2号作业点专责监护人	
	4	×××	1号车斗内1号作业人员	
	5	×××	1号车斗内2号作业人员	
	6	×××	2号车斗内1号作业人员	
	7	×××	2号车斗内2号作业人员	
	8	×××	地面作业人员	
	9	×××	地面作业人员	
	10	×××	地面作业人员	
	11	×××	地面作业人员	
	12	×××	地面作业人员	
	13	×××	地面作业人员	
	14	×××	地面作业人员	

3.2 工器具

出库时应对工器具进行外观检查，并确定是在合格的试验周期内。

3.2.1 个人安全防护用具

√	序号	名 称	规格/编号	单位	数量	备注
	1	绝缘安全帽		顶/人	1	
	2	绝缘披肩（或绝缘服）		件	4	
	3	绝缘手套（带防护手套）		副	4	
	4	绝缘安全带		根	4	
	5	普通安全带		根	2	

3.2.2 常备器具

√	序号	名 称	规格/编号	单位	数量	备注
	1	防潮垫		块	1	
	2	绝缘电阻测试仪	2500V	台	1	
	3	风速仪		只	1	
	4	温度、湿度计		只	1	
	5	对讲机		部	2	
	6	安全遮栏、安全围绳、标示牌		副	若干	
	7	干燥清洁布		块	若干	

3.2.3 绝缘遮蔽工具

√	序号	名　　称	规格/编号	单位	数量	备注
	1	绝缘毯		块	若干	
	2	绝缘夹		只	若干	
	3	绝缘护线管	2.5m	根	12	

3.2.4 绝缘工具

√	序号	名　　称	规格/编号	单位	数量	备注
	1	绝缘斗臂车		辆	2	
	2	绝缘短绳	1.5m	根	6	
	3	绝缘吊绳	15m	根	2	

3.2.5 专用设备

√	序号	名　　称	规格/编号	单位	数量	备　　注
	1	旁路电缆	YJRV8.7/15	根	6	黄、绿、红各2根
	2	旁路辅助电缆	HCV8.7/15	根	6	黄、绿、红各2根
	3	高压引下电缆	HCV8.7/15	根	6	黄、绿、红各2根
	4	中间接头		只	9	
	5	滑轮		箱	2	每箱25只
	6	连接绳	2m	盘	2	每盘25根
	7	蚕丝牵引绳	100m	根	2	
	8	可调连接绳	2m	根	2	
	9	电缆牵引工具（牵头用）		套	1	
	10	电缆牵引工具（中间用）		套	1	
	11	电缆送出轮		只	3	
	12	导入轮		只	1	
	13	导入轮支撑		套	1	
	14	输送绳	100m	套	2	每套含万向接头4只、输送绳缆盘和固定支架
	15	固定工具（地上用）		套	1	
	16	固定工具（杆上用）		套	1	作业起始杆用
	17	紧线工具		套	1	作业终端杆用，含杆上固定支架和紧线器
	18	缆盘固定支架		只	3	

续表

√	序号	名　　称	规格/编号	单位	数量	备　　注
	19	余缆支架		只	2	
	20	电缆带		根	12	
	21	旁路开关		台	2	
	22	接地线		根	2	开关外壳接地
	23	专用绝缘操作杆		根	2	

3.2.6 工器具

√	序号	名　　称	规格/编号	单位	数量	备　　注
	1	钳形电流表		只	1	
	2	核相仪		只	1	
	3	卷扬机		台	1	
	4	个人工具		套/人	1	
	5	电动扳手		把	2	
	6	一字螺钉旋具		把	2	
	7	脚扣		副	2	

4 作业程序

4.1 开工准备

<table>
<tr><th>√</th><th>序号</th><th>作业内容</th><th>步骤及要求</th><th>危险点控制措施、注意事项</th></tr>
<tr><td rowspan="5"></td><td rowspan="5">1</td><td rowspan="5">工作负责人现场复勘</td><td>工作负责人核对工作线路双重命名、杆号</td><td></td></tr>
<tr><td>工作负责人检查环境是否符合作业要求</td><td></td></tr>
<tr><td>工作负责人检查线路装置是否具备带电作业条件</td><td>确认工作区段两端应均为耐张装置</td></tr>
<tr><td>工作负责人检查气象条件</td><td>1. 天气应晴好，无雷、雨、雪、雾；
2. 气温：−5～35℃；
3. 风力：＜5级；
4. 空气相对湿度：＜80%</td></tr>
<tr><td>检查工作票所列安全措施是否齐全，必要时在工作票上补充安全技术措施</td><td></td></tr>
<tr><td></td><td>2</td><td>工作负责人执行工作许可制度</td><td>工作负责人与调度联系，获得调度工作许可，确认线路重合闸已停用</td><td></td></tr>
</table>

续表

√	序号	作业内容	步骤及要求	危险点控制措施、注意事项
	3	工作负责人召开现场站班会	工作负责人宣读工作票	
			工作负责人检查工作班组成员精神状态、交代工作任务进行分工、交代工作中的安全措施和技术措施	工作班成员应佩戴袖标
			工作负责人检查班组各成员对工作任务分工、工作中的安全措施和技术措施是否明确	
			班组各成员在工作票和作业卡上签名确认	
	4	布置工作现场	工作现场设置安全护栏、作业标志和相关警示标志	
	5	斗臂车操作人员停放绝缘斗臂车	斗臂车操作人员将1号、2号绝缘斗臂车分别停放到最佳位置	1. 应便于绝缘斗臂车工作斗到达作业位置，避开附近电力线和障碍物； 2. 避免停放在沟道盖板上； 3. 软土地面应使用垫块或枕木，垫放时垫板重叠不超过2块，呈45°角； 4. 停放位置如为坡地，停放位置坡度不大于7°，绝缘斗臂车车头应朝下坡方向停放
			1号、2号斗臂车操作人员操作绝缘斗臂车，支腿	1. 支腿顺序应正确：H形支腿的车型应先伸出水平支腿，再伸出垂直支腿； 2. 在坡地停放，应先支前支腿，后支后支腿； 3. 支撑应到位，车辆前后、左右呈水平；H形支腿的车型四轮应离地。坡地停放调整水平后，车辆前后高度应不大于3°
			1号、2号斗臂车操作人员将绝缘斗臂车可靠接地	临时接地体埋深应不少于0.6m
	6	工作负责人组织班组成员检查工器具	班组成员按要求将绝缘工器具摆放在防潮垫（毯）上	1. 防潮垫（毯）应清洁、干燥； 2. 绝缘工器具不能与金属工具、材料混放
			班组成员对绝缘工器具进行外观检查，绝缘工器具应不变形损坏，操作灵活，测量准确；个人安全防护用具和遮蔽、隔离用具应无针孔、砂眼、裂纹；对绝缘安全带、普通安全带、脚扣进行表面检查，并作冲击试验	检查人员应戴清洁、干燥的手套
			使用绝缘电阻测试仪对绝缘工器具进行表面绝缘电阻检测：阻值不得低于700MΩ	1. 正确使用绝缘电阻测试仪； 2. 测量电极应符合规程要求

续表

√	序号	作业内容	步骤及要求	危险点控制措施、注意事项
	7	绝缘斗臂车操作人员检查绝缘斗臂车	检查绝缘斗臂车表面状况：绝缘部分应清洁、无裂纹损伤	
			进行试操作，试操作时间不少于5min，应有回转、升降、伸缩的过程，确认液压、机械、电气系统正常可靠，制动装置可靠	试操作必须空斗进行
	8	斗内作业人员进入绝缘斗臂车工作斗	斗内作业人员穿戴个人安全防护用具	应戴好绝缘帽、绝缘手套等个人安全防护用具
			斗内作业人员携带工器具进入工作斗，将工器具分类放置在斗中和工具袋中	金属材料、化学物品、金属部分超出工作斗的绝缘工器具禁止带入工作斗
			斗内作业人员系好绝缘安全带	应系在斗内专用挂钩上

4.2 作业过程

√	序号	作业内容	步骤及要求	危险点控制措施、注意事项
	1	安装旁路电缆敷设支架	1号作业点（作业起始杆）作业人员安装杆上固定工具。 安装高度：4.5m左右	1. 安装敷设支架时应注意杆上人员与带电体之间保持足够的距离； 2. 防止高空落物
			2号作业点（作业终端杆）作业人员安装紧线工具和输送绳缆盘固定支架。 安装高度：5m左右（若跨越道路，则安装高度按有关规定适当增高）	1. 安装敷设支架时应注意杆上人员与带电体之间保持足够的距离； 2. 防止高空落物
	2	连接固定和收紧输送绳	地面作业人员和斗内作业人员配合连接固定和收紧输送绳	在连接输送绳时应检查万向接头螺纹和输送绳有无磨损以防牵引电缆时断落
	3	施放旁路电缆	牵引电缆	1. 牵引速度应均匀； 2. 电缆不得与地面或其他硬物摩擦； 3. 牵引时，电缆不得受力
	4	安装旁路开关和余缆支架	1号作业点作业人员在电杆上安装1号旁路开关和余缆支架，并将开关外壳接地。 安装高度：开关比输送绳高1～1.5m；余缆支架比开关低0.5m左右	1. 安装敷设支架时应注意杆上人员与带电体之间保持足够的距离； 2. 防止高空落物
			2号作业点作业人员在电杆上安装2号旁路开关和余缆支架，并将开关外壳接地。 安装高度：开关比输送绳高1～1.5m；余缆支架比开关低0.5m左右	1. 安装敷设支架时应注意杆上人员与带电体之间保持足够的距离； 2. 防止高空落物

续表

√	序号	作 业 内 容	步骤及要求	危险点控制措施、注意事项
	5	安装旁路辅助电缆和高压引下线	1号作业点作业人员将旁路辅助电缆和高压引下线安装到1号旁路开关接口，并将旁路辅助电缆和旁路电缆接续	1. 同一相的旁路辅助电缆、高压引下线和旁路电缆色标应一致； 2. 旁路开关在传递及安装过程应注意不能磕碰，防止杂物进入接口，接口连接可靠； 3. 余缆应用电缆带扎好，固定可靠，防止散落
			2号作业点作业人员将旁路辅助电缆和高压引下线安装到2号旁路开关接口，并将旁路辅助电缆和旁路电缆接续	1. 同一相的旁路辅助电缆、高压引下线和旁路电缆色标应一致； 2. 旁路开关在传递及安装过程应注意不能磕碰，防止杂物进入接口，接口连接可靠； 3. 余缆应用电缆带扎好，固定可靠，防止散落
	6	固定1号作业点的1号旁路开关高压引下线	斗内2号作业人员转移工作斗配合斗内1号作业人员在（装置作业范围外侧）架空导线上设置绝缘遮蔽措施。 顺序为：先内边相、再外边相、最后中间相	1. 斗内作业人员应戴绝缘手套，并注意动作幅度，保持足够的安全距离； 2. 绝缘遮蔽措施应严密、牢固，绝缘材料的结合部位应有15cm的重叠部分
			斗内1号作业人员用绝缘短绳将高压引下线固定在主干线中间相的合适位置（作业范围外侧）。 顺序为：先中间相、再外边相、最后中间相	1.3根高压引下线端部的金属部分之间应有足够的距离； 2. 高压引下线端部的金属部分与架空导线间应有足够的距离
	7	固定2号作业点的2号旁路开关高压引下线	斗内2号作业人员转移工作斗配合斗内1号作业人员在（装置作业范围外侧）架空导线上设置绝缘遮蔽措施。 顺序为：先内边相、再外边相、最后中间相	1. 斗内作业人员应戴绝缘手套，并注意动作幅度，保持足够的安全距离； 2. 绝缘遮蔽措施应严密、牢固，绝缘材料的结合部位应有15cm的重叠部分
			斗内1号作业人员用绝缘短绳将高压引下线固定在主干线中间相的合适位置（作业范围外侧）。 顺序为：先中间相、再外边相、最后中间相	1.3根高压引下线端部的金属部分之间应有足够的距离； 2. 高压引下线端部的金属部分与架空导线间应有足够的距离

续表

√	序号	作业内容	步骤及要求	危险点控制措施、注意事项
	8	配合高压电气试验班对旁路回路工频耐压试验、直流电阻测试	合上1号、2号旁路开关，短接1号作业点三相高压引下线	作业人员应与带电体保持足够的作业安全距离
			试验： 1. 工频耐压12kV/3min，无击穿发热现象； 2. 直流电阻与历次比较无显著变化	工作负责人指挥作业班人员协同看护试验区域，严禁无关人员进入试验现场
			电试班工作人员对旁路回路进行放电	应确保旁路电缆充分放电，防止存储的电荷对带电班作业人员造成电击
			拉开1号、2号旁路开关并确认，拆除1号作业点三相高压引下线的短接线	1. 作业人员应与带电体保持足够的作业安全距离； 2. 应确保旁路开关已拉开，防止搭接时空载电流拉弧
	9	搭接1号作业点处的高压引下线	斗内2号作业人员配合1号作业人员使用专用操作杆搭接中间相高压引下线。 搭接位置：作业范围外侧	1. 作业人员应与地电位物体保持足够的作业安全距离； 2. 高压引下线色标与主干线色标对应； 3. 主导线搭接部位及高压引下线线夹应清除氧化膜和脏污，避免接触电阻大，旁通时发热
			斗内2号作业人员配合1号作业人员使用专用操作杆搭接外边相高压引下线。 搭接位置：作业范围外侧	1. 作业人员应与地电位物体保持足够的作业安全距离； 2. 高压引下线色标与主干线色标对应； 3. 主导线搭接部位及高压引下线线夹应清除氧化膜和脏污，避免接触电阻大，旁通时发热
			斗内2号作业人员配合1号作业人员使用专用操作杆搭接内边相高压引下线。 搭接位置：作业范围外侧	1. 作业人员应与地电位物体保持足够的作业安全距离； 2. 高压引下线色标与主干线色标对应； 3. 主导线搭接部位及高压引下线线夹应清除氧化膜和脏污，避免接触电阻大，旁通时发热
	10	搭接2号作业点处的高压引下线	斗内2号作业人员配合1号作业人员使用专用操作杆搭接中间相高压引下线。 搭接位置：作业范围外侧	1. 作业人员应与地电位物体保持足够的作业安全距离； 2. 高压引下线色标应与主干线色标对应； 3. 主导线搭接部位及高压引下线线夹应清除氧化膜和脏污，避免接触电阻大，旁通时发热

续表

√	序号	作业内容	步骤及要求	危险点控制措施、注意事项
	10	搭接2号作业点处的高压引下线	斗内2号作业人员配合1号作业人员使用专用操作杆搭接外边相高压引下线。 搭接位置：作业范围外侧	1. 作业人员应与地电位物体保持足够的作业安全距离； 2. 高压引下线色标应与主干线色标对应； 3. 主导线搭接部位及高压引下线线夹应清除氧化膜和脏污，避免接触电阻大，旁通时发热
			斗内2号作业人员配合1号作业人员使用专用操作杆搭接内边相高压引下线。 搭接位置：作业范围外侧	1. 作业人员应与地电位物体保持足够的作业安全距离； 2. 高压引下线色标应与主干线色标对应； 3. 主导线搭接部位及高压引下线线夹应清除氧化膜和脏污，避免接触电阻大，旁通时发热
	11	合上1号作业点的1号旁路开关	斗内1号作业人员合上1号旁路开关，并确认	作业人员应与带电体保持足够的作业安全距离
	12	合上2号作业点的2号旁路开关	斗内1号作业人员使用核相仪核对2号旁路开关两侧的相位	作业人员应与带电体保持足够的作业安全距离
			斗内1号作业人员合上2号旁路开关，并确认	作业人员应与带电体保持足够的作业安全距离
			斗内1号作业人员使用钳形电流表检测旁路回路分流情况	作业人员应与地电位物体保持足够的作业安全距离
	13	拆除2号作业点处主干线跳线	斗内2号作业人员转移工作斗，斗内1号工作人员在内边相装置两侧按照“先跳线、再耐张绝缘子、最后横担”的顺序设置绝缘遮蔽措施	1. 斗内1号作业人员在设置绝缘遮蔽措施时，应戴绝缘手套，并注意动作幅度，保持足够的安全距离（对地电位物体大于0.4m，对邻相导体大于0.6m）； 2. 绝缘措施应严密、牢固，遮蔽材料接合部位应有15cm重叠部分； 3. 防止高空落物
			斗内2号作业人员转移工作斗，斗内1号工作人员在外边相装置两侧按照“先跳线、再耐张绝缘子、最后横担”的顺序设置绝缘遮蔽措施	1. 斗内1号作业人员在设置绝缘遮蔽措施时，应戴绝缘手套，并注意动作幅度，保持足够的安全距离（对地电位物体大于0.4m，对邻相导体大于0.6m）； 2. 绝缘措施应严密、牢固，遮蔽材料接合部位应有15cm重叠部分； 3. 防止高空落物
			斗内2号作业人员转移工作斗，斗内1号工作人员在中间相装置两侧按照“先跳线、再耐张绝缘子、最后顶相抱箍”的顺序设置绝缘遮蔽措施	1. 斗内1号作业人员在设置绝缘遮蔽措施时，应戴绝缘手套，并注意动作幅度，保持足够的安全距离（对地电位物体大于0.4m，对邻相导体大于0.6m）； 2. 绝缘措施应严密、牢固，遮蔽材料接合部位应有15cm重叠部分； 3. 防止高空落物

续表

√	序号	作业内容	步骤及要求	危险点控制措施、注意事项
	13	拆除2号作业点处主干线跳线	斗内2号作业人员转移工作斗，斗内1号工作人员拆卸外边相跳线，并将裸露部分进行绝缘遮蔽。 拆卸点：主导线作业范围内侧。 导线固定位置：主导线	1. 斗内1号作业人员应戴绝缘手套，并注意动作幅度，保持足够的安全距离（对地电位物体大于0.4m，对邻相导体大于0.6m）； 2. 绝缘措施应严密、牢固，遮蔽材料接合部位应有15cm重叠部分； 3. 防止高空落物
			斗内2号作业人员转移工作斗，斗内1号工作人员拆卸内边相跳线，并将裸露部分进行绝缘遮蔽。 拆卸点：主导线作业范围内侧。 导线固定位置：主导线	1. 斗内1号作业人员应戴绝缘手套，并注意动作幅度，保持足够的安全距离（对地电位物体大于0.4m，对邻相导体大于0.6m）； 2. 绝缘措施应严密、牢固，遮蔽材料接合部位应有15cm重叠部分； 3. 防止高空落物
			斗内2号作业人员转移工作斗，斗内1号工作人员拆卸中间相跳线，并将裸露部分进行绝缘遮蔽。 拆卸点：主导线作业范围内侧。 导线固定位置：主导线	1. 斗内1号作业人员应戴绝缘手套，并注意动作幅度，保持足够的安全距离（对地电位物体大于0.4m，对邻相导体大于0.6m）； 2. 绝缘措施应严密、牢固，遮蔽材料接合部位应有15cm重叠部分； 3. 防止高空落物
	14	拆除1号作业点处主干线跳线	斗内2号作业人员转移工作斗，斗内1号工作人员在内边相装置两侧按照“先跳线、再耐张绝缘子、最后横担”的顺序设置绝缘遮蔽措施	1. 斗内1号作业人员在设置绝缘遮蔽措施时，应戴绝缘手套，并注意动作幅度，保持足够的安全距离（对地电位物体大于0.4m，对邻相导体大于0.6m）； 2. 绝缘措施应严密、牢固，遮蔽材料接合部位应有15cm重叠部分； 3. 防止高空落物
			斗内2号作业人员转移工作斗，斗内1号工作人员在外边相装置两侧按照“先跳线、再耐张绝缘子、最后横担”的顺序设置绝缘遮蔽措施	1. 斗内1号作业人员在设置绝缘遮蔽措施时，应戴绝缘手套，并注意动作幅度，保持足够的安全距离（对地电位物体大于0.4m，对邻相导体大于0.6m）； 2. 绝缘措施应严密、牢固，遮蔽材料接合部位应有15cm重叠部分； 3. 防止高空落物
			斗内2号作业人员转移工作斗，斗内1号工作人员在中间相装置两侧按照“先跳线、再耐张绝缘子、最后顶相抱箍”的顺序设置绝缘遮蔽措施	1. 斗内1号作业人员在设置绝缘遮蔽措施时，应戴绝缘手套，并注意动作幅度，保持足够的安全距离（对地电位物体大于0.4m，对邻相导体大于0.6m）； 2. 绝缘措施应严密、牢固，遮蔽材料接合部位应有15cm重叠部分； 3. 防止高空落物

续表

√	序号	作业内容	步骤及要求	危险点控制措施、注意事项
	14	拆除1号作业点处主干线跳线	斗内2号作业人员转移工作斗，斗内1号工作人员拆卸外边相跳线，并将裸露部分进行绝缘遮蔽。 拆卸点：主导线作业范围内侧。 导线固定位置：主导线	1. 斗内1号作业人员应戴绝缘手套，并注意动作幅度，保持足够的安全距离（对地电位物体大于0.4m，对邻相导体大于0.6m）； 2. 绝缘措施应严密、牢固，遮蔽材料接合部位应有15cm重叠部分； 3. 防止高空落物
			斗内2号作业人员转移工作斗，斗内1号工作人员拆卸内边相跳线，并将裸露部分进行绝缘遮蔽。 拆卸点：主导线作业范围内侧。 导线固定位置：主导线	1. 斗内1号作业人员应戴绝缘手套，并注意动作幅度，保持足够的安全距离（对地电位物体大于0.4m，对邻相导体大于0.6m）； 2. 绝缘措施应严密、牢固，遮蔽材料接合部位应有15cm重叠部分； 3. 防止高空落物
			斗内2号作业人员转移工作斗，斗内1号工作人员拆卸中间相跳线，并将裸露部分进行绝缘遮蔽。 拆卸点：主导线作业范围内侧。 导线固定位置：主导线	1. 斗内1号作业人员应戴绝缘手套，并注意动作幅度，保持足够的安全距离（对地电位物体大于0.4m，对邻相导体大于0.6m）； 2. 绝缘措施应严密、牢固，遮蔽材料接合部位应有15cm重叠部分； 3. 防止高空落物
	15	撤除已脱离电源作业段的绝缘遮蔽措施	1号作业点，斗内作业人员拆除需更换导线侧的绝缘遮蔽措施	1. 斗内作业人员注意与带电侧保持足够的注意安全距离； 2. 防止高空落物
			2号作业点，斗内作业人员拆除需更换导线侧的绝缘遮蔽措施	1. 斗内作业人员注意与带电侧保持足够的注意安全距离； 2. 防止高空落物
	16	配合线路检修班更换导线	工作负责人对作业进行阶段性验收	带电侧绝缘遮蔽措施应严密、牢固
			配合线路班对停电线路进行检修	
			导线更换完毕，应确认线路无接地情况	
	17	恢复、补充1号、2号作业点处的绝缘遮蔽措施	1号作业点，斗内作业人员对已更换的三相线路的耐张绝缘子和横担设置绝缘遮蔽措施	1. 斗内作业人员注意与带电侧保持足够的注意安全距离； 2. 防止高空落物
			2号作业点，斗内作业人员对已更换的三相线路及其耐张绝缘子和横担设置绝缘遮蔽措施	1. 斗内作业人员注意与带电侧保持足够的注意安全距离； 2. 防止高空落物

续表

√	序号	作业内容	步骤及要求	危险点控制措施、注意事项
	18	恢复1号作业点处的跳线	搭接中间相跳线，并固定	斗内作业人员应戴绝缘手套，并注意动作幅度，保持足够的安全距离
			恢复跳线上的绝缘遮蔽措施	1. 斗内1号作业人员应戴绝缘手套，并注意动作幅度，保持足够的安全距离（对地电位物体大于0.4m，对邻相导体大于0.6m）； 2. 绝缘措施应严密、牢固，遮蔽材料接合部位应有15cm重叠部分； 3. 防止高空落物
			搭接外边相跳线，并固定	斗内作业人员应戴绝缘手套，并注意动作幅度，保持足够的安全距离
			恢复跳线上的绝缘遮蔽措施	1. 斗内1号作业人员应戴绝缘手套，并注意动作幅度，保持足够的安全距离（对地电位物体大于0.4m，对邻相导体大于0.6m）； 2. 绝缘措施应严密、牢固，遮蔽材料接合部位应有15cm重叠部分； 3. 防止高空落物
			搭接内边相跳线，并固定	斗内作业人员应戴绝缘手套，并注意动作幅度，保持足够的安全距离
			恢复跳线上的绝缘遮蔽措施	1. 斗内1号作业人员应戴绝缘手套，并注意动作幅度，保持足够的安全距离（对地电位物体大于0.4m，对邻相导体大于0.6m）； 2. 绝缘措施应严密、牢固，遮蔽材料接合部位应有15cm重叠部分； 3. 防止高空落物
	19	恢复2号作业点处的跳线	搭接中间相跳线，并固定	斗内作业人员应戴绝缘手套，并注意动作幅度，保持足够的安全距离
			恢复跳线上的绝缘遮蔽措施	1. 斗内1号作业人员应戴绝缘手套，并注意动作幅度，保持足够的安全距离（对地电位物体大于0.4m，对邻相导体大于0.6m）； 2. 绝缘措施应严密、牢固，遮蔽材料接合部位应有15cm重叠部分； 3. 防止高空落物
			搭接外边相跳线，并固定	斗内作业人员应戴绝缘手套，并注意动作幅度，保持足够的安全距离
			恢复跳线上的绝缘遮蔽措施	1. 斗内1号作业人员应戴绝缘手套，并注意动作幅度，保持足够的安全距离（对地电位物体大于0.4m，对邻相导体大于0.6m）； 2. 绝缘措施应严密、牢固，遮蔽材料接合部位应有15cm重叠部分； 3. 防止高空落物
			搭接内边相跳线，并固定	斗内作业人员应戴绝缘手套，并注意动作幅度，保持足够的安全距离

续表

√	序号	作业内容	步骤及要求	危险点控制措施、注意事项
	19	恢复2号作业点处的跳线	恢复跳线上的绝缘遮蔽措施	1. 斗内1号作业人员应戴绝缘手套，并注意动作幅度，保持足够的安全距离（对地电位物体大于0.4m，对邻相导体大于0.6m）； 2. 绝缘措施应严密、牢固，遮蔽材料接合部位应有15cm重叠部分； 3. 防止高空落物
	20	断开旁路回路	2号作业点，斗内1号作业人员拉开2号旁路开关，并确认	
			1号作业点，斗内1号作业人员拉开1号旁路开关，并确认	使用钳形电流表检测旁路回路应无电流，避免带负荷拆高压引下线
	21	拆除2号工作点的高压引下线	斗内2号作业人员转移工作斗，斗内1号作业人员使用专用操作杆拆除中间相高压引下线	1. 斗内1号作业人员应戴绝缘手套，并注意动作幅度，保持足够的安全距离（对地电位物体大于0.4m，对邻相导体大于0.6m）； 2. 高压引下线拆卸后应妥善放置在余缆支架上
			斗内2号作业人员转移工作斗，斗内1号作业人员使用专用操作杆拆除外边相高压引下线	1. 斗内1号作业人员应戴绝缘手套，并注意动作幅度，保持足够的安全距离（对地电位物体大于0.4m，对邻相导体大于0.6m）； 2. 高压引下线拆卸后应妥善放置在余缆支架上
			斗内2号作业人员转移工作斗，斗内1号作业人员使用专用操作杆拆除内边相高压引下线	1. 斗内1号作业人员应戴绝缘手套，并注意动作幅度，保持足够的安全距离（对地电位物体大于0.4m，对邻相导体大于0.6m）； 2. 高压引下线拆卸后应妥善放置在余缆支架上
	22	拆除1号工作点的高压引下线	斗内2号作业人员转移工作斗，斗内1号作业人员使用专用操作杆拆除中间相高压引下线	1. 斗内1号作业人员应戴绝缘手套，并注意动作幅度，保持足够的安全距离（对地电位物体大于0.4m，对邻相导体大于0.6m）； 2. 高压引下线拆卸后应妥善放置在余缆支架上
			斗内2号作业人员转移工作斗，斗内1号作业人员使用专用操作杆拆除外边相高压引下线	1. 斗内1号作业人员应戴绝缘手套，并注意动作幅度，保持足够的安全距离（对地电位物体大于0.4m，对邻相导体大于0.6m）； 2. 高压引下线拆卸后应妥善放置在余缆支架上
			斗内2号作业人员转移工作斗，斗内1号作业人员使用专用操作杆拆除内边相高压引下线	1. 斗内1号作业人员应戴绝缘手套，并注意动作幅度，保持足够的安全距离（对地电位物体大于0.4m，对邻相导体大于0.6m）； 2. 高压引下线拆卸后应妥善放置在余缆支架上

续表

√	序号	作业内容	步骤及要求	危险点控制措施、注意事项
	23	撤除1号工作点绝缘遮蔽措施	斗内2号作业人员转移工作斗，斗内1号作业人员拆除中间相的绝缘遮蔽措施。 顺序为：先顶相抱箍、耐张绝缘子、再跳线、最后主导线	1. 斗内1号作业人员应戴绝缘手套，并注意动作幅度，保持足够的安全距离（对地电位物体大于0.4m，对邻相导体大于0.6m）； 2. 防止高空落物
			斗内2号作业人员转移工作斗，斗内1号作业人员拆除外边相的绝缘遮蔽措施。 顺序为：先横担、耐张绝缘子、再跳线、最后主导线	1. 斗内1号作业人员应戴绝缘手套，并注意动作幅度，保持足够的安全距离（对地电位物体大于0.4m，对邻相导体大于0.6m）； 2. 防止高空落物
			斗内2号作业人员转移工作斗，斗内1号作业人员拆除内边相的绝缘遮蔽措施。 顺序为：先横担、耐张绝缘子、再跳线、最后主导线	1. 斗内1号作业人员应戴绝缘手套，并注意动作幅度，保持足够的安全距离（对地电位物体大于0.4m，对邻相导体大于0.6m）； 2. 防止高空落物
	24	撤除2号工作点绝缘遮蔽措施	斗内2号作业人员转移工作斗，斗内1号作业人员拆除中间相的绝缘遮蔽措施。 顺序为：先顶相抱箍、耐张绝缘子、再跳线、最后主导线	1. 斗内1号作业人员应戴绝缘手套，并注意动作幅度，保持足够的安全距离（对地电位物体大于0.4m，对邻相导体大于0.6m）； 2. 防止高空落物
			斗内2号作业人员转移工作斗，斗内1号作业人员拆除外边相的绝缘遮蔽措施。 顺序为：先横担、耐张绝缘子、再跳线、最后主导线	1. 斗内1号作业人员应戴绝缘手套，并注意动作幅度，保持足够的安全距离（对地电位物体大于0.4m，对邻相导体大于0.6m）； 2. 防止高空落物
			斗内2号作业人员转移工作斗，斗内1号作业人员拆除内边相的绝缘遮蔽措施。 顺序为：先横担、耐张绝缘子、再跳线、最后主导线	1. 斗内1号作业人员应戴绝缘手套，并注意动作幅度，保持足够的安全距离（对地电位物体大于0.4m，对邻相导体大于0.6m）； 2. 防止高空落物
	25	放电	对旁路电缆进行放电，放电次数不少于2次	放电应充分，避免电缆电容储存电荷，在斗内作业人员串入不同相电缆或电缆与地的回路中受到电击，避免地面作业人员收回电缆时受到电击
	26	拆除1号、2号作业点高压引下线和旁路辅助电缆设备	各工作点的斗内作业人员将高压引下线和旁路辅助电缆从开关上拆除	1. 斗内作业人员应并注意动作幅度，保持与带电体间有足够的安全距离（0.4m）； 2. 防止灰尘进入引下线和辅助电缆接口，及时用保护罩保护； 3. 防止高空落物
	27	拆除旁路开关和余缆支架	各工作点的斗内作业人员拆除1号、2号旁路开关和余缆支架	1. 斗内作业人员应并注意动作幅度，保持与带电体间有足够的安全距离（0.4m）； 2. 防止灰尘进入开关接口，及时用保护罩保护； 3. 防止高空落物

续表

√	序号	作业内容	步骤及要求	危险点控制措施、注意事项
	28	收回旁路电缆	牵引电缆	1. 牵引速度应均匀； 2. 电缆不得与地面或其他硬物摩擦，防止灰尘进入接头接口，及时用保护罩保护； 3. 牵引时，电缆不得受力
	29	收回电缆输送绳	地面作业人员和斗内作业人员配合连接固定和收紧输送绳	在连接输送绳时应检查万向接头螺纹和输送绳有无磨损以防牵引电缆时断落
	30	拆除旁路电缆敷设支架	各个作业点作业人员拆除杆上电缆敷设支架	1. 安装敷设支架时应注意杆上人员与带电体之间保持足够的距离； 2. 防止高空落物

4.3 工作结束

√	序号	作业内容	步骤及要求	危险点控制措施、注意事项
	1	工作负责人组织班组成员清理工具和现场	绝缘斗臂车各部件复位，收回绝缘斗臂车支腿	1. 在坡地停放，应先收后支腿，后收前支腿； 2. 支腿收回顺序应正确：H形支腿的车型应先收回垂直支腿，再收回水平支腿
			整理工具、材料，将工器具清洁后放入专用的箱（袋）中，清理现场	
	2	工作负责人办理工作终结	向调度汇报工作结束，并终结工作票	
	3	工作负责人召开收工会		
	4	作业人员撤离现场		

5 验收记录

记录检修中发现的问题	
存在问题及处理意见	

6 现场标准化作业指导书执行情况评估

<table>
<tr><td rowspan="4">评估内容</td><td rowspan="2">符合性</td><td>优</td><td></td><td>可操作项</td><td></td></tr>
<tr><td>良</td><td></td><td>不可操作项</td><td></td></tr>
<tr><td rowspan="2">可操作性</td><td>优</td><td></td><td>修改项</td><td></td></tr>
<tr><td>良</td><td></td><td>遗漏项</td><td></td></tr>
<tr><td>存在问题</td><td colspan="5"></td></tr>
<tr><td>改进意见</td><td colspan="5"></td></tr>
</table>

7 附录

人员岗位与设备分布图如图 2-18-3 所示。

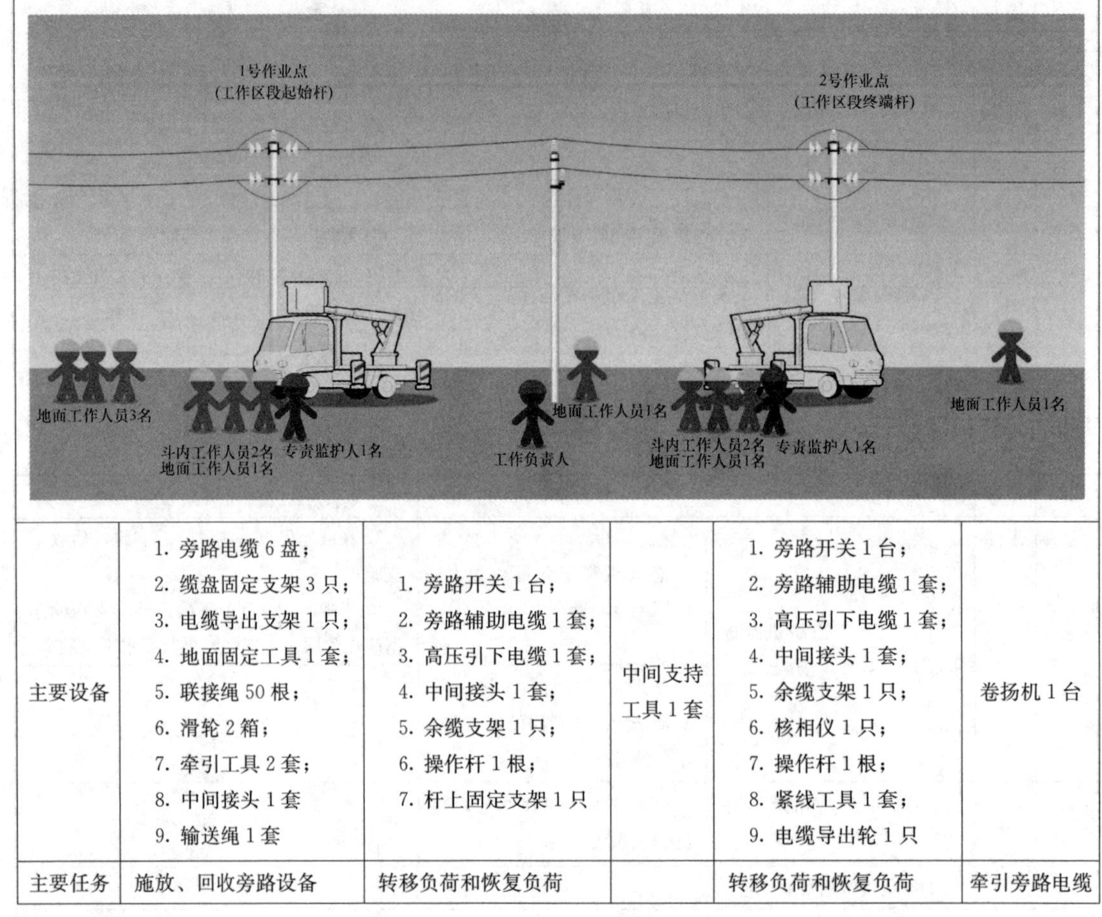

主要设备	1. 旁路电缆6盘； 2. 缆盘固定支架3只； 3. 电缆导出支架1只； 4. 地面固定工具1套； 5. 联接绳50根； 6. 滑轮2箱； 7. 牵引工具2套； 8. 中间接头1套 9. 输送绳1套	1. 旁路开关1台； 2. 旁路辅助电缆1套； 3. 高压引下电缆1套； 4. 中间接头1套； 5. 余缆支架1只； 6. 操作杆1根； 7. 杆上固定支架1只	中间支持工具1套	1. 旁路开关1台； 2. 旁路辅助电缆1套； 3. 高压引下电缆1套； 4. 中间接头1套； 5. 余缆支架1只； 6. 核相仪1只； 7. 操作杆1根； 8. 紧线工具1套； 9. 电缆导出轮1只	卷扬机1台
主要任务	施放、回收旁路设备	转移负荷和恢复负荷		转移负荷和恢复负荷	牵引旁路电缆

图2-18-3 人员岗位与设备分布图

附录1 电力线路带电作业现场勘查单

1. 勘察单位（部门、班组）________________

2. 作业区段（注明线路双重命名及杆号）________________

____

3. 工作任务________________

4. 作业现场简图［应注明邻近、交跨线路和交跨物情况（如河流、道路、高低压线路及通信线、建筑物等，可附照片］

5. 交叉、邻近电力线路情况

线路双重命名	处于施工线路的方位	交叉、邻近距离（m）

编号：__________

6. 交叉、邻近其他线路、道路、河流等情况

线路、道路、河流名称	处于施工线路的方位	交叉、邻近距离（m）

7. 杆塔、拉线基础检查情况

____

____

____

____

8. 其他影响作业安全的情况（结合工作任务填写）

____

____

____

____

9. 装置、设备参数（结合工作任务填写）

____

____

勘察负责人（签名）：____________　　　　勘察时间：____年____月____日

参与勘察人员（签名）：__________

附录 2　电力线路带电作业工作票格式[1]

电力线路带电作业工作票

单位＿＿＿＿＿＿＿＿＿＿＿＿＿＿＿＿＿＿＿＿　编号＿＿＿＿＿＿＿＿＿＿＿

1. 工作负责人（监护人）＿＿＿＿＿＿＿＿＿＿＿　班组＿＿＿＿＿＿＿＿＿＿＿

2. 工作班人员（不包括工作负责人）

＿＿＿＿＿＿＿＿＿＿＿＿＿＿　共＿＿＿＿＿人。

3. 工作任务

线路或设备名称	工作地点、范围	工 作 内 容

4. 计划工作时间：自＿＿＿＿年＿＿＿＿月＿＿＿＿日＿＿＿＿时＿＿＿＿分

至＿＿＿＿年＿＿＿＿月＿＿＿＿日＿＿＿＿时＿＿＿＿分

5. 停用重合闸线路（应写双重命名）

＿＿＿＿＿＿＿＿＿＿＿＿＿＿＿＿＿＿＿＿＿＿＿＿＿＿＿＿＿＿＿＿＿＿＿＿＿＿

＿＿＿＿＿＿＿＿＿＿＿＿＿＿＿＿＿＿＿＿＿＿＿＿＿＿＿＿＿＿＿＿＿＿＿＿＿＿

6. 工作条件（等电位、中间电位或地电位作业，或临近带电设备名称）

＿＿＿＿＿＿＿＿＿＿＿＿＿＿＿＿＿＿＿＿＿＿＿＿＿＿＿＿＿＿＿＿＿＿＿＿＿＿

＿＿＿＿＿＿＿＿＿＿＿＿＿＿＿＿＿＿＿＿＿＿＿＿＿＿＿＿＿＿＿＿＿＿＿＿＿＿

＿＿＿＿＿＿＿＿＿＿＿＿＿＿＿＿＿＿＿＿＿＿＿＿＿＿＿＿＿＿＿＿＿＿＿＿＿＿

＿＿＿＿＿＿＿＿＿＿＿＿＿＿＿＿＿＿＿＿＿＿＿＿＿＿＿＿＿＿＿＿＿＿＿＿＿＿

＿＿＿＿＿＿＿＿＿＿＿＿＿＿＿＿＿＿＿＿＿＿＿＿＿＿＿＿＿＿＿＿＿＿＿＿＿＿

7. 注意事项（安全措施）

＿＿＿＿＿＿＿＿＿＿＿＿＿＿＿＿＿＿＿＿＿＿＿＿＿＿＿＿＿＿＿＿＿＿＿＿＿＿

＿＿＿＿＿＿＿＿＿＿＿＿＿＿＿＿＿＿＿＿＿＿＿＿＿＿＿＿＿＿＿＿＿＿＿＿＿＿

工作票签发人签名：＿＿＿＿＿

签发日期：＿＿＿＿年＿＿＿＿月＿＿＿＿日＿＿＿＿时＿＿＿＿分

8. 确认本工作票 1～7 项　　工作负责人签名：＿＿＿＿

9. 指定＿＿＿＿为专责监护人

专责监护人签名：＿＿＿＿

[1] 引自国家电网公司《电力安全工作规程（线路部分）》。

10. 补充安全措施

____

____

11. 工作许可

调度许可人（联系人）__________

工作负责人签名：________ ________年________月________日________时________分

12. 确认工作负责人布置的任务和本施工项目安全措施，工作班人员签名：

____

____

13. 工作终结汇报调度许可人（联系人）

调度许可人（联系人）__________

工作负责人签名：________ ________年________月________日________时________分

14. 备注

____

附录 3　电力线路带电作业现场标准化作业指导书格式

编号：DDZY/×××

主　　标　　题

副　　标　　题

编写：________　________年______月______日

审核：________　________年______月______日

批准：________　________年______月______日

作业负责人：________

作业时间：____年___月___日___时至____年___月___日___时

××供电公司×××

1 范围

对现场标准化作业卡的应用范围做出具体的规定，应指明装置名称、工作内容、作业方式。如：本现场标准化作业卡针对“10kV××线××杆”使用高架绝缘斗臂车绝缘手套作业法“更换支持绝缘子”工作编写而成，仅适用于该项工作。

2 引用文件

明确编写作业卡所引用的法规、规程、标准、设备说明书及企业管理规定和文件，按标准格式列出。如：“DL 409—1991《电业安全工作规程（电力线路部分）》”。

3 前期准备

3.1 作业人员

规定本次作业中作业人员数量及相关要求。

3.1.1 作业人员要求

√	序号	责任人	资质	人数

3.1.2 作业人员分工

√	序号	责任人	分工	责任人签名

3.1.3 作业中人员岗位分布图

3.2 工器具

3.2.1 个人绝缘防护用具

√	序号	名称	规格/编号	单位	数量	备注

3.2.2 常备器具

√	序号	名称	规格/编号	单位	数量	备注

3.2.3 绝缘遮蔽工具

√	序号	名称	规格/编号	单位	数量	备注

3.2.4 绝缘工具

√	序号	名称	规格/编号	单位	数量	备注

3.2.5 普通工器具

√	序号	名称	规格/编号	单位	数量	备注

3.3 材料

√	序号	名称	规格/编号	单位	数量	备注

4 流程图

5 作业程序和标准

5.1 开工准备

√	序号	作业内容	步骤及要求	危险点及控制措施、注意事项

5.2 作业过程

√	序号	作业内容	步骤及要求	危险点控制措施、注意事项

5.3 工作结束

√	序号	作业内容	步骤及要求	危险点控制措施、注意事项

6 验收记录

记录检修中发现的问题	
存在问题及处理意见	

7 现场标准化作业卡执行情况评估

评估内容	符合性	优		可操作项	
		良		不可操作项	
	可操作性	优		修改项	
		良		遗漏项	
存在问题					
改进意见					

8 附录

附录 4 配电带电作业用高架绝缘斗臂车电气试验标准表

电压等级（kV）	试验部件	试验项目、标准					备注
		交接试验		预防性试验			
		1min 工频耐压	泄漏电流	1min 工频耐压，kV	泄漏电流	1min 沿面放电	
各级电压	单层作业斗	50	—	45	—	—	斗浸入水中，高出水面 200mm
	作业斗内斗	50	—	45	—	—	
	作业斗外斗	20	—	—	0.4m，20kV，≤0.2mA	0.4m，45kV	泄漏电流试验为沿面试验
	液压油	油杯：2.5mm 电极，6 次试验平均击穿电压≥20kV，任意单独击穿电压≥10kV					更换、添加的液压油应试验合格
10	上臂（主臂）	0.4m，50kV	—	0.4m，45kV	—	—	耐压试验为整车试验，但在绝缘臂上应增设电极
	下臂（套筒）	50	—	45	—	—	
	整车	—	1.0m，20kV，≤0.5mA	—	1.0m，20kV，≤0.5mA	—	在绝缘臂上应增设电极
35	上臂（主臂）	0.6m，105kV	—	0.6m，95kV	—	—	耐压试验为整车试验，但在绝缘臂上应增设电极
	下臂（套筒）	50	—	45	—	—	
	整车	—	1.5m，70kV，≤0.5mA	—	1.5m，70kV，≤0.5mA	—	在绝缘臂上应增设电极

附录 5 旁路综合性作业设备出厂试验报告

ROUTEINE TEST DATA

Description	Our Mfg. No.	Tested Quantity	Test Result		
			Appearance Test	Corona Extinction (Min. @10pC)	AC Withstand Voltage 1min. -Dry
By-Pass Cable With Sealing End (8.7/15kV HCV 50SQ 50M/PCS)	4WS0383	12P	Good	13.0kV Good	45kV Good
Sub Cable 6M/Each PC	4WS0384	9P	Good	13.0kV Good	45kV Good
Terminal Cable 6M/Each PC	4WS0385	9P	Good	13.0kV Good	45kV Good
Straight Joint	4WS0386	15P	Good	13.0kV Good	45kV Good
T Type Joint	4WS0387	2P	Good	13.0kV Good	45kV Good
Moving Roller	4WS0388	80P	Good	—	—
Joint Rope(2×25PCS)	4WS0389	4P	Good	—	—
Cable Pulling Tool For Head	4WS0388	1P	Good	—	—
Cable Pulling Tool		4P	Good	—	—
Roller For Cable Pulling		1P	Good	—	—
Start Roller		1P	Good	—	—
Arm Of Roller		1P	Good	—	—
Messenger Rope(100m)		1P	Good	—	—
Messenger Rope(50m)		1P	Good	—	—
Messenger Rope(7m)		1P	Good	—	—
Messenger Rope(2m)		1P	Good	—	—
Messenger Rope(1m)		1P	Good	—	—
Messenger Rope Connector A		4P	Good	—	—
Messenger Rope Connector A		3P	Good	—	—
Stop End Tool(On Ground)		1P	Good	—	—
Stop End Tool(On Pole)		1P	Good	—	—
Straight Supporting Tool		4P	Good	—	—
Pulling Tool		1P	Good	—	—
Stop Tool Of Cable Tray		1P	Good	—	—
Cable Stock Tool		4P	Good	—	—
Cable Belt		5P	Good	—	—
Transmissions	4WS0390	4P	Good	—	—
Tester	4WS0391	2P	Good	—	—

附录 6　起重吊运手势信号

一、起重吊运专用手势信号(见附表 1)

附表 1　　　　　　**起重吊运专用手势信号**

升臂  手臂向一侧水平伸直,拇指朝上,余指握拢,小臂向上摆动	降臂  手臂向一侧水平伸直,拇指朝下,余指握拢,小臂向下摆动	转臂  手臂水平伸直,指向应转臂的方向,拇指伸出,余指握拢,以腕部为轴转动	微微升臂  一只小臂置于胸前一侧,五指伸直,手心朝下,保持不动;另一只手的拇指对着前手手心,余指握拢,做上下移动
微微降臂  一只小臂置于胸前一侧,五指伸直,手心朝上,保持不动;另一只手的拇指对着前手手心,余指握拢,做上下移动	微微转臂  一只小臂向前平伸,手心自然朝向内侧,另一只手的拇指向前只手的手心,余指握拢做转动	伸臂  两手分别握拳,拳心朝上,拇指分别指向两侧,做相斥运动	缩臂  两手分别握拳,拳心朝下,拇指对指,做相对方向运动

续表

履带起重机回转  一只小臂水平前伸，五指自然伸出不动；另一只手小臂在胸前，做水平重复摆动	起重机前进  双手臂先向前伸，小臂曲起，五指并拢，手心对着自己，做前后运动	起重机后退  双小臂向上曲起，五指并拢，手心朝向起重机，做前后运动	抓取(吸取)  两小臂分别置于侧前方，手心相对，由两侧向中间摆动
释放  两小臂分别置于侧前方，手心朝外，两臂分别向两侧摆动	翻转  一小臂向前伸出，手心朝上；另一只手小臂向前伸出，手心朝下，双手同时进行翻转		

二、起重吊运通用手势信号(见附表 2)

附表 2　　起重吊运通用手势信号

预备(注意)  手臂伸直，置于头上方，五指自然伸开，手心朝前，保持不动	要主钩  单手自然握拳，置于头上，轻触头顶	要副钩  一只手握拳，小臂向上不动，另一只手伸出，手心轻触前只手的肘关节	吊钩上升 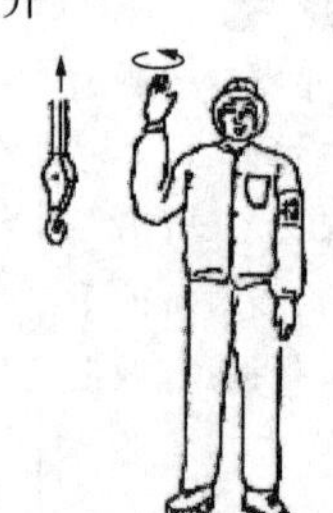 小臂向侧上方伸直，五指自然伸开，高于肩部以腕部为轴转动

续表

吊钩下降	吊钩微微上升	吊钩水平移动	吊钩水平微微移动
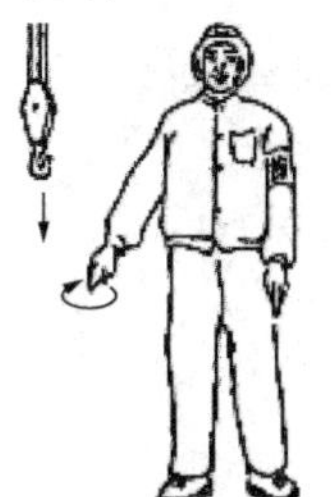 手臂伸向侧前下方，与身体夹角约为30°，五指自然伸开，以腕部为轴转动	 小臂伸向侧前上方，手心朝上，高于肩部，以腕部为轴，重复向上摆动手掌	 小臂向侧上方伸直，五指并拢，手心朝外，朝负载应运行的方向，向下挥动到与肩部相平的位置	 小臂向侧上方自然伸出，五指并拢，手心朝外，朝负载应运行的方向，重复做缓慢的水平运动
吊钩微微下降	微动范围	指示降落方向	停止
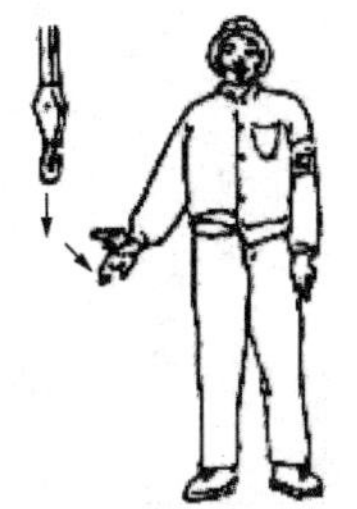 手臂伸向侧前下方，与身体夹角约为30°，手心朝下，以腕部为轴，重复向下摆动手掌	 双小臂曲起，伸向一侧，五指伸直，手心相对，其间距与负载所要移动的距离接近	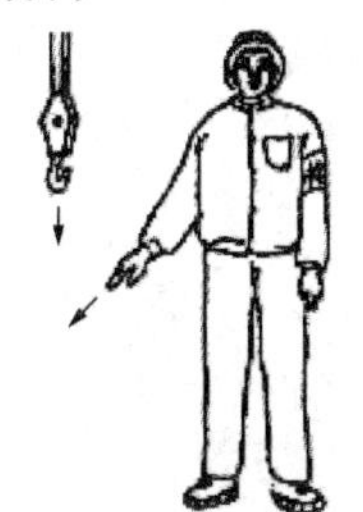 五指伸直，指出负载应降落的位置	 小臂水平置于胸前，五指伸开，手心朝下，水平挥向一侧
紧急停止	工作结束		
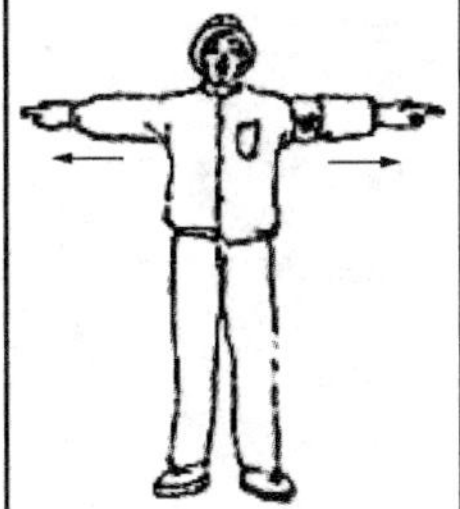 两小臂水平置于胸前，五指伸开，手心朝下，同时水平挥向两侧	 双手五指伸开，在额前交叉		

参 考 文 献

[1]胡毅．配电线路带电作业技术．北京:中国电力出版社,2002.

[2]胡毅．带电作业工具及安全工具试验方法．北京:中国电力出版社,2003.